国家 CAD 应用工程师等级考试指定教材
全国职业能力培训课程指定教材

U0131897

UG NX 5.0 数控加工基础教程

国家 CAD 等级考试中心　组　编

田　伟　陈海兵　顿雁兵　主　编

北京大学出版社
PEKING UNIVERSITY PRESS

内 容 简 介

通过本书的学习，读者可以快速有效地掌握利用 UG NX 进行数控加工的设计思路、方法和技巧。

本书采用理论与实践相结合的形式，深入浅出地讲解了 UG NX CAM 软件的设计环境、操作方法；同时又从工程实用性的角度出发，根据作者多年的实际设计经验，通过大量的工程实例，详细讲解了利用 UG NX 5.0 进行数控加工的方法和技巧，主要内容包括数控加工基础知识、NX 5.0 CAM 的基础知识、平面铣加工、型腔铣加工、等高轮廓铣加工、固定轴曲面轮廓铣、点位加工、后置处理和综合实例等。

本书附光盘 1 张，内容包括书中所举实例图形的源文件以及多媒体助学课件。

本书是 CAD 应用工程师指定用书，教学重点明确、结构合理、语言简明、实例丰富，具有很强的实用性，适用于 UG NX CAM 初、中、高级用户使用。除作为工程技术人员的技术参考用书外，本书既可用于自学，也可作为大中专院校师生及社会培训班的实例教材。

图书在版编目（CIP）数据

UG NX 5.0 数控加工基础教程/田伟，陈海兵，顿雁兵主编. —北京：北京大学出版社，2009.3

（国家 CAD 应用工程师等级考试指定教材. 全国职业能力培训课程指定教材）

ISBN 978-7-301-14075-8

I. U⋯ II. ①田⋯②陈⋯③顿⋯ III. 数控机床－计算机辅助设计－应用软件，UG NX 5.0－工程技术人员－资格考核－教材 IV. TG659

中国版本图书馆 CIP 数据核字（2008）第 107624 号

书　　　　名：	UG NX 5.0 数控加工基础教程
著作责任者：	田　伟　陈海兵　顿雁兵　主编
责 任 编 辑：	傅　莉
标 准 书 号：	ISBN 978-7-301-14075-8/TP · 0964
出　版　者：	北京大学出版社
地　　　址：	北京市海淀区成府路 205 号 100871
电　　　话：	邮购部 62752015　发行部 62750672　编辑部 62765126　出版部 62754962
网　　　址：	http://www.pup.cn
电 子 信 箱：	xxjs@pup.pku.edu.cn，hwy@pup.pku.edu.cn
印　刷　者：	北京大学印刷厂
发　行　者：	北京大学出版社
经　销　者：	新华书店

787 毫米×980 毫米　16 开本　25.75 印张　620 千字

2009 年 3 月第 1 版　2009 年 3 月第 1 次印刷

定　　　价： 48.00 元（附多媒体光盘 1 张）

丛 书 序

很高兴有机会为这套丛书作序，CAD 对于各位读者来说，不知道是否熟悉，但对我而言，则贯穿了我全部工作的始末。从一开始接触到 CAD，到现在已经有 10 年了，在这 10 年中，CAD 在我们的学校、企业中也得到了快速的普及。

谈到 CAD，我可能不会很客观，因为它已成为我生活、工作的一部分。如今，国家 CAD 等级考试中心的建立，为我们提升自己的 CAD 水平，鉴定自己的 CAD 应用能力提供了一个标准和平台，相信这正是我们这些老 CAD 人的期望。

关于 CAD，相信大家从网络、书本上都能看到很多关于它的概念与定义、历史、应用领域等相关信息，在这里我就不赘述了。

这套书凝结了多位 CAD 界内资深的教师与工程师的心血，它的出版，也将成为我们学习 CAD 技术的一个福音。"书中自有黄金屋"，真正的黄金在书里面，而此套丛书的含金量更大。在这里，我就多年学习的心得、体会，与各位读者简单沟通一下，共勉之。

1. CAD 是什么

CAD 究竟是什么？为什么我们要学习 CAD？下面是我的几点体会。

（1）CAD 是一种工具，而创新是由我们来完成的。

大家肯定最关心 CAD 是什么。虽然它有那么多的定义，可是多数过于学术化。就我而言，CAD 就是一个工具，是马良的神笔，是战士的枪，是侠客的剑。所以，CAD 软件再好，它也仅仅是一种工具，而如何用好这个工具才是高手与常人的区别！正如金庸大侠笔下的屠龙刀一样，宝刀屠龙，武林至尊。可是现实中呢，得到它的人非死即伤，就连谢逊这样的高手也落得个双目失明，独守孤岛。原因其实很简单，因为刀是死的，而刀法才是活的，是灵魂。记得有一次我的一个师兄找到我师傅，说花了 2000 多块钱买了一把剑，我师傅撇了撇嘴说："剑法不成，再好的剑有什么用。"学习 CAD 也是一样，千万不要说自己用什么什么软件，软件之间的确有一些区别，但在实际应用中，CAD 软件就是一把剑，而能不能把这把剑的威力发挥到极致，还要看此剑客的剑术。

CAD 是一种工具，是我们在工作、学习中创新的一种工具，所以大家在学习 CAD 的时候，不要过度迷恋于 CAD 的内容，而应利用它为我们的工作带来切实的效果，协助我们来完成本职工作，并为我们带来创新的灵感与艺术。与其学 CAD，不如说玩 CAD，通过它，在一个虚拟的空间中构造我们的创意与想法，构筑我们心中的理想王国！

（2）CAD 是一种语言，而沟通是由我们来完成的。

看到这个标题，大家肯定觉得很怪，也许会说："我们知道有 C 语言、B 语言，可是从来没有听说过 CAD 语言，你是不是又在玩概念啊。"呵呵，非也非也。世界因为有了沟通、有了交流才多姿多彩。不知道大家英语学得怎么样，英语学好了，日语呢，CAD 其实就如同我们大家学习的英语、日语一样，它也是一种语言，也用于表达、沟通我们 CAD 人的创意与灵感。

就在 2006 年，我国从波音公司订购了波音 787 飞机。波音 787 可是与我们 CAD 人很有关系的，它是一种完全用 CAD 技术完成设计及制造监控流程的飞机。大家可以想象一下，设计一架飞机究竟有多少工作量，据说，是由 1600 个工作站的 4000 多名工程师同时使用 CAD 软件来协同设计的。这些工程师来自不同的国家，有着不同的语种，它们之间肯定存在一个沟通问题，而沟通手段就是通过 CATIA——一个法国的 CAD 软件来完成的。

所以我们说 CAD 是一种语言，它在未来全球一体化的进程中，将成为我们 CAD 人工作中的一种新的语言。

（3）CAD 是一个机会，而成功是由我们来创造的。

自古祸福相倚，用现代的话来说，就是机会与风险并存。CAD 同样如此，它在给了我们一个机会的同时，还给我们带来了一定的工作压力。在这里先给大家一个统计数据，在台湾，一个普通的二维 CAD 绘图师的工资是 5000 元，而一个普通的三维 CAD 工程师的工资是 20 000 元，一个高级三维 CAD 工程师的工资是 100 000 元，当然，是月薪。我们学习 CAD，自然希望它能够对我们的事业助一臂之力。

我们是利用它来提升自己的工作能力及相应的收入水平，还是坐等其他人来超越我们，就看我们自己了。CAD，它可以让我们的工作效率加倍，但同时，也让其他人拥有了相同的机会，我们自然不会再用大刀去对抗洋枪。所以，我们一定要把 CAD 技术掌握好，这样，在未来的工作竞争中，它才可以助我们一臂之力，把我们推上事业的顶峰！

2. CAD 的学习

关于 CAD 的学习，其具体内容在本套书的正文中已有详细介绍，在此，我只针对学习中的习惯性问题，特别是时间安排上，谈一下我的看法。CAD 毕竟是一个工具，一门技术，实际上在学习中与学习驾驶、烹饪等其他技术是很相似的。

（1）专注。

"专注"这个词，就我理解，是有两方面意思的。一是在一段时间内，集中精力做一件事；二是在做一件事的时候，不要分心。

首先就集中精力来说，在一段时间内，我们不可以分散我们的精力的，我们能在一个月内，把一个软件掌握好，本身已是一件不容易的事情。这就需要我们根据实际工作，合理安排我们的时间。如时间为半个月，我们就安排每天 3 小时，早八点半到十一点半；如时间是 40 天，我们就安排每天两小时，晚八点到十点。而且，就在每两个小时内也不能跳来跳去，比如说今天学草图设计，明天就学零件设计，后天又学曲面设计。总之，在一个特定的时间段内，一定要把精力集中在一个点，这个时间段，根据我们自己的学习安排来自由调整。其实道理很简单，比如说我现在在写这个丛书序，如果我每天花 10 分钟，我想两个月也写不出来。而我现在专门挑一个没事儿的下午，估计一会儿就可以写完了，也就花了 3 个小时。

其次，不分心实际上是比较难的，因为大脑是非常灵活的。大脑总想在一个时间内干许多事情，这样才符合我们这个效率时代嘛。实际上大家千万不要上这个当。我们还是做个笨人好一些，做一件事的时候只做一件事，千万别想着今天晚上我还有什么什么安排，明天还有一个数学考试，更不要想家里的液化气又该灌了。唯在一个时间，将我们全部的精力聚焦到一个点上，才能形成聚焦效应，才能在一个点上吃透，才能在一个点上产生能量。生命在于集中，绝非在于分散，所以大家选择学习时间的时候，千万不要选一个总有人打扰的时间，其实最好的时间就是半夜三更，别人都睡了的时候。事实上你想想，真正的大作家、大艺术家都是晚上工作的。丹麦的夜特别长，外面还冷，所以那里文豪特别多。我们也一样，做任何事情都是如此，一定要专注。

（2）数量。

第二个标题我写的是数量，与数量相伴的自然是质量，大家一定想知道为什么用数量这个词呢。其实原因很简单，在一个技能的掌握上，永远要经过实践，永远要达到一定数量，才能见效果。在学习 CAD 的过程中，千万不要把时间都浪费在寻找正确的方法上，而是要做，要做到一定的数量。没有数量，其实也就没有质量。书读千遍，其义自现，就是这个意思。小孩学说话，也是一样，唯有不停地说，最后才会说，而不是要把每一个字都说清楚，才继续向下学。

所以，在学习 CAD 的过程中，一定要注重数量，通过大量的操作，自然会快速地掌握 CAD 技术。

（3）递进。

任何一门技术的学习，都是循序渐进的。CAD 技术也是如此，CAD 技术的学习同样是一个逐步前进的过程。大家在学习的时候，要根据自己的实际需要，有一个自己的渐进办法。具体来说，有以下几种：一是沿着书本一章一章向前走，这是最基本的办法，因为书的知识点，老师们在编写的时候已经将它们整理过一次了；二是根据自己的实际需要出发，寻找自己感兴趣的部分，比如说有人喜欢渲染，就可以先学渲染，有人喜欢模具，就可以先学模具设计；三是根据难易，不同的知识点的难度是不一样的，可以根据自己实际的水平，来选择容易的知识点起步。至于具体到每个人来说，那就要根据个人的实际情况了。就我而言，我一般是从头开始的。

在实际应用中，如果是学生的话，最好老老实实地从头开始，把 CAD 的基本知识点都学习一下。如果已经参加工作的话，就根据自己的实际需要，把对自己工作最有帮助的那一部分先学会，这样是最容易见效的，也可以促使我们进一步的学习。

（4）团结。

"团结就是力量"。虽说那些大师们都提倡"甜蜜的孤独"这一爱默生似的生活方式，但在实际中，我们还是需要学习伙伴的，一个人做事，遇到问题总是比较多的，而且也不容易坚持。如果可以，大家在实际学习中，最好找一两个学习的伙伴，或者组织一个 CAD 学习小组。大家可能对这个感觉比较陌生甚至于觉得有些迂腐，但是一个学习小组，绝对是学习技术的一个非常好的办法。

对于技术而言，每个人学习的时候都是有盲区的，你的盲区也许就是你伙伴的亮点。这样可以避免在一个知识点上浪费过多的时间。而且两个人一起研究总是会相互启发的。另外，人最容易原谅的就是自己，没人监督的事情，总是不容易坚持下去。如有两个人，总觉得有一个人在看着你，也不失为调整自我行为的一个好的方法。

我认为，最好的办法是给自己找一个讲台、一件事，如果你可以向他人讲清楚了，你自己想不清楚都不行。

3. 丛书特色及学习指南

上面说了许多心得，下面就此套丛书向大家做一介绍。

（1）时间规划。

本套丛书最大的特色在于它在时间上的安排，每本书都根据自己的知识点，并结合实例进行了统一的时间安排，以供读者参考。

大家看了前面的各种原则，其实都是针对时间的。从长远来看，一个杰出的人物最大的力量是建立在对自己时间的安排之上的。我们每个人都是懒的，我们从来不愿意自己安排时间，所以各位老师们就给我们安排好了时间，让我们可以懒懒地掌握 CAD 技术。

另外，我们对各个知识点及实例都不是很了解，通过时间，我们可以判断知识点的难易程度以及实例的复杂程度。这对我们学习是非常有帮助的。

在每本书的前言中，各位老师不辞劳苦，针对每一本具体的书也提了具体的时间安排及学习顺序。在此各位读者可真的有福了，这就叫懒人有懒福。

（2）知识全面。

本套丛书的规划和安排都是比较系统化的。

首先从丛书来看，它涵盖了当前所有的主流 CAD 软件，也就是说你无论用的是哪种武器，在这里你都可以找到你的秘籍。

其次，针对不同的软件，有基础教程还有实例教程，所以，无论你的实际需要是什么，都可以找到你想要的。

再次，就每本书而言，针对知识点的覆盖也是非常到位的，并且对一些展示部分即动画、渲染等模块都有详细的介绍，这对我们实际工作的人员来说是非常有益的。因为这样一来，老师们制作课件、学生们完成作业、工程师展示产品，都有一个非常好的、直观形象的途径了。

另外，每一本书还配有多媒体教学光盘，对 CAD 的学习是一个十分有益的补充。

4. 注意事项

写到这里，忽然间想到了一个问题，就是 CAD 的范围，需要着重讲一下，大家的意识中，CAD 不会还是 AutoCAD 的代名词吧。

（1）CAD 是二维、三维、多维的。

一提起 CAD，大家总认为 CAD 是二维的还是三维的，实际上，CAD 早已经进入了三维的世界了。我们平时所熟悉的软件中，UG、Pro/E、CATIA 都是三维 CAD。在这套丛书中，大家就会感受到，三维 CAD 已经成为 CAD 应用中的主流。

（2）CAD 是制造业、工业设计业、建筑业、服装业等行业的工具。

一般来讲，人们都习惯性地认为 CAD 是制造业的，因为 CAD 最开始应用的领域是航空业，后来才逐步走入到了汽车业、家电业等。实际上 CAD 早已成为制造业、建筑业、娱乐业、工业设计业、服装设计业等多个行业的工具。

原因也很简单，因为 CAD 是计算机辅助设计，而不是制造业计算机辅助设计，在工作中，但凡需要设计的行业，都会用到 CAD。

（3）CAD 是设计人员、制造人员、销售人员、营销人员、管理人员、顾客都要学习的。

我们一般认为只有高级工程师才应该学习 CAD，实际上，从上面的介绍中，大家应该可以看出，CAD 技术作为一种沟通手段，但凡与产品接触的人，都需要掌握它。

原因也很简单，现在是信息时代，我们每个人的时间越来越有限。在有限的时间里，我们必须借助一个新的工具即 CAD 来沟通我们对产品的看法，而这个世界的营销也进入了精准营销、定位营销的时代，这样，我们每一个人都要针对我们将来使用的产品来发表意见。也就是现在常说的，我的地盘我做主。

因此，在实际的产品设计中，我们肯定不会再走福特的老路，我们做产品设计的人，一定要让我们的上级、我们的合作伙伴、我们的营销单位、我们的销售单位、我们的代理商、我们的顾客都对我们设计的产品发表意见。而在产品没有大批量生产之前，CAD 是让他们参与意见的最好方法。

5. 结束语

最后，我对国家 CAD 等级考试中心对我的信任表示感谢，感谢你们为 CAD 的学员们提供了如此丰厚的礼物。

同时，我也祝各位读者，能够早日掌握你的 CAD 之剑，早日用它和全世界的合作伙伴来沟通，早日用它来获得自己事业的成功。本套丛书的真金就在这后面的章节，那是多位老师的心血，希望我们共同珍惜各位老师的劳动，好好分享各位老师的成果，成为一名真正的 CAD 应用工程师。国家 CAD 等级考试中心的目标是"为中国造就百万 CAD 应用工程师"，希望你们通过本套丛书的学习，早日成为百万"雄师"中的一员！

资深 CAD 培训师

王　锦

前　　言

✧ 编写目的

UG NX 5.0 具有强大的数控加工能力，可以方便地实现 2-5 轴的铣削加工、2-4 轴的车削加工、电火花切割加工和点位加工。另外，UG NX 5.0 还提供了多种后处理方式，可以方便地对生成刀具路径进行转换，从而生成数控加工程序，应用于不同类型的机床控制系统。编程人员还可用可定制的配置文件来定义可用的加工处理器、刀具库、后处理器和其他高级参数，而这些参数的定义可以针对具体的市场，比如模具、冲模以及机械。

与其他的 CAM 软件相比，UG NX 5.0 具有功能丰富、高效率、高可靠性的优点，同时具有 2.5 轴/3 轴、高速加工、多轴加工功能，可以完成各种复杂零件的粗加工和精加工。值得一提的是，UG NX 5.0 还提供了 CNC 铣削所需要的完整解决方案。

✧ 内容简介

本书作者结合多年实际设计经验，内容安排上采用由浅入深、循序渐进的方式，详细地介绍了 UG NX 软件中数控加工模块的具体应用；并结合工程实践中的典型应用实例，详细介绍了利用 UG NX 进行数控加工的设计流程及详细的操作过程。

本书在每章的内容安排上，首先详细讲解了基础命令的使用和各个命令菜单的具体功能；然后通过针对简单命令的简单实例讲解使读者掌握基础命令的应用；此后再通过复杂实例使读者对该章所涉及的命令进行综合应用；最后附有习题和练习题，使读者通过自己的实际练习操作掌握设计的方法和思路，提高设计水平。本书共包括 9 章，主要内容安排如下。

第 1 章为数控加工基础知识，主要内容包括数控加工概述、数控机床概述、数控加工的基础知识、数控加工的工艺处理、基于 CAD/CAM 软件的交互式图形编程。该章内容简单，但却是读者熟悉数控加工知识的基础。

第 2 章为 NX 5.0 CAM 的基础知识，主要内容包括 NX 5.0 CAM 概述、NX 5.0 的加工环境、操作导航器、组的创建、刀具路径管理等，并通过电池盒这一典型实例，使读者初步了解利用 UG NX 5.0 进行数控加工的方法和技巧。

第 3 章为平面铣加工，主要内容包括平面铣加工概述、平面铣加工的创建、平面加工几何体、平面铣操作参数的设置等，并通过两个平面铣加工的创建实例，使读者更好地掌握 UG NX 5.0 中平面铣加工的方法和操作技巧。

第 4 章为型腔铣加工，主要内容包括型腔铣加工概述、型腔铣加工几何体、型腔铣主要的操作参数等，并通过两个型腔铣加工的创建实例，使读者更好地掌握 UG NX 5.0 中型腔铣加工的方法和操作技巧。

第 5 章为等高轮廓铣加工，主要内容包括等高轮廓铣加工概述、等高轮廓铣加工几何体、等高轮廓铣的操作参数等，并通过两个等高轮廓铣加工的创建实例，使读者更好地掌握 UG NX 5.0 中等高轮廓铣加工的方法和操作技巧。

第 6 章为固定轴曲面轮廓铣，主要内容包括固定轴曲面轮廓铣概述、创建固定轴曲面轮廓铣操作、固定轴曲面轮廓铣常用驱动方式、投影矢量、固定轴曲面轮廓铣操作的参数设置等，在该章各个知识点的讲解中，通过多个课堂练习，使读者更好地掌握 UG NX 5.0 中固定轴曲面轮廓铣的方法和操作技巧。

第 7 章为点位加工，主要内容包括点位加工概述、创建点位加工、点位加工几何体、循环控制和切削参数控制等，并通过支座的钻孔加工和减速器下箱体的孔加工创建实例，使读者更好地掌握 UG NX 5.0 中点位加工的方法和操作技巧。

第 8 章为后置处理，主要内容包括 UG NX 5.0 后置处理概述、图形后置处理器（GPM）、UG NX 后置处理器（UG/Post）、后处理构造器（UG/Post Builder）等，在该章各个知识点的讲解中，通过多个课堂练习，使读者更好地掌握 UG NX 5.0 中后置处理的方法和操作技巧。

第 9 章为综合实例，主要通过杯盖凸模加工、杯盖凹模加工两个典型零件加工的综合实例，使读者更好地掌握 UG NX 5.0 中数控加工的设计方法和操作技巧。

✧ **特色说明**

本书作者结合多年实际设计经验，内容安排上采用由浅入深、循序渐进的方式，详细地介绍了 UG NX 5.0 软件在数控加工方面的具体应用；并结合工程实践中的典型应用实例，详细讲解了工业设计的思路、设计流程及详细的操作过程。本书主要特色如下：

（1）语言简洁易懂、层次清晰明了、步骤详细实用，对于无 UG NX 5.0 数控加工基础的初学者也适用；

（2）案例经典丰富、技术含量高，具有很高的实用性，对工程实践有一定的指导作用；

（3）技巧提示实用方便，是作者多年实践经验的总结，使读者快速掌握 UG NX 5.0 软件在数控加工方面的应用。

✧ **使用说明**

本书另附光盘 1 张，内容包括实例与练习题图形的源文件以及多媒体助学课件。

✧ **专家团队**

本书由北京科技大学的田伟、北京交通大学的陈海兵和新乡医学院的顿雁兵主编，此外，参与本书编写的还有和庆娣、刘路、雷源艳、孙蕾、王军等资深教师，在此一并表示感谢。

由于时间仓促、作者水平有限，书中疏漏之处在所难免，欢迎广大读者批评指正。

编　者

2008 年 2 月

目　　录

第 1 章　数控加工基础知识

【本章导读】

　　本章将简单地介绍数控加工的基础知识，包括数控加工的基本概念、数控加工机床、数控常用指令、数控工艺和交互式图形编程等，使读者对数控技术有一个大体的了解。本章首先对数控的原理和特点进行了介绍，接着介绍了数控机床的相关知识，然后讲解了数控编程的基础、数控加工工艺和交互式图形编程等知识。

　　希望读者通过 2 个小时的学习，对数控加工的基础知识有一个大体的掌握，为后面的学习打下基础。

序号	名　　称	基础知识参考学时（分钟）	课堂练习参考学时（分钟）	课后练习参考学时（分钟）
1.1	数控加工概述	10	0	6
1.2	数控机床概述	10	0	6
1.3	数控加工的基础知识	30	0	6
1.4	数控加工的工艺处理	20	0	6
1.5	基于 CAD / CAM 软件的交互式图形编程	20	0	6
总计	120 分钟	90	0	30

1.1　数控加工概述

1.1.1　数控加工的基本概念

　　（1）数控。即数字控制（Numerical Control，简称 NC）。数控技术是指用数字信号（数字量及字符）形成的控制程序对一台或多台机械设备进行控制的自动控制的技术。

　　（2）数控机床。即采用了数控技术的机床，或者说是装备了数控系统的机床。

　　（3）数控系统。即数控机床中的程序控制系统，它能够自动阅读输入载体上事先给定的程序，并将其译码，从而使机床运动和加工工件。

（4）数控加工。即采用数控机床加工零件的方法。

1.1.2　数控加工的特点及应用

1. 数控加工的特点

与传统的加工方式相比，数控加工具有下述显著特点。

（1）可加工具有复杂曲面的零件。数控加工可以完成传统加工难以完成或根本不能加工的具有复杂曲面的零件的加工。在数控加工中机床由程序自动控制，加工零件的形状将由程序进行控制，因此只要能据零件的形状编写出加工程序就能加工出相应的零件。

（2）加工精度高，加工质量稳定。数控加工可以按照预定的加工程序进行加工，加工过程中消除了操作者人为的操作误差，并且加工精度还可以利用软件来进行校正补偿。数控机床床体强度、刚度、抗振性、低速运动平稳性、精度、热稳定性等性能比较好，因此可以获得比机床本身所能达到的精度还要高的加工精度及重复定位精度。一般的数控机床的定位精度为±0.01mm，重复定位精度为±0.005mm。因此数控加工的零件加工的精度高，质量稳定，合格率高。

（3）生产率高。数控加工可以减少零件的加工时间和辅助时间。首先数控机床主运动速度和进给运动速度范围大且无级调速快速，空行程速度高，结构刚性好，驱动功率大，切削能力强，可以明显地减少零件的加工时间；其次数控加工可免去划线、手工换刀、停机测量、多次装夹等加工准备和辅助时间，从而明显提高数控机床的生产效率。有些数控机床采用双工作台结构，使工件装卸的辅助时间与机床的切削时间重合，进一步提高了生产效率。

（4）对工件的适应性强。数控加工通过程序控制加工的过程，另外数控机床配有完善的刀具系统，因此可通过数控编程进行各种零件的加工。数控加工具有很好的柔性，可以在不需对机床和工装进行较大调整的情况下，即可适应各种批量的零件加工。

（5）改善劳动条件。数控机床的操作人员，主要的工作是编写程序和输入程序、观测加工情况和检验零件等。此外，在数控加工中，机床不需要专用夹具，采用普通的夹具就能满足数控加工的要求，从而大大减轻操作人员装卸工件的劳动强度。

（6）有利于生产管理信息化。数控加工时按照程序自动进行加工，可以精确计算加工工时、预测生产周期，所用工装简单，采用刀具已标准化，因此有利于生产管理的信息化。数控机床使用数控信号和标准代码作为控制信息，易于实现加工信息的标准化。数控技术是现代集成制造技术的基础。

2. 数控加工的主要对象

从上述的数控加工的特点不难看出，数控加工主要适用于：

（1）多品种、单件小批量零件的加工或试制零件的加工；

（2）几何形状或结构形状复杂、精度要求较高的零件；

（3）需要频繁改型的零件；

（4）加工中需要加工工序多且相对集中的零件；

（5）价格昂贵、不允许报废的关键零件；

（6）使用普通机床加工需要昂贵的辅助设备的零件。

1.2　数控机床概述

1.2.1　数控机床简介

数控机床是应用数控技术对加工过程进行控制的机床。该控制系统能逻辑地处理具有控制编码或其他符号指令规定的程序，并将其译码，从而控制机床加工零件。数控机床一般由输入输出设备、数控装置、伺服系统、机床本体和反馈装置等部分组成，其组成框图如图 1-1 所示。

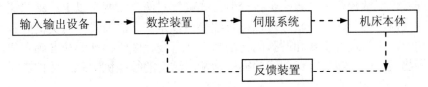

图 1-1　数控机床的组成

（1）输入输出设备。输入输出设备主要有键盘、磁盘机等，用于为数控机床输入程序。现在常用的输入方式为串行通信的方式输入。通过串口通信，直接将程序从计算机传输到数控机床。输出设备用于显示加工过的信息和系统的状态。数控系统一般配有 CRT 显示器或点阵式液晶显示器，来显示相关的信息。操作人员可以通过输出设备获得相关信息。

（2）数控装置。数控装置是数控机床的核心，用于输入存储、数据的加工、进行插补运算以及对机床各种动作进行控制。数控装置一般由中央处理器和输入、输出接口组成，其中中央处理器又由存储器、运算器、控制器和总线组成。

（3）伺服系统。伺服系统用于把来自数控装置的信号转换为机床移动部件的运动。数控机床伺服系统由伺服驱动电路和伺服驱动装置组成，其中伺服驱动装置包括主轴驱动单元、进给驱动单元、主轴电机及进给电机等。伺服系统按控制方式可分为开环、半闭环、闭环及混合方式四种。伺服系统的性能是决定机床的加工精度、表面质量和生产效率的主要因素之一。

（4）机床本体。机床本体是数控机床的主体，是用于完成各种切削加工的机械部分，包括床身、立柱、主轴、进给机构，以及冷却、润滑、夹紧、换刀机械手等辅助装置。

（5）反馈装置。反馈装置主要是一些测量装置，用来完成机床运动部件实际位移量的测量，并反馈给数控装置。

1.2.2　数控机床的分类

数控机床的分类方法有很多。根据数控机床的功能和结构，一般有以下几种分类方法。

1.　按工具与工件的相对运动轨迹分类

（1）点位控制数控机床。该类机床控制刀具从一点移到另一点的准确位置，在移动过程中不进行任何切削，对运动轨迹要求不高。在加工中保证孔间距的精度要求。这类的数控机床有：数控钻床、数控冲床、数控镗床等。

（2）直线控制数控机床。该类机床控制方式除了控制点与点之间的准确位置外，还要保证被控制的两点间移动的轨迹是一条直线，而且要保证移动的速度按照给定的速度进行，同时刀具在移动的过程中还要进行切削加工。这类的数控机床有：简易数控车床、数控镗铣床等。

（3）连续控制数控机床。该类机床控制方式能够对两个或两个以上运动的速度和位移进行严格的控制。刀具的运动轨迹可以是直线也可以是任意的曲线。这类机床具有点位、直线控制功能，可以进行直线和圆弧的切削加工（直线、圆弧插补）和准确定位，有些系统还具有抛物线、螺旋线等特殊曲线的插补功能。这类的数控机床有：数控铣床、数控车床等。

2.　按联动坐标轴数分类

按照数控机床所控制的联动坐标轴数不同，数控机床又可分为下面几种主要形式。

（1）二轴联动机床。该类机床完成对 X，Y 轴的联动控制，主要用于数控车床加工曲线旋转面或数控铣床等加工曲线柱面。

（2）二轴半联动机床。该类机床可以控制三个轴的运动，其中两个轴互为联动，而另一个轴作周期进给。

（3）三轴联动机床。此类型的机床一般分为两类：一类是 X，Y，Z 三个直线坐标轴联动的机床，如常见的数控铣床、加工中心；另一类是除了同时控制 X，Y，Z 中任意两个直线坐标轴联动外，还同时控制围绕其中某一直线坐标轴做转动的旋转坐标轴，如车削加工中心。

（4）四轴联动机床。这类型的机床同时控制 X，Y，Z 三个直线坐标轴与某一旋转坐标轴联动。

（5）五轴联动机床。这类型的机床除了同时控制 X，Y，Z 三个直线坐标轴联动外，还同时控制围绕这些直线坐标轴联动的 A，B，C 坐标轴中的两个坐标，即同时控制五个轴联动。其可以用来加工形状复杂的曲面。

3. 按伺服机构的控制方式分类

数控机床按照伺服机构的控制方式的不同，可分为开环控制、闭环控制、半闭环控制和混合控制四种。

（1）开环控制数控机床。这类机床不带位置测量元件，伺服驱动元件为步进电机。数控系统直接由步进电机输出指令脉冲，使其转动一个角度，然后再通过传动机构使被控制的工作台移动。这种控制方式的机床结构简单，调试容易，价格便宜，但是控制精度和运动速度受到限制。

（2）闭环控制数控机床。这类机床具备测量反馈装置。其在工作台上安装直线位移检测装置，如光栅、磁尺、感应同步器等传感器，用于检测工作台的实际位移和速度。检测出来的反馈信号与输入指令相比较，用其偏差值对系统进一步控制。这种控制方式的机床控制精度高，但是安装、调试和维护比较复杂，而且价格较贵。

（3）半闭环控制数控机床。这类机床的工作台没有检查测量装置，其反馈信号是通过与伺服电机（执行单元）有机联系的测量元件（如测速电机、光电编码器等）检测反馈的。用此反馈信号与指令值进行比较，用差值实现控制。这种控制方式的机床控的精度没有闭环高，但调试却比闭环容易。

（4）混合控制数控机床：这类机床是将上述的三种控制方式结合起来，运用多种控制方式。混合控制数控机床特别适用于大型或重型数控机床。

4. 按加工方式分类

按照零件的加工方式，数控机床可分为金属切削类数控机床、金属成型类数控机床、数控特种加工机床和其他类型的数控机床。

（1）金属切削类数控机床。主要用于对金属的切削加工，这类机床有：数控车床、加工中心、数控钻床、数控磨床、数控镗床等。

（2）金属成型类数控机床。主要用于对金属进行成型加工，这类机床有：数控折弯机、数控回转头压力机等。

（3）数控特种加工机床。常见的有：数控线切割机床、数控电火花加工机床、数控激光切割机床等。

（4）其他类型的数控机床。如数控三坐标测量机等。

1.2.3 数控机床的发展趋势

从 1952 年美国麻省理工学院研制第一台数控机床开始，数控机床技术经过了半个多世纪的发展，有了巨大的进步。随着计算机、微电子、信息、自动控制、精密检测、机械制造技术、材料科学等科学技术的高速发展，数控机床的性能越来越高。目前机床正朝着高速度、高精度、高工序集中度、高复合化和高可靠性等方向发展。从世界范围内看，数控机床技术的发展趋势主要体现在以下几个方面。

（1）高速高效高精度。目前数控机床的主轴的转速与进给速度都大大提高了，从而减少了切削时间和非切削时间。一些加工中心的进给速度已达到 80～120 m/min，进给加速度达 $9.8～19.6 \text{ m/s}^2$，换刀时间小于 1s。在加工精度方面，目前世界很多国家都在进行机床热变形、机床运动及负载变形误差的软件补偿技术研究，以消除机床的加工误差，从而大大提高了加工精度。随着精密产品的出现，对精度要求提高到 0.1μm，有些零件甚至已达到 0.01μm，高精密零件要求提高机床加工精度，数控机床必然向着高精度的方向发展。

（2）柔性化。数控机床向柔性自动化系统发展的趋势是：从点（数控单机、加工中心和数控复合加工机床）、线（FMC、FMS、FTL、FML）向面（工段车间独立制造岛、FA）、体（CIMS、分布式网络集成制造系统）的方向发展，同时向注重应用性和经济性方向发展。另一方面是数控系统本身的柔性，数控系统采用模块化设计，采用模糊控制，使数控系统的控制性能大大提高，从而达到最佳控制的目的。

（3）高效率与工艺复合化。数控机床的工艺复合化是指在一台机床上通过自动换刀、旋转主轴头或旋转工作台等各种措施，尽可能加工完毕一个零件的所有工序。同时又保持机床的通用性，能够迅速适应加工对象的改变。目前已经出现了集钻、镗、铣功能于一身的数控机床——加工中心以及车削加工中心，钻削、磨削加工中心，电火花加工中心等。

（4）实时智能化。数控系统在控制性能上向实时智能化发展。随着计算机技术和控制理论的发展，数控系统引入了自适应控制、模糊系统和神经网络的控制机理，正朝着自动编程、前馈控制、模糊控制、学习控制、自适应控制、工艺参数自动生成、三维刀具补偿、运动参数动态补偿等方向发展。实时智能化的数控系统应具有：自适应、自学习、故障的自诊断和故障监控、能自动地优化调整加工参数等功能，而且具有友好的人机界面，使数控系统的控制性能大大提高，从而达到最佳控制的目的。

（5）编程技术自动化。随着机械工业的发展、零件品种的增加以及零件形状的日益复杂，手工已经很难适应复杂零件的加工编程要求了，现实迫切地需要加工精度高、迫切需要速度快数控程序。近年来已开发出多种自动编程系统，如图形交互式编程系统、数字化自动编程系统、会话式自动编程系统、语音数控编程系统等，其中图形交互式编程系统的应用越来越广泛。图形交互式编程系统是以计算机辅助设计（CAD）软件为基础，真正地实现 CAD 与 CAM 的一体化的综合系统。目前常用的图形交互式 CAD — CAM 软件包括：Master CAM、Cimatron、Pro/E、UG、CAXA、Solid Works、CATIA 等。

（6）模块化、集成化。数控机床正向着模块化发展，以降低产品价格、改进性能、减小组件尺寸、提高系统的可靠性。同时数控系统向着高速高性能的方向发展，采用高度集成化芯片，以提高数控系统的集成度和软、硬件运行速度。

（7）人性化。近年来，世界的各大机床制造商更加注重数控机床的人性化设计、造型设计、绿色设计等体现以人为本的设计。

1.3　数控加工的基础知识

1.3.1　数控加工的坐标系

1. 机床坐标系

数控加工中为了准确地描述机床的运动，简化程序的编制方法，使所编程序具有互换性，必须统一规定数控机床坐标轴及其运动方向。目前，有关数控机床的坐标系及运动方向的规定如下。

（1）标准的坐标系采用右手笛卡儿直角坐标系，如图 1-2 所示。这个坐标系的各个坐标轴与机床的主要导轨相平行。直角坐标系 X、Y、Z 三者的关系及其方向用右手定则判定；围绕 X、Y、Z 各轴回转的运动及其正方向+A、+B、+C 分别用右手螺旋定则确定。

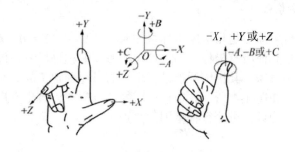

图 1-2　右手笛卡儿直角坐标系

（2）机床坐标轴的确定。在确定机床坐标轴时，一般是先确定 Z 轴，然后再确定 X 轴和 Y 轴。下面别分说明各轴的确定方法：

① Z 轴方向。定义与主轴轴线平行的坐标轴为 Z 轴，方向为刀具远离工件的方向。车床的机床坐标系 Z 轴方向，如图 1-3 所示。若机床没有主轴，则以与装夹工件的工作台面相垂直的直线作为 Z 轴方向。若机床有几根主轴，则选择其中一个与工作台面相垂直的主轴，并以它来确定 Z 轴方向。

② X 轴方向。X 轴为平行于导轨面，且垂直于 Z 轴的坐标轴。对于工件旋转的机床（如车床、磨床等），X 轴的方向是在工件的径向上，且平行于横滑座导轨面。刀具远离工件旋转中心的方向为 X 轴正方向。对于刀具旋转的机床（如铣床、镗床、钻床等），若 Z 轴是垂直的，则面对主轴看立柱时，右手所指的水平方向为 X 轴的正方向，若 Z 是水平的，则面对主轴看立柱时，左手所指的水平方向为 X 轴的正方向。

③ Y 轴方向。在确定好 Z 轴和 X 轴后，Y 轴可以按照右手笛卡儿直角坐标系准则确定出来。

图 1-3（a）、（b）、（c）分别给出了车床、立式铣床和卧式铣床的加工坐标系。

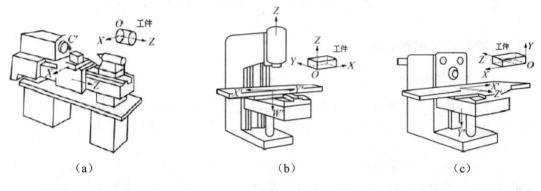

图 1-3　机床坐标系

2. 机床原点与参考点

（1）机床原点。机床原点是指机床坐标系的原点（$X=0$，$Y=0$，$Z=0$）。机床原点是机床的最基本点，它是其他所有坐标，如工件坐标系、编程坐标系，以及机床参考点的基准点。对于某种实际的机床，其机床原点是在出厂前已经固定了的。数控车床的原点一般设在主轴前端的中心，如图 1-4 所示。数控铣床的原点位置，各生产厂家不一致，有的设在机床工作台中心，有的设在进给行程范围的终点。

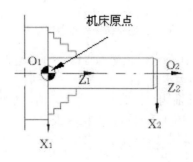

图 1-4　数控车床的机床原点

（2）机床参考点。机床参考点是机床运动的极限点，用于对机床工作台、滑板以及刀具相对运动的测量系统进行定标和控制点，也称机床零点。参考点相对机床原点来讲是一个固定值。例如数控车床，参考点是指车刀退离主轴端面和中心线最远并且固定的一个点。

3. 工件坐标系

工件坐标系是用于确定工件几何图形上各几何要素（点、直线和圆弧）的位置而建立的坐标系，可由编程者设定和改变。工件坐标系的原点即是工件原点，选择工件原点时，最好把工件原点放在工件图的尺寸能够方便地转换成坐标值的地方。车床工件原点一般设在主轴中心线上，工件的右端面或左端面。铣床工件原点，一般设在工件表面外轮廓的某一个角上。

工件原点的选用原则如下：

（1）工件原点选在工件图纸尺寸基准上，可以减少计算工作量；

（2）能使工件方便地装夹、测量和检验；

（3）工件原点尽量选在尺寸精度较高、光洁度比较高的工件表面上，这样可以提高加工精度相同的一批零件的一致性；

（4）对于有对称形状的几何零件，工件原点最好选在对称中心上。

1.3.2 数控程序编制基础

1. 数控编程的种类与步骤

数控编程的方法有手工编程和计算机辅助编程两种。手工编程是指在编程过程中，数控程序全部或是大部分由人工编写；计算机辅助编程是指编程人员将零件的信息输入计算机，通过 CAD/CAM 软件的数控加工模块自动生成数控程序。

数控机床编程的内容主要包括：分析被加工零件的零件图，确定加工工艺过程，数值计算，编写程序单，输入数控系统，程序校验和首件试切等。数控机床编程的步骤一般如图 1-5 所示。

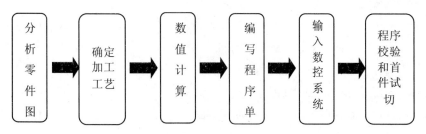

图 1-5 数控机床编程的步骤

（1）分析零件图。通过对工件材料、形状、尺寸精度及毛坯形状和热处理的分析，确定工件在数控机床上进行加工的可行性。

（2）确定加工工艺。制定数控加工工艺，确定加工顺序、加工路线、装卡方法，选择刀具、工装以及切削用量等工艺参数。选择适合数控加工的加工工艺，可以提高数控加工的效益。在制定加工工艺时，应充分利用数控机床的指令功能特点，简化程序，缩短加工路线，减少空行程时间和换刀次数，同时充分发挥机床效能。

（3）数值计算。数值计算是根据已确定的加工路线和零件加工误差计算刀具中心的运动轨迹。对于加工较简单的由圆弧与直线组成的平面零件，只需计算零件轮廓的相邻几何元素的交点或切点、起点、终点和圆弧的圆心坐标值或圆弧半径的坐标值。对于非圆曲线（如渐开线、阿基米德螺旋线等）需要用直线段或圆弧来逼近，这种情况一般要用计算机来完成数值计算的工作。

（4）编写程序单。在完成工艺处理和数值计算工作后，编程人员可以根据数控系统具有的功能指令代码和程序段格式，编写加工程序单。在编写好程序后，需要进行初步的人工检查，进行反复修改。

（5）输入数控系统。程序编写好之后，可通过键盘等直接将程序输入数控系统，也可通过磁盘驱动器或 RS232 接口输入数控系统。对于一些简单的数控程序可以人工通过键盘直接输入到数控系统中去。

（6）程序校验和首件试切。为了保证零件加工的正确性，程序送入数控系统后，通常需要经过试运行和试加工两步检查后，才能进行正式加工。校验的方法是直接将控制介质上的内容输入到数控系统中，让机床空运转，以检查机床的动作和运动轨迹的正确性。若发现错误或加工精度达不到要求时，应分析原因，采取措施，修改程序单加以纠正。

2．程序的结构和格式

（1）数控程序的结构

一般情况下，一个完整的数控程序由程序头、程序体和程序尾组成，不同的数控机床，其程序的格式也不同，数控程序员应严格按照机床说明进行后置处理和 NC 代码输出。图1-6 是一个数控程序的结构示意图。

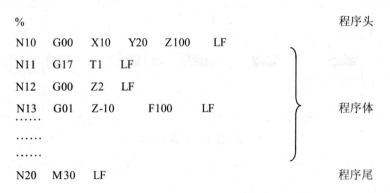

图 1-6　数控程序的结构示意图

① 程序头：即程序的开始部分，包括程序的起始符和程序名。程序的起始符有的数控

系统采用"%"作为程序编号地址，有的数控系统则采用"O"和"P"等表示。

② 程序体：是程序的核心部分，由多个程序段组成。程序段是数控程序中的一句，单列一行，用于指挥机床完成某一个动作。

③ 程序尾：用于停止主轴、切削液和进给并使数控系统复位。程序尾往往以指令 M01、M02、M30 等结束。

（2）数控程序的格式

一个数控程序段由序号、若干代码字和结束符号组成，如图 1-7 是一个具体的程序段。

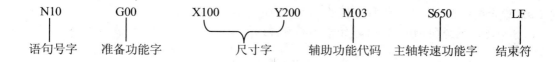

N10	G00	X100 Y200	M03	S650	LF
语句号字	准备功能字	尺寸字	辅助功能代码	主轴转速功能字	结束符

图 1-7　数控程序段

下面对程序段内各字段进行说明：

① 语句号字：程序段编号 N，范围 0000 – 9999。

② 准备功能字：使数控系统做某种操作，用 G 和两位数字表示。

③ 尺寸字：用于确定机床上刀具运动终点的坐标位置。由坐标轴参数值 x，y，z，u，v，w，p，q，r，i，j，k，a，b，c，d 等与 +、– 符号的数字组成。

④ 辅助功能字：用于指定数控机床辅助装置的开关动作，由 M 加两位数字表示。各种数控系统的 M 功能不完全相同，编程时必须了解所使用的数控系统的 M 功能。

⑤ 主轴转速功能字：以字母 S 开头，用于指定主轴转速，其单位为 r/min。

⑥ 结束符：结束符写在每一个程序段之后，表示该程序段结束。

3. 常用的数控指令

数控程序字按其功能可分为：准备功能字（G 指令）、辅助功能字（M 指令）和其他功能字，下面分别进行说明。

（1）准备功能字（G 指令）

准备功能字是使数控机床做好某种操作准备的指令，用地址 G 和两位数字来表示。下面对常用的准备功能字进行说明：

① G00：快速点定位。刀具从所在的点快速进给到目标点。该指令一般用于快速趋近加工目标或快速退刀。

② G01：直线插补。用于产生直线或斜线运动。

③ G02/G03：圆弧插补。刀具（或工件）在各坐标平面内，以输入的进给速度，以圆弧形式移动到程序中的目标点，执行圆弧运动，圆心点坐标通过插补参数 I，J，K 确定，

半径由地址 R 或 B 后的数值确定。

④ G90/G91：加工使用绝对坐标或是相对坐标。圆弧上点的坐标值可以是绝对坐标值，也可以是增量坐标值。

⑤ G41/G42/G40：刀具半径左补偿、刀具半径右补偿和取消刀具补偿。

⑥ G94：进给速度，单位为 mm /min。当使用命令 G94 时，在地址 F 下的所有数字值被理解成单位为 mm /min。进给值保留在程序中除非新的进给值被设置。

⑦ G92：程序设置工件零点偏移。按照刀具当前位置与工件原点位置的偏差，设置当前刀具位置坐标。该指令的本质是建立工件坐标系。当用绝对尺寸编程时，必须先用指令 G92 设定机床坐标与工件编程坐标的关系，确定零件的绝对坐标原点。

FANUC 系统和 SIEMENS 系统常用的准备功能字见表 1-1。

表 1-1　常用的准备功能字表

G 功能字	FANUC 系统	SIEMENS 系统
G00	快速移动定位	快速移动定位
G01	直线插补	直线插补
G02	顺时针圆弧插补	顺时针圆弧插补
G03	逆时针圆弧插补	逆时针圆弧插补
G04	暂停	暂停
G05		通过中间点圆弧插补
G17	XY 平面选择	XY 平面选择
G18	ZX 平面选择	ZX 平面选择
G19	YZ 平面选择	YZ 平面选择
G32	螺纹切削	
G33		恒螺距螺纹切削
G40	刀具补偿注销	刀具补偿注销
G41	刀具左补偿	刀具左补偿
G42	刀具右补偿	刀具右补偿
G43	刀具长度正补偿	
G44	刀具长度负补偿	
G49	刀具长度补偿注销	
G50	主轴最高转速限制	
G54～G59	加工坐标系设定	零点偏置
G65	用户宏指令	
G70	精加工循环	英制
G71	外圆粗切循环	米制
G72	端面粗切循环	
G73	封闭切削循环	
G74	深孔钻循环	
G76	复合螺纹切削循环	
G80	撤销固定循环	撤销固定循环
G81	定点钻孔循环	固定循环

（续表）

G90	绝对值编程	绝对尺寸
G91	增量值编程	增量尺寸
G92	螺纹切削循环	主轴转速极限
G94	每分钟进给量	直线进给率
G95	每转进给量	旋转进给率
G96	恒线速控制	恒线速度
G97	恒线速取消	注销 G96
G98	返回起始平面	
G99	返回 R 平面	

（2）辅助功能字（M 指令）

辅助功能字用地址码 M 和其后的两位数字表示，又称为 M 功能或 M 指令，用于指定数控机床辅助装置的开关动作。下面对常用的辅助功能字进行说明。

① M00：程序停止。该指令使程序暂停执行；用于加工过程中测量刀具和工件的尺寸、工件调头、手动变速等固定操作。当执行 M00 指令时，主轴停转、进给停止、冷却液关闭、程序停止。

② M02/M30：M02 指程序结束，表示工件已加工完，机床停止。该指令使程序全部结束，此时主轴停转，进给停止，冷却液关闭；M30 指程序结束并且回到程序起点，M30 被写入主程序的最后程序块中。

③ M03/M04/M05：主轴顺时针转、主轴逆时针转、主轴停止旋转。

④ M07/M08/M09：冷却液开关。M07 为命令 2 号冷却液（雾状）开或切屑收集器开；M08 为命令 1 号冷却液（液状）开或切屑收集器开；M09 为命令关闭冷却液的供应，取消 M07、M08。冷却液的开关通过冷却泵的启动与停止来控制。

⑤ M10/M11：夹紧和松开。用于机床滑座、工件、夹具等的夹紧和松开。

FANUC 系统和 SIEMENS 系统常用的辅助功能字见表 1-2。

表 1-2　M 功能字含义表

M 功能字	含　义
M00	程序停止
M01	计划停止
M02	程序结束
M03	主轴顺时针旋转
M04	主轴逆时针旋转
M05	主轴旋转停止
M06	换刀
M07	2 号冷却液开
M08	1 号冷却液开

（续表）

M 功能字	含　义
M09	冷却液关
M10	运动部件夹紧
M11	运动部件松开
M30	程序停止并返回开始处
M98	调用子程序
M99	返回子程序

（3）其他功能字

① 尺寸字：也称为尺寸指令，用于确定机床上刀具运动终点的坐标位置。如 X、Y、Z 主要用于表示刀位点的坐标值，而 I、J、K 用于表示圆弧刀轨的圆心坐标值。在一些数控系统中，还可以用 P 指令暂停时间，用 R 指令圆弧的半径等。

② 进给功能字：以字母 F 开头，又称为 F 功能或 F 指令，用于指定切削的进给速度。

③ 主轴转速功能字：以字母 S 开头，又称为 S 功能或 S 指令，用于指定主轴转速，单位为 r/min。

④ 刀具功能字：以字母 T 开头，又称为 T 功能或 T 指令，用于指定加工时所用刀具的编号。对于数控车床，其后的数字还兼作指定刀具长度补偿和刀尖半径补偿用。

1.4　数控加工的工艺处理

1.4.1　数控加工工艺特点

数控加工工艺和普通机床加工工艺原则上是基本一致的。在数控加工编制程序过程中，除了要考虑机床和刀具的选用、零件的尺寸、形状精度及表面粗糙度外，还要考虑对刀点、换刀点及走刀路线等，因此数控加工工艺要比普通机床加工工艺更加复杂。数控加工与通用机床加工相比，具有如下特点。

（1）数控加工的工序内容比较复杂。普通机床加工零件时，对机床的操作人员要求比较高，在实际的加工中需要其确定如工艺中工步的划分、刀具的选择、走刀路线和切削用量等参数，而这些参数则需要编程人员在编写程序时考虑计算。另外与普通机床加工的零件相比，数控机床更多地用于加工一些外形复杂的零件。一般来讲，复杂的零件对应着复杂的工序，因此，数控加工工艺的工序往往更加复杂。

（2）数控加工的工艺更加精确。与普通机床相比，数控加工的工艺更加精确。在普通机床加工中，操作者可以根据加工的情况，自由地对机床进行调整；而在数控加工中，机床的动作都是按照预先编写的程序执行,不能及时地对加工中的参数进行修改。因此数控加工的工艺更加精确。数控加工工艺的设计必须充分考虑加工过程中的每一个细节,不能有任何纰漏。

(3)数控加工工艺的继承性好。数控加工实现了加工的自动化和信息化。当加工工件改变时,除了相应更换刀具和解决工件装夹方式外,只要重新编写并输入该零件的加工程序,便可自动加工出新的零件。那些经生产实践证明优秀的数控加工工艺完全可以作为模板保存起来,再遇到同类零件加工时可以调用。这样不仅提高了编程的效率也保证了加工的质量。

(4)数控加工的工序相对集中。一般来说,普通机床上的加工是根据机床的种类进行单工序加工的,而数控机床在一次装夹中能完成较多表面的加工,省去了划线、多次装夹、检测等工序。数控加工甚至可以在一台加工中心完成一个工件的全部加工工序。

1.4.2　数控加工工艺分析

数控加工工艺的分析与规划是数控编程的核心部分。在数控程序的编制中,主要要考虑机床的运动、工件的加工工艺过程、刀具的形状及切削用量、走刀路线等比较广泛的工艺问题。程序员要想编制出高质量的数控程序,必须了解数控机床的工作原理、性能特点及结构,掌握数控机床的编程语言和标准的编程格式,还要能够熟练掌握工件加工工艺,确定合理的切削用量,正确选用刀具和装夹方法。要想编制出高质量的数控程序,首先要对工件进行数控加工工艺分析。

数控加工工艺分析是数控编程的基础,只有对加工零件做好数控加工工艺分析才可能编制出一个高效且优质的数控程序。数控加工工艺分析的主要内容如下:

(1)选择适合在数控机床上加工的零件,并确定数控加工的内容;

(2)分析被加工零件的 CAD 模型,确定技术要求和加工内容;

(3)确定零件的加工方案,指定加工的工艺路线;

(4)设置数控加工的工序,并确定工序的加工参数,包括刀具的选择及其参数的设计、加工对象及加工区域的设置、切削方式的选择及切削用量的设置、进刀方式的设置等;

(5)编制数控加工工艺规划文件。

1.5　基于 CAD/CAM 软件的交互式图形编程

1.5.1　交互式图形编程概述

1. 交互式图形编程概述

交互式图形编程是一种以计算机辅助设计(Computer Aided Design,简称 CAD)软件为基础的自动编程方法。在编程时编程人员首先要对零件图样进行工艺分析,确定构图方案,然后利用 CAD 软件的图形编辑功能将零件的几何图形绘制到计算机上，形成零件的图形文件。其后还需利用软件的计算机辅助制造（Computer Aided Manufacturing，简称 CAM）功能，生成 NC 加工程序。交互式图形编程具有速度快、精度高、直观性好、使用简便、便于检查等优点。图形交互自动编程已成为目前国内外先进的 CAD /CAM 软件中普遍采用的数控编程方法。

2. 交互式图形编程的步骤

目前，国内外图形交互自动编程软件有很多。尽管其具有的操作方式和指令有所不同，但都是建立在 CAD 和 CAM 的基础上，编程的基本原理及基本步骤大体上一致。交互式图形编程的步骤可以归纳为：几何建模、刀位轨迹的生成、后置处理、程序输出等，下面分别说明。

（1）几何建模。几何建模是利用 CAD 软件将零件被加工部位的几何图形准确地绘制在计算机屏幕上。同时，计算机自动生成零件的图形数据文件，这些图形数据是下一步刀位轨迹计算的依据。自动编程过程中，软件将根据加工要求自动提取这些数据，进行分析判断和必要的数学处理，以形成加工的刀位轨迹数据。

（2）刀位轨迹的生成。图形交互自动编程的刀具轨迹的生成是面向屏幕上的图形交互进行的。首先在刀位轨迹生成菜单中选择所需的菜单项，然后根据屏幕提示，用光标选择相应的图形目标，指定相应的坐标点，输入所需的各种参数。软件将自动从图形文件中提取编程所需的信息，进行分析判断，计算节点数据，并将其转换为刀具位置数据，存入指定的刀位文件中或直接进行后置处理，生成数控加工程序，同时在屏幕上显示出刀具轨迹图形。

（3）后置处理。后置处理的目的是形成数控加工指令文件。由于各种机床使用的控制系统不同，所用的数控加工程序其指令代码及格式也有所不同。通过后置处理程序可以把刀位数据、有关的工艺参数和辅助信息等转换成数控系统所能接受的 NC 代码指令。

（4）程序输出。由于图形交互式自动编程软件在编程过程中，可在计算机内自动生成刀位轨迹图形文件和数控加工文件，所以程序的输出可以通过计算机的各种外部设备进行。程序输出可以是打印输出的程序清单、绘图机绘制的刀位轨迹、磁带输出、磁盘输出，或采用与数控系统联机的方式。

1.5.2   常用的 CAD/CAM 软件简介

计算机辅助设计与制造（CAD/CAM）技术是近年来工程技术领域中发展最迅速的技术，其是机电一体化技术应用中典型的优秀产品。CAD 以图形处理学为基础，高效、优化地进行产品的设计；CAM 则利用计算机辅助制造系统监控生产过程，或在计算机中进行产品的虚拟制造，再用数控机床加工出产品。CAD/CAM 软件可以加速工程和产品的开发、缩短产品设计制造周期、提高产品质量、降低成本、增强企业市场竞争能力与创新能力。其在机械工业中的广泛应用，标志着机电一体化技术已成为机械制造工业的主要支柱。下面对使用较多的 CAD/CAM 软件进行简单介绍。

（1）Unigraphics（UG）。UG 是 UGS 公司的主要产品，整合了原 UG 公司的 UG 软件和 SDRC 公司的 I-DEAS 软件，功能增多，性能比原先明显提高，广泛地应用在航空航天、汽车、通用机械、模具、家电等领域。使用 UG 软件，机械产品设计从上而下（不同于以前的从零件图开始然后装配的从下而上的设计），从装配的约束关系开始，改变装配图中任一零件尺寸，所有关联尺寸会自动作相应的修改，大大减少了设计修改中的失误，思路更清晰，更符合机械产品的设计方法、习惯，即从装配图开始设计。其采用自由的复合建模技术，局部参数化，强大的曲面功能和方便的布尔运算使得设计师工作起来得心应手。Unigraphics NX 的 CAM 模块相比其他 CAM 软件，加工模式、进给方法、刀具种类、压板的避让等设定选项更多、更丰富，所以功能更强。同时 Unigraphics NX 版本能重新恢复特征，因此经过格式转换的模型同样可以修改。所以 Unigraphics NX 是 CAD /CAM 软件中功能最丰富、性能最优越的软件。

（2）Pro Engineer（Pro/E）。Pro /Engineer 是美国参数科技公司（PTC）1989 年开发出的 CAD /CAE /CAM 软件。九十年代初 PTC 已成为全球 CAD/CAM 市场增长最快的公司。该系统采用面向对象的单一数据库和基于特征的参数化造型技术，是一个全参数化、基于特征和全相关的系统。零件的参数化设计、修改很方便，零件都设计完后，能进行虚拟组装，组装后的模型可以进行动力学分析，验证零件相互之间是否有干涉等。其在参数设计技术上独领风骚。其 CAM 模块可以创建最佳加工路径，并允许 NC 编程人员控制整体的加工路径直到最细节的部分。该软件还支持高速加工和多轴加工，带有多种图形文件接口。

（3）Cimatron。Cimatron 为以色列 Cimatron 公司的产品，该软件是以色列为了设计喷气式战斗机所开发出来的，具有功能齐全、操作简便、学习简单、经济实用的特点，受到小型加工企业特别是模具企业的欢迎，在我国有广泛的应用。它集成了设计、制图、分析与制造，是一套结合机械设计与 NC 加工的 CAD/CAE/CAM 软件。其 CAD 模块采用参数式设计，CAM 模块功能除了能对实体和曲面的混合模型进行加工外，其进给路径能沿着残余量小的方向寻找最佳路线，使加工路径最优化，从而保证曲面加工残余量最大值一致性好且无过切现象。Cimatron 全面的 NC 解决方案包含一系列久经市场检验的加工策略，为用户提供了无以伦比的加工效率。其 CAM 的优化功能使零件、模具加工达到最佳的加工质量，此功能明显优于其他同类产品。

（4）SolidWorks。SolidWorks 创建于 1993 年 12 月，总部设在美国麻省 Concord。SolidWorks 软件是一套智能型的高级 3D 实体绘图设计软件，是实体造型 CAD 软件中用得最普及的一个软件，使用广，会操作的人多。在软件开发中 SolidWorks 采用最好的几何平台 ACIS、Parasolid 和约束求解 DCM 组件。该软件是一个开放式平台，具有高度的兼容性，能与其他许多 CAE、CAM 软件兼容，如 Com -mose、Cam works、3D Intant W ebsite 等。

其 CAM 模块具体较好的自动工艺性能。

（5）MasterCAM。MasterCAM 是由美国 CNC Software 公司研制开发的 CAD/CAM 系统，是国内引进最早，使用最多的 CAD/CAM 软件。其由 DESIGN 设计模块、MILL 铣床加工模块、LATHE 车床加工模块和 WIRE 线切割加工模块组成。CAM 功能操作简便、易学，工厂的零件加工、高校及技工学校的 CAD /CAM 教学使用很多，是一种简单易学、经济实用的小型 CAD/CAM 软件。MasterCAM 具有强劲的曲面粗加工及灵活的曲面精加工功能，并且具有自动过切保护以及刀具路径优化功能，可自动计算加工时间，并具有快速实体切削仿真功能。MasterCAM 后置处理程序支持铣、车、线切割激光及多轴加工，并能提供多种图形文件接口，如 DXF、IGES、STEPCADL、VDA 等，能直接读取 Pro/Engineer 的图形文件，不愧为一优秀的 CAD/CAM 软件。

1.6　课后练习

（1）简述数控加工的基本原理。
（2）简述数控加工机床的分类。
（3）简述数控编程的种类和步骤。
（4）简述机床坐标系和工件坐标系。
（5）列举几个常用的 CAD/CAM 软件。

1.7　本章小结

本章详细介绍了数控加工的基础知识，包括数控加工基本概念、数控机床的相关知识、数控编程的基础知识、数控加工的工艺处理和基于 CAD/CAM 软件的交互式图形编程等。读者应该重点掌握数控加工编程的相关知识，为后续学习 NX 5.0 数控加工打好基础。

第 2 章　NX 5.0 CAM 基础知识

【本章导读】

NX 5.0 不仅具有强大的实体建模和造型功能，而且也具有强大的数控编程功能。其加工模块的数控加工能力十分强大，可以根据建立的三维模型直接生成数控代码，完成任何复杂几何体铣削、车削以及线切割加工。在本章中将学习 NX 5.0 CAM 模块的基础知识，加工术语，加工类型，组特征的创建；最后通过具体实例的讲解，来进一步熟悉使用 NX 5.0 CAM 模块编程的流程。

希望读者通过 5 个小时的学习，对 NX 5.0 CAM 模块有一个全面的了解，熟悉数控加工模块的界面，并掌握各程序组、加工几何体组、刀具组和加工方法组的创建。

序号	名　　称	基础知识参考学时（分钟）	课堂练习参考学时（分钟）	课后练习参考学时（分钟）
2.1	NX 5.0 CAM 概述	30	0	0
2.2	NX 5.0 的加工环境	30	5	15
2.3	操作导航器	40	0	0
2.4	组的创建	50	35	15
2.5	刀具路径管理	40	0	15
2.6	综合实训：电池盒	0	25	0
总计	300 分钟	190	65	45

2.1　NX 5.0 CAM 概述

2.1.1　NX 5.0 CAM 功能及特点

NX 5.0 CAM 具有强大的数控加工能力，可以方便地实现 2-5 轴的铣削加工、2-4 轴的车削加工、电火花切割加工和点位加工。编程人员可以根据零件的结构特征、表面的形状和加工精度的要求，制定合适的加工方案，并通过交互式的编程环境生成刀具路径，观察刀具路径并检验刀具路径的正确性。NX 5.0 CAM 可视化的刀轨仿真功能可以使编程人员在显示器中对加工的过程进行加工仿真，以观察刀具的实际切削过程和材料的削除情况，并对参数的设置做出正确的判断。另外 NX 5.0 CAM 还提供了多种后处理方式，可以方便地对生成刀具路径进行转换，从而生成数控加工程序，应用于不同类型的机床控制系统。编程人员还可以通过可定制的配置文件来定义可用的加工处理器、刀具库、后处理器和其他高级参数，而这些参数的定义可以针对具体的市场，比如注塑模具、冲模以及机械。通过各个模板，可以定制用户界面并指定加工设置，这些设置可以包括机床、切削刀具、加工方法、共享几何体和操作顺序。通过设置自己需要的加工环境，可以让 NC 工程师方便、高效地进行数控编程。

NX 5.0 CAM 与其他的 CAM 软件相比，其功能丰富、高效率、可靠性高，具有 2.5 轴/3 轴、高速加工、多轴加工功能，可以完成各种复杂零件的粗加工和精加工。值得一提的是，NX 5.0 CAM 还提供了 CNC 铣削所需要的完整解决方案。

总的来说，NX 5.0 CAM 的数控加工具有以下特点：

（1）提供了可靠、精确的刀具路径；

（2）刀具的使用没有限制，编程人员可以根据机床、工件材料、夹持方式来自由地设置加工刀具；

（3）具有往复切削、单向切削、单向沿轮廓切削、跟随周边切削、跟随工件切削、摆线切削、沿轮廓切削和标准驱动切削等多种切削方式；

（4）可以设置直线、折线和圆弧等多种进、退刀方式；

（5）系统采用主模型结构，支持并行工作方式；

（6）允许编程人员根据自身的习惯，自定义加工环境，提高编程的效率。

2.1.2　NX 5.0 CAM 加工类型及应用领域

1. NX 5.0 CAM 加工类型

NX 5.0 CAM 的加工类型分为：铣削加工、点位加工、车削加工和线切割加工 4 大类。在本书中将对铣削加工和点位加工进行详细的讲解。

（1）铣削加工（Mill）

铣削加工，如图 2-1 所示，是数控加工中最为常用和重要的加工方式。NX 5.0 CAM 具有强大的铣削功能。在 NX 5.0 CAM 中，铣削加工根据加工表面形状的不同，分为平面铣和轮廓铣；根据刀轴在加工过程中能否变化，分为固定轴铣和可变轴铣。其中固定轴铣又可以分为平面铣、型腔铣和固定轴曲面轮廓铣；可变轴铣又可分为可变轴曲面轮廓铣和顺序铣。

图 2-1　铣削加工

① 平面铣加工（Mill_Planar）。平面铣加工是一种 2.5 轴的加工方法。其在加工过程刀具将平行工件的底面进行多层的切削，先在水平方向上完成的 *XY* 轴的联动，在 *Z* 轴方向上一层加工完成后再进入下一层的加工。平面铣加工中刀轴是固定的，并且要求加工工件的底面为平面，各个侧面与底面垂直。平面铣加工常常用于平面轮廓或平面区域的粗加工和精加工。

② 型腔铣加工（Cavity_Mill）。型腔铣加工用于去除型腔平面层中的大量材料。在型腔铣加工中，刀具将根据型腔的形状，逐层切削完成对工件的加工。刀具在同一高度内完成一层的切削，再进入下一高度的切削。系统将根据不同深度的切削层处的零件截面形状逐层生成刀具轨迹。型腔铣加工属于 3 轴加工，常用于粗加型腔的轮廓区域，为精加工操作做准备。

③ 固定轴曲面轮廓铣加工（Fix_contour）。固定轴曲面轮廓铣加工通过精确控制刀轴和投影矢量以使刀具沿着非常复杂的曲面的复杂轮廓运动。其常用于对轮廓曲面形成的区域进行精加工。固定轴曲面轮廓铣加工通过定义工件几何体、驱动几何体和投影矢量，将驱动几何上的驱动点沿投影矢量方向投影到工件表面的投影点来生成刀具轨迹。

④ 可变轴曲面轮廓铣加工（Variable_contour）。可变轴曲面轮廓铣加工与固定轴曲面轮廓铣加工相似，只是在加工过程中其投影矢量和刀轴都是可变的。可变轴曲面轮廓铣加工可对特殊的曲面区域进行加工，具有较高的加工精度。

⑤ 顺序铣（Sequential_mill）。顺序铣是一种用于表面精加工的加工方法，为连续加工一系列边缘相连的曲面而设计的。一旦使用"平面铣"或"型腔铣"对曲面进行了粗加工，就可以使用"顺序铣"对曲面进行精加工。

（2）点位加工（Piont_to_Piont）

点位加工，如图 2-2 所示。在点位加工中，系统控制刀具完成"定位到几何体，插入部件，退刀"一系列动作类型的操作。其主要来完成对工件的中孔的加工，包括钻孔、镗孔、攻丝等加工方式，其他用途还包括点焊和铆接。

（3）车削加工（Turning）

车削加工也是数控加工中常用的加工方式之一，如图 2-3 所示，其主要用于轴类和盘类回转体工件的加工。NX 5.0 CAM 提供了各种车削加工，包括粗车、精车、镗削、中心孔加工和螺纹加工等。

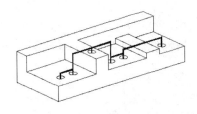

图 2-2　车削加工

图 2-3　车削加工

① 粗车加工（Turning_Rough）。粗车加工主要用于去除大量材料，为精车加工做准备。一般情况下，粗车加工的精度比较低，但如果选取适当的加工方法，采用合理的进、退刀运动，同样也能够达到比较高的加工精度。

② 精车加工（Turning_Finish）。精车加工用于表面的精加工，常常用于对粗车加工后的表面进行加工，目的是提高零件的尺寸精度和表面质量。

③ 镗削加工（Boring）。镗削加工用于车削加工工件内孔。其是车削加工的一部分，因此镗削加工具有车削加工的一般特征。

④ 中心孔加工（Turning_Drill）。中心孔加工用于在中心线上钻孔。其利用车削主轴中心线上的非旋转刀具，通过旋转工件来进行钻孔。

⑤ 螺纹加工（Turning_Thread）。螺纹加工用于对直削或丝锥螺纹进行加工。所加工的螺纹可以是单个或多个内部、外部或面螺纹。

（4）线切割加工（Wire out Electrical Discharge Machining）

线切割加工是通过金属丝的放电来进行金属的切削加工的方式，如图 2-4 所示。它主要用于加工各种形状复杂和精密细小的工件。NX 5.0 CAM 提供了比较完备的线切割加工功能，能够进行双轴和四轴的线切割加工操作。

图 2-4　线切割加工

2．NX 5.0 CAM 的应用领域

NX 5.0 CAM 的数控加工功能非常强大，其加工方法多样，操作方式灵活，具有很强的灵活性与柔性。另外 NX 5.0 CAM 具有全面的数控编程功能，可以完成刀具轨迹的生成、加工仿真、加工检验和 NC 代码的输入等操作。目前，其已经广泛地应用于数控加工的各个行业之中。

（1）汽车行业：NX 5.0 CAM 具有强大的铣削功能，可以完成汽车覆盖件的冲压模具、压铸模具和汽车内饰塑料件的注塑模具的加工，目前已经广泛地应用于各大汽车公司。

（2）航天航空：航空零件一般的几何体形状复杂，加工精度要求高。NX 5.0 CAM 的多轴加工功能，可以满足航天航空领域中如飞机机身、涡轮发动机零件等加工的要求。

（3）日用消费品和电子产品：NX 5.0 已经广泛用于日用消费品和电子产品的开发中。其 CAD 强大的造型和建模功能和 CAM 灵活方便高效的编程功能，可以快速地完成产品的设计和相应模具设计加工。

（4）通用机械行业：在通用机械行业中，NX 5.0 的用户也在大量增加。其为传统的机械加工提供了更为专业的解决方案，提高了通用机械行业加工制造的高效化和自动化。

2.1.3　NX 5.0 数控加工流程

应用 NX 5.0 数控加工程序完成一个工件的加工，生成 NC 代码要遵循一定的加工流程。

NX 5.0 数控加工流程如图 2-5 所示。

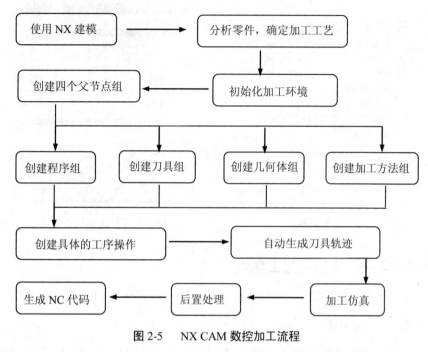

图 2-5　NX CAM 数控加工流程

2.2　NX 5.0 的加工环境

2.2.1　加工环境初始化

在进入 NX 5.0 的加工环境时，首先要调入零件的 CAD 模型文件，然后在【开始】下拉菜单中，选择【加工】命令，如图 2-6 所示，或按快捷键 Ctrl+Alt+M。如果该零件的 CAD 模型第一次进入加工模块，系统弹出【加工环境】对话框，如图 2-7 所示。【加工环境】对话框由【CAM 会话配置】列表框和【CAM 设置】列表框两部分组成。【CAM 会话配置】列表框中列出了系统提供的加工配置文件，【CAM 设置】列表框中显示了对应的加工配置文件中所包含的加工类型。不同的加工配置文件，其所对应的【CAM 设置】列表框中的内容也会发生变化。在【CAM 会话配置】列表框中选择适当的配置文件，并在【CAM 设置】列表框中选择操作模板，然后单击【初始化】按钮，即可进入定制的加工环境。

如果已经进入加工环境，并想对加工环境重新进行设置，可以在【工具】下拉菜单中的【操作导航器】子菜单中，选择【删除设置】命令来删除当前的设置，删除后系统会重新弹出【加工环境】对话框，这样即可重新设置加工环境。

图 2-6　【开始】菜单　　　　　　　　图 2-7　【加工环境】对话框

2.2.2　课堂练习一：初始化加工环境

下面通过一个具体模型加工环境初始化的设置步骤来说明加工环境的初始化。

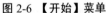（参考用时：5 分钟）

（1）启动 NX 5.0。依次选择【开始】|【所有程序】|【UGS NX 5.0】|【NX 5.0】命令，如图 2-8 所示，启动 NX 5.0 软件。

图 2-8　【开始】菜单

（2）打开模型文件。在【标准】工具栏中，单击【打开】按钮　，系统弹出【打开部件文件】对话框，如图 2-9 所示，选择 sample\ch02\2.2 目录中的 Manufature.prt 文件，单击【OK】按钮。

（3）初始化加工环境。在【开始】下拉菜单中，在选择【加工】命令，如图 2-6 所示，或按快捷键 Ctrl+Alt+M，系统弹出【加工环境】对话框。

（4）设置环境参数。在【加工环境】对话框的【CAM 会话配置】列表框中，选择【cam_general】选项，在【CAM 设置】列表框中，选择【drill】选项，单击【初始化】按钮，完成加工环境的初始化。

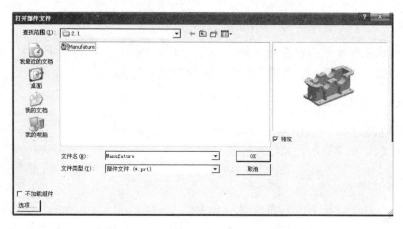

图 2-9　【打开部件文件】对话框

2.2.3　用户界面

在设置好加工环境初始化参数后,系统将进入数控加工模块,其工作界面如图 2-10 所示。数控模块的用户界面和建模界面差不多,由标题栏、下拉菜单、工具栏、操作导航器和绘图区等几部分组成。下面分别介绍加工用户界面的各个部分。

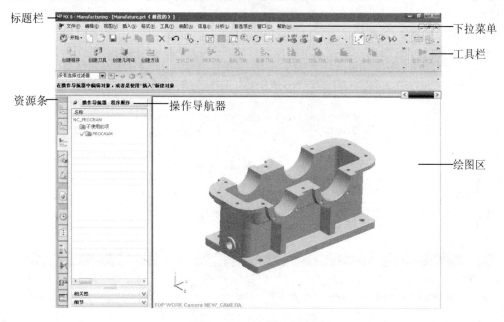

图 2-10　NX 5.0 加工界面

1. 资源条

资源条可利用很小的用户界面空间将许多页面组合在一个公用区中。NX 5.0 将所有导航器窗口、历史记录资源板、集成 Web 浏览器和部件模板都放在"资源条"中。

2. 标题栏

NX 5.0 的标题栏和一般的 Windows 应用程序的功能一样，用于显示软件的版本号、应用模块、文件名称和文件所处的状态等信息。

3. 下拉菜单

下拉菜单包括了软件的所有的功能，可以通过下拉菜单完成各种操作的创建，同时也可以通过下拉菜单方便地查询模型的信息。在加工环境中常用的下拉菜单有：【文件】、【插入】、【格式】、【工具】和【首选项】等。

4. 工具栏

工具栏位于下拉菜单的下面，其用图标的方式表示每一个按钮的功能，单击工具栏中的按钮可以完成相应的命令功能。在进入加工环境后，系统会新增加【加工创建】、【加工操作】、【操作导航器】、【加工工件】和【加工对象】五个工具条，下面分别对其进行简单说明。

（1）【加工创建】工具条

【加工创建】工具条用于创建加工程序、刀具、几何体、方法和操作等，如图 2-11 所示。

图 2-11　【加工创建】工具条

（2）【加工操作】工具条

【加工操作】工具条用于刀轨的生成、编辑、删除、重播等操作，以及 clsf 文件的输出、后处理和车间文档的输出等，如图 2-12 所示。

图 2-12　【加工操作】工具条

（3）【操作导航器】工具条

【操作导航器】工具条用来切换操作导航器中显示的视图、查找对象等，如图 2-13 所示。

图 2-13　【操作导航器】工具条

（4）【加工工件】工具条

【加工工件】工具条用于对加工工件显示进行设置和切换工件的显示状态，如图 2-14 所示。

图 2-14　【加工工件】工具条

（5）【加工对象】工具条

【加工对象】工具条用于对程序、刀具、几何和方法等加工对象进行编辑、剪切、复制、删除和变换等操作，如图 2-15 所示。

图 2-15　【加工对象】工具条

5．操作导航器

操作导航器是一种图形用户界面（Graphics User Interface，简称 GUI），位于窗口的左侧，其中显示了已经创建的所有操作和父节点组。通过操作导航器能够管理当前部件的操作和操作参数。操作导航器能够指定在操作间共享的参数组，可以对操作或组进行复制、剪切、粘贴和删除等操作，其具体功能将在下一节中详细说明。

6．绘图区

绘图区用于显示零件模型、刀具轨迹、刀具和加工结果等，为软件的工作区，用户的大部分工作都要在绘图区中完成。

2.3　操作导航器

2.3.1　操作导航器概述

操作导航器是一种图形用户界面（GUI），用于管理当前部件的操作和操作参数。通过操作导航器可以指定在操作间共享的参数组。在【资源】条单击【操作导航器】按钮 ，可以打开【操作导航器】对话框，如图 2-16 所示。其使用树形结构图示说明组与操作之间的关系。参数可以基于【操作导航器】中的位置关系在组与组之间和组与操作之间向下传递或继承。

图 2-16　【操作导航器】对话框

2.3.2　操作导航器视图

操作导航器在【程序顺序】视图、【机床】视图、【几何体】视图和【加工方法】视图四个不同视图的一个中持续显示，各个视图都根据其主题归类操作。另外，各个视图还显示操作和专门针对该视图的结构组之间的关系。

可以通过单击【操作导航器】工具条中相应的按钮，来使【操作导航器】从一个视图切换到另一个视图。也可以在【操作导航器】的空白处右击，通过弹出的快捷菜单来切换各个视图。下面分别对操作导航器的各视图进行介绍。

1．程序顺序视图

程序顺序视图，如图 2-17 所示，其中按加工顺序列出了所有操作。该视图根据创建时间对设置中的所有操作进行分组。在该视图中，如果需要更改操作的顺序，可以通过拖放操作轻松地实现。使用程序顺序视图，可以进行更改、检查操作顺序，并输出到后处理器而不更改视图。

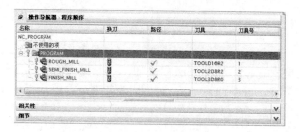

图 2-17　程序顺序视图

2. 机床视图

机床视图，如图 2-18 所示，其中包含从刀具库中抽取的，或在部件中创建的、供部件使用的刀具的完整列表，并按照加工刀具来组织各个操作。在机床视图中，这些刀具显示它们是否实际用于 NC 程序中。如果使用了某个刀具，则使用该刀具的操作将在该刀具下列出；如果没有使用该刀具，则该刀具下不会出现操作。

图 2-18　机床视图

3. 几何体视图

几何体视图，如图 2-19 所示，其根据几何体组对部件中的所有操作进行分组。其中列出了当前的零件模型中存在的几何体组和坐标系，以及使用这些几何体组和坐标系的操作的名称。

图 2-19　几何体视图

4．加工方法视图

加工方法视图，如图 2-20 所示，其根据加工方法对设置中的所有操作进行分组。其中列出了当前的零件模型中存在的加工方法，例如，铣、钻、车、粗加工、半精加工、精加工。在对操作进行编辑时，可以通过加工方法视图快速查看每个操作中使用的方法。

图 2-20　加工方法视图

2.3.3　参数继承关系和状态标记

1．参数继承关系

从操作导航器显示的内容可以看出，在加工应用中，用户不必在每个操作中分别制定参数，可以指定一组参数为共享参数供各操作使用。操作和组根据它们在操作导航器中的相对位置的不同，一组操作的参数可以向另一组或操作传递。在传递的过程中参数被过渡和继承下来，"子节点"可以继承"父节点"的参数。

在如图 2-21 所示的操作导航器的几何体视图中，ROUGH_MILL_1 组和 ROUGH_MILL_2 组从 MSC_MILL 组中继承相关的数参数，MSC_MILL 组为 ROUGH_MILL_1 和 ROUGH_MILL_2 的父节点组。同样，MY_MSC 组为 FINISH_MILL 的父节点组。当 MSC_MILL 组的参数改变时，ROUGH_MILL_1 和 ROUGH_MILL_2 的参数要随之改变而不会影响 FINISH_MILL 中的参数。

图 2-21　操作导航器的几何体视图

在操作导航器中，可以通过右键的快捷菜单来对各个节点进行复制、粘贴、删除等操作，方便地改变组和操作的位置，从而改变其参数的继承关系。

2. 状态标记

在操作导航器的所有视图中,每个操作的前面都有一个状态符号来显示该操作的状态，其状态分为三种。

（1）✔ "完成" 状态：表示刀轨已经生成并输出（已经进行了后处理）。

（2）⊘ "重新生成" 状态：表示操作的刀轨从未生成，或者是生成的刀轨已经过时。

（3）♀ "重新后处理" 状态：表示刀轨从未输出，或者是刀轨自上次输出以来已经更改并且上一输出已经过时。

2.3.4　操作导航器的右键快捷菜单

1. 操作导航器菜单

将鼠标置于操作导航器的空白处，单击鼠标的右键，系统会弹出快捷菜单，如图 2-22 所示，该菜单称为操作导航器菜单。下面对其中的命令进行简单的说明。

- 【程序顺序视图】命令：用于将 "操作导航器" 上的视图更改为 "程序顺序视图"。
- 【机床视图】命令：用于将 "操作导航器" 上的视图更改为 "机床视图"。
- 【几何视图】命令：用于将 "操作导航器" 上的视图更改为 "几何视图"。
- 【加工方法视图】命令：用于将 "操作导航器" 上的视图更改为 "加工方法视图"。
- 【查找对象】命令：用于搜索 "操作导航器" 中所列的对象。
- 【创建过滤器】命令：用于打开 "操作过滤器" 对话框。
- 【应用过滤器】命令：用于限制 "操作导航器" 中显示的操作名称。
- 【全部展开】命令：展开 "操作导航器" 中所有折叠的父组，以便查看每个操作。
- 【全部折叠】命令：用于把 "操作导航器" 中所有的 "父组" 都折叠起来。
- 【导出至浏览器】命令：用于将 "操作导航器" 中的信息保存为 html 文件，并将其导出到的 Web 浏览器。
- 【导出至电子表格】命令：用于将 "操作导航器" 中的信息导出到电子表格。
- 【列】命令：用于在 "操作导航器" 的当前视图中快速启用或禁用列显示。
- 【属性】命令：打开 "操作导航器属性" 对话框。

2. 对象菜单

将鼠标置于操作导航器的任意节点上，单击鼠标的右键，系统会弹出快捷菜单，如图 2-23 所示，该菜单称为操作导航器的对象菜单。下面对其中的命令进行简单的说明：

- 【编辑】命令：用于编辑相应的节点参数。
- 【剪切】和【复制】命令：用于从 "操作导航器" 临时移除或复制一个选定的对象，

以便将它粘贴到其他位置。

- 【粘贴】命令：将以前"剪切"或"复制"的对象粘贴到 "操作导航器"中。
- 【删除】命令：用于永久移除对象。
- 【重命名】命令：用于重命名已经高亮显示并且右击的操作。
- 【生成】命令：能够为当前选定的操作创建刀轨。
- 【重播】命令：使系统显示刀轨的图形表示。
- 【插入】子菜单：用于在相应的节点下创建【操作】、【程序组】、【刀具】、【几何体】和【方法】。其功能和【加工创建】工具条的功能相同。
- 【对象】子菜单：可以执行对象【变换】、【自定义】、【模板设置】、【继承性列表】等命令。
- 【刀轨】子菜单：用于对刀轨的相关操作。
- 【工件】子菜单：用于为当前所选的操作制定工件材料切削部分的显示方式。
- 【信息】命令：在当前选定的操作或组上显示【信息】窗口。
- 【属性】命令：弹出一个带有【常规】和【属性】两个选项卡的对话框。

图 2-22　操作导航器菜单

图 2-23　对象菜单

2.4　组 的 创 建

2.4.1　程序组

　　程序组用于将操作归组并排列到程序中。在很多的加工中，使用程序组来管理程序会比较方便。例如，加工"部件"顶端视图时需要的所有操作就可以构成一个"程序"组。通过将操作归组，可以立即按正确的顺序一次"输出"许多操作。

　　在【加工创建】工具条中，单击【创建程序】按钮，或者在操作导航的"对象"菜

单中，选择【插入】|【程序组】命令，如图 2-24 所示，此时系统会弹出【程序创建】对话框，如图 2-25 所示。

图 2-24　【对象】菜单　　　　　　　　图 2-25　【程序创建】对话框

在【程序创建】对话框的【类型】下拉列表中选择程序的类型，设置程序的位置和名称后，单击【确定】按钮，即可完成程序组的创建，创建好的程序组将会显示在操作导航器的程序顺序视图中。

2.4.2　课堂练习二：创建程序组

在本节中将通过一个具体的实例来说明程序组的创建。

（参考用时：10 分钟）

（1）调入模型文件。启动 NX 5.0，在【标准】工具栏中，单击【打开】按钮，系统弹出【打开部件文件】对话框，选择 sample\ch02\2.4 目录中的 Program.prt 文件，单击【OK】按钮，打开后的零件模型，如图 2-26 所示。

（2）打开操作导航器并切换到程序视图。在【资源】条中，单击【操作导航器】按钮，打开操作导航器，单击左上角按扭，固定操作导航器。在【操作导航器】工具条中，单击按钮，将操作导航器切换到程序顺序视图，如图 2-27 所示。

图 2-26　零件模型　　　　　　　　图 2-27　程序顺序视图

（3）创建程序组。在【加工创建】工具条中，单击【创建程序】按钮 ，弹出【创建程序】对话框，在【类型】下拉列表中，选择【mill_contour】选项，在【程序】下拉列表中，选择【NC_PROGRAM】选项，输入名称：MY_PROGRAM，如图 2-28 所示。单击【确定】按钮，系统弹出【程序】对话框，如图 2-29 所示，单击【确定】按钮。创建的程序组，如图 2-30 所示。

（4）保存文件。在【标准】工具栏中，单击【保存】按钮 ，保存已加工文件。

图 2-28　【创建程序】对话框

图 2-29　【程序】对话框

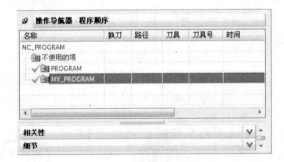

图 2-30　程序顺序视图

2.4.3　加工几何体组

加工几何体组用于定义机床上加工几何体和工件的方向。如"工件几何体"、"毛坯几何体"和"检查几何体"、MCS 方向和安全平面这样的参数都在此处定义。在【加工创建】工具条中，单击【创建几何体】按钮 ，或者在【插入】主菜单中选择【几何体】命令，系统弹出【创建几何体】对话框，如图 2-31 所示。下面分别介绍各加工几何体的创建。

图 2-31 【创建几何体】对话框

1. 铣削几何体的创建

在平面系和型腔系中，铣削几何体用于定义加工时的零件几何体、毛坯几何体、检查几何体；在固定轴和可变轴曲面轮廓系中，用于定义要加工的轮廓的表面。在【创建几何体】对话框中，单击【工件】按钮 ，选择【父级组】，输入"工件名称"，单击【确定】按钮，系统将弹出【工件】对话框，如图 2-32 所示。下面对【工件】对话框进行简单说明。

（1）【部件几何体】按钮 ：打开【部件几何体】对话框，如图 2-33 所示，用于定义部件几何体。在定义了部件几何体后，该按钮可以用来重新定义部件几何体。下面对【部件几何体】对话框进行说明。

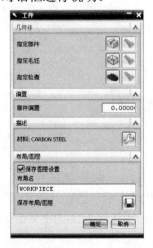

图 2-32 【工件】对话框

图 2-33 【部件几何体】对话框

① 【名称】文本框：通过输入已经命名的几何对象的名称来选择工件几何体。

② 【拓扑】按钮：用于对选择的对象进行拓扑检查。

③ 【定制数据】按钮：用于指派只应用于当前几何体的定制参数。

④ 【操作模式】下拉列表：用于设置是使用【部件几何体】对话框编辑当前选定的几何体，还是选择附加的几何体。

⑤ 【选择选项】选项组：用于指定对象的选择类型。

⑥ 【过滤方式】下拉列表：用于指定过滤几何类型。

⑦ 【全选】按钮：用于选取全部满足过滤条件的所有对象。

⑧ 【移除】按钮：用于移除已经选取的几何对象。

⑨ 【展开项】按钮：用于将几何体分为单个的面。当要把定制余量或公差应用到面时，需要进行分解操作。

⑩ 【全重选】按钮：放弃所有已经选取的几何对象，重新选取。

（2）【毛坯几何体】按钮：可打开【毛坯几何体】对话框，如图 2-34 所示，用于定义毛坯几何体。在定义了毛坯几何体后，该按钮可以用来重新定义毛坯几何体。

（3）【检查几何体】按钮：可打开【检查几何体】对话框，如图 2-35 所示，用于定义检查几何体。在定义了检查几何体后，该按钮可以用来重新定义检查几何体。

图 2-34 【毛坯几何体】对话框

图 2-35 【检查几何体】对话框

（4）【显示】按钮：用于高亮显示所选的几何体表面。

（5）【部件偏置】文本框：用于按指定的偏置厚度向已经建模的工件几何体添加或减少

【部件偏置】。

（6）【材料（material）】按钮：用于将材料属性作为用以确定切削进给和速度的其中一个参数指定给几何体。

（7）【布局/图层】按钮：用于保存方向的布局和层。

2．加工坐标系的创建

在【创建几何体】对话框中，单击【MCS】按钮，在【名称】文本框中，输入加工坐标系的名称，然后单击【确定】按钮，系统弹出如图 2-36 所示的【MCS】对话框。通过该对话框可以完成机床坐标系、参考坐标系、安全设置和下限平面的创建。

（1）机床坐标系

机床坐标系是所有后续刀轨输出点的基准位置。在【MCS】对话框中，单击【CSYS】按钮，系统将弹出【CSYS】对话框，如图 2-37 所示，可以通过下列方式来设置加工坐标系的位置。

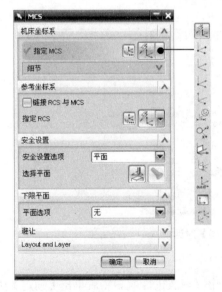

图 2-36　【MCS】对话框

图 2-37　【CSYS】对话框

①　【动态】按钮：坐标系将处于动态状态，可以通过鼠标来移动和旋转坐标系。

②　【偏置 CSYS】按钮：通过平移和旋转的方式，来设置坐标系的位置。可以指定具体的移动距离和旋转的角度。

③　【X 轴，Y 轴，原点】按钮：通过指定 X 轴、Y 轴、原点的位置来定义坐标系的位置。

④ 【原点，X 点，Y 点】按钮：通过指定原点、X 轴上的点和 Y 轴上的点的位置来定义坐标系的位置。

（2）参考坐标系

当操作已经从部件的一个部分移到另一部分时，可使用参考坐标系（RCS）来重新定位未建模的几何参数（刀轴矢量、安全平面等）。可以在【MCS】对话框中【参考坐标系】面板来指定具体的参考坐标系位置。

（3）安全设置

安全设置用于定义刀具从一个刀具点退刀运动下一个切削点的高度。可以通过【MCS】对话框的【安全设置】面板来设置安全平面。具体步骤如下。

① 在【MCS】对话框的【安全设置选项】下拉列表中，选择【平面】选项。然后单击【选择安全平面】按钮，系统弹出【平面构造器】对话框，如图 2-38 所示。

图 2-38 【平面构造器】对话框

② 在绘图区选择要偏置的平面。

③ 在【平面构造器】对话框中，为安全平面定义偏置的距离，然后单击【确定】按钮，完成安全平面的设置。

（4）下限平面

下限平面用于指定刀具最低达到的范围。可以通过【MCS】对话框中的【平面选项】下拉列表来定义下限平面的选择方式，并通过以下方式来定义下限平面。

① 【无】选项：系统不定义下限平面。

② 【平面】选项：通过【平面构造器】对话框，来选择零件模型的表面，或者基准平面作为参考平面。

2.4.4　课堂练习三：创建加工几何体组

在本节中将通过一个具体的实例来说明加工几何体组的创建。

（参考用时：8 分钟）

（1）调入模型文件。启动 NX 5.0，在【标准】工具栏中，单击【打开】按钮 ，系统弹出【打开部件文件】对话框，选择 sample\ch02\2.4 目录中的 Geometry.prt 文件，单击【OK】按钮，打开后的零件模型，如图 2-39 所示。

（2）打开操作导航器并切换到几何体视图。在【资源】条中，单击【操作导航器】按钮 ，打开操作导航器，单击 ，固定操作导航器。在【操作导航器】工具条中，单击【几何体视图】按钮 ，将操作导航器切换到几何体视图，如图 2-40 所示。

图 2-39　零件模型

图 2-40　几何体视图

（3）创建加工坐标系。在【加工创建】工具条中，单击【创建几何体】按钮 ，或者在【插入】主菜单中选择【几何体】命令，系统弹出【创建几何体】对话框，如图 2-41 所示。在【类型】下拉列表中，选择【mill_contour】选项，【几何体子类型】中选择【MCS】按钮 ，在【几何体】下拉列表中，选择【GEOMETRY】选项，输入名称：MY_MCS，单击【确定】按钮。

（4）指定机床坐标系。在系统弹出的如图 2-42 所示的【MCS】对话框中，单击【CSYS】按钮 ，系统将弹出【CSYS】对话框，如图 2-43 所示，单击【动态坐标系】按钮 ，在绘图区选择如图 2-44 所示的点，单击【确定】按钮。

（5）设置安全平面。在【MCS】对话框的【安全设置选项】下拉列表中，选择【平面】选项，然后单击【选择安全平面】按钮 ，系统弹出【平面构造器】对话框，在【偏置】文本框中输入值 8。然后在绘图区中，选择如图 2-45 所示的平面，单击【确定】按钮，再单击【确定】按钮。

图 2-41 【创建几何体】对话框

图 2-42 【MCS】对话框

图 2-43 【CSYS】对话框

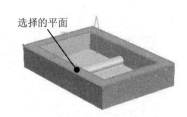

图 2-44 选择的点　　图 2-45 选择的平面

（6）创建铣削几何体。在【加工创建】工具条中，单击【创建几何体】按钮，系统弹出【创建几何体】对话框，在【类型】下拉列表中，选择【mill_contour】选项，【几何体子类型】中选择【WORKPIECE】按钮，在【几何体】下拉列表中，选择【MY_MCS】选项，输入名称：MY_WORKPIECE，如图 2-46 所示，单击【确定】按钮，系统弹出如图 2-47 所示的【工件】对话框。

（7）指定部件几何体。在【工件】对话框中，单击【部件几何体】按钮，弹出【工件几何体】对话框，如图 2-48 所示，单击【全选】按钮，单击【确定】按钮，完成工件几何体的指定。

（8）指定毛坯几何体。在【工件】对话框中，单击【毛坯几何体】按钮，系统弹出【毛坯几何体】对话框，选择【自动块】单选项，如图 2-49 所示，单击【确定】按钮，再次单击【确定】按钮，完成毛坯几何体的指定。

图 2-46 【创建几何体】对话框

图 2-47 【工件】对话框

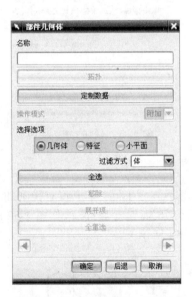

图 2-48 【部件几何体】对话框

图 2-49 【毛坯几何体】对话框

（9）保存文件。在【标准】工具栏中，单击【保存】按钮█，保存已加工文件。

2.4.5　刀具组

刀具组用于定义切削刀具。在加工中，刀具的选择将直接影响到加工精度的高低、加工零件的表面质量和加工的效率等方面。选择合适的刀具是数控加工编程中非常重要的步骤。

在 NX 5.0 中，可以通过从模板创建刀具，或者通过从库调用刀具来创建刀具。

1. 刀具的类型

在铣削加工中，常用的铣刀的类型有：立铣刀 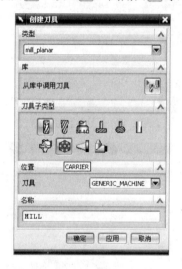、面铣刀 、T 形键槽铣刀 、腰鼓铣刀 等，如图 2-50 所示。在钻削加工中，常用的刀具的类型有：钻头 、点钻 、镗刀 、铰刀 、攻丝 、倒角刀 等，如图 2-51 所示。

图 2-50　铣削刀具

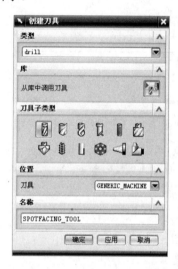

图 2-51　钻削刀具

2. 刀具参数

在 NX 5.0 数控加工中，刀具的参数因刀具的类型不同而不同。本书仅对铣削加工中常用的刀具参数进行介绍。铣刀按照刀具参数的多少又可分为：5 参数铣刀（如图 2-52 所示）、7 参数铣刀（如图 2-53 所示）、10 参数铣刀（如图 2-54 所示）。

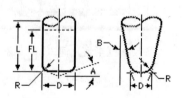

图 2-52　5 参数铣刀

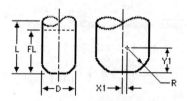

图 2-53　7 参数铣刀

其中的 5 参数铣刀在 NX 5.0 数控加工中应用得最多，下面就以 5 参数刀具为例介绍加工刀具的各个参数。

（1）刀具的形状参数

刀具的形状参数用于设置刀具的形状，如图 2-55 所示，其中的刀刃直径 D 和底圆角半径 R1 是非常重要的参数，在铣削加工中经常要对其进行设置。下面对刀具的形状参数分别进行说明。

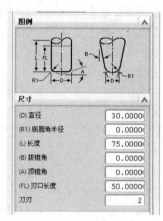

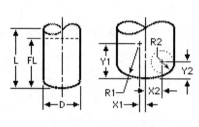

图 2-54　10 参数铣刀　　　　　　图 2-55　刀具的形状参数

① 【（D）直径】文本框：用于定义铣刀的刀刃直径。

② 【（R1）底圆角半径】文本框：用于指定刀具下角弧的半径。

③ 【（L）长度】文本框：用于指定刀具的长度。

④ 【（B）拔锥角】文本框：用于定义拔模刀具侧面的角度。刀具的拔锥角具体如图 2-56 所示。

⑤ 【（A）顶锥角】文本框：用于定义刀具顶端的角度。刀具的顶锥角具体如图 2-57 所示。

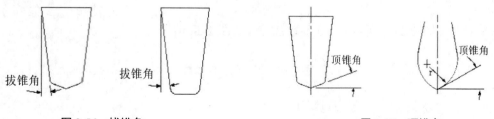

图 2-56　拔锥角　　　　　　　　　　　图 2-57　顶锥角

⑥ 【（FL）刃口长度】文本框：用于定义刀具排屑槽的长度。

⑦ 【刀刃】文本框：用于为切削刀具指定刀刃的数目（2、4、6，等等）。

（2）刀具的其他参数

刀具的其他参数，如图 2-58 所示，其中包含刀具描述、材料、刀具号、Z 偏置距离等参数，下面将具体说明各参数。

    ① 【描述】文本框：用于输入刀具的注释和说明。

    ② 【材料】按钮 ：用于制定刀具的材料。

    ③ 【刀具号】文本框：用于制定刀具的编号。

    ④ 【长度补偿】文本框：用于制定铣刀长度补偿寄存器号。

    ⑤ 【刀具补偿】文本框：用于制定刀具直径补偿寄存器号。

    ⑥ 【Z 偏置】文本框：用于设置 Z 轴偏置距离。

    ⑦ 【目录号】文本框：用于为刀具设置一个分类的目录号，用来储存自定义的铣刀。

    ⑧ 【导出刀具到库中】按钮 ：用于将自定义的刀具导出到系统的刀具库中，该功能为 NX 5.0 新增加的功能。

    ⑨ 【显示】按钮 ：用于在工作坐标系（WCS）的原点处以图形方式显示生成的刀具。

图 2-58   刀具的其他参数

2.4.6   课堂练习四：创建刀具组

在本节中将通过一个具体的实例来说明刀具组的创建。

（参考用时：10 分钟）

（1）调入模型文件。启动 NX 5.0，在【标准】工具栏中，单击【打开】按钮 ，系统弹出【打开部件文件】对话框，选择 sample\ch02\2.4 目录中的 Tool.prt 文件，单击【OK】

按钮，打开后的零件模型，如图 2-59 所示。

（2）打开操作导航器并切换到几何体视图。在【资源】条中，单击【操作导航器】按钮，打开操作导航器，单击，固定操作导航器。在【操作导航器】工具条中，单击【机床视图】按钮，将操作导航器切换到机床视图，如图 2-60 所示。

图 2-59　零件模型

图 2-60　机床视图

（3）创建粗加工刀具。在【加工创建】工具条中，单击【创建刀具】按钮，或在【插入】下拉菜单中，选择【刀具】命令，系统弹出【创建刀具】对话框，如图 2-61 所示。在【类型】下拉列表中，选择【mill_contour】选项，在【刀具子类型】中，单击【平底铣刀】按钮，在【刀具】下拉列表中，选择【GENERIC_MACHINE】选项，输入名称：TOOL1D16R2，单击【确定】按钮。

（4）设置刀具的参数。在系统弹出的【Milling Tool-5 Parameters】对话框中，设置如图 2-62 所示的参数，单击【显示刀具】按钮，创建的刀具如图 2-63 所示，创建的刀具组，如图 2-64 所示。

图 2-61　【创建刀具】对话框

图 2-62　【Milling Tool-5 Parameters】对话框

图 2-63　创建的刀具　　　　　　　图 2-64　创建刀具组的机床视图

（5）保存文件。在【标准】工具栏中，单击【保存】按钮 ，保存已加工文件。

2.4.7　加工方法组

加工方法组用于定义切削方法类型（粗加工、精加工、半精加工）。通过定义加工方法，为粗加工、半精加工和精加工定义加工的具体的工艺参数，如"内公差"、"外公差"、"部件余量"、"主轴转速"和"进给量"等参数。

在【加工创建】工具条中，单击【创建方法】按钮 ，或在【插入】下拉菜单中选择【方法】命令，系统将弹出【创建方法】对话框，如图 2-65 所示。设置【类型】、【方法子类型】、【位置】、【名称】等参数，然后单击【确定】按钮，系统弹出【Mill Method】对话框，如图 2-66 所示，用以设置具体的加工方法的工艺参数。

图 2-65　【创建方法】对话框　　　　　图 2-66　【Mill Method】对话框

下面对【Mill Method】对话框中的参数进行简单说明。

（1）【部件余量】文本框：用于设置创建的加工方法的加工余量，即加工后要留在部件上的材料量。

（2）【内公差】和【外公差】文本框：用于定义刀具可以用来偏离部件曲面的允许范围。

（3）【切削方式】按钮：用于指定切削方式，单击该按钮，系统将打开如图 2-67 所示的【搜索结果】对话框，可以从中选择一种切削方式。

（4）【进给和速度】按钮：单击该按钮，系统将打开如图 2-68 所示的【进给】对话框，该对话框用于设置进给量、进给速度单位等参数。

图 2-67　【搜索结果】对话框

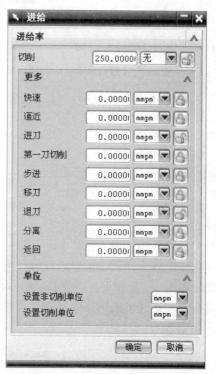

图 2-68　【进给】对话框

（5）【颜色】按钮：单击该按钮，系统将打开如图 2-69 所示的【刀轨显示颜色】对话框。该对话框用于设置单独的颜色显示各种不同类型的刀具运动。

（6）【显示选项】按钮：单击该按钮，系统将打开如图 2-70 所示的【显示选项】对话框。该对话框用于设置刀具和刀具路径的显示方式。

图 2-69 【刀轨显示颜色】对话框

图 2-70 【显示选项】对话框

2.5 刀具路径管理

2.5.1 生成刀具路径

在创建操作时，设置后相关操作参数后，在操作对话框中，单击【生成刀轨】按钮 ，系统即可在绘图区生成刀具路径。在系统生成刀具路径时，可以通过按 Ctrl+Shift+L 键来中断刀具路径的生成。

在创建好操作后也可以通过操作导航器来为一个或者多个操作生成刀具路径。首先在操作导航器中，选择创建的操作，然后在【加工操作】工具条中，单击【生成刀轨】按钮 ，或者右击，在弹出的快捷菜单中，选择【生成】命令，系统将弹出【刀轨生成】对话框，如图 2-71 所示。下面简单说明其中的各个选项。

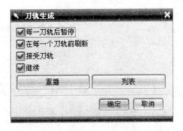

图 2-71 【刀轨生成】对话框

（1）【每一刀轨后暂停】选项：当选择了多个操作时，"每一刀轨后暂停"可使系统在生成每个操作的刀轨之后暂停。

（2）【每一刀轨前刷新】选项：当选择了多个操作时，"每一刀轨前刷新"可使系统在生成每个操作的刀轨之前刷新图形窗口。

（3）【接受刀轨】选项：可使刚完成生成的操作的刀轨读取到刀位源文件中。

（4）【继续】选项：允许生成下一个操作的刀轨。关闭该选项并选择【确定】将使系统不生成后续操作的刀轨。

（5）【重播】按钮：系统显示刀轨的图形表示。

（6）【列表】按钮：系统显示刚完成生成的操作的刀轨的文本描述。刀轨列表显示在【信息窗口】中。

2.5.2 重播刀具路径

刀具路径的重播将在绘图区中重新显示已经生成的刀具路径。重播有助于决定是否接受或拒绝刀轨。重新生成刀具路径后，可以对其进行旋转、放大等操作以对不同加工部位的刀具路径进行查看。

在默认的情况下，NX 5.0 生成刀具路径是不显示在绘图区中的，可用下面的几种方式来查看、检验刀具路径。

（1）当生成刀具路径后，可以在操作对话框中，单击【重放刀轨】按钮，重新显示刀具路径。

（2）在操作导航器中，选择已经创建的操作，右击，在弹出的快捷菜单中选择【重播命令】，重新显示刀具路径。

（3）首先在操作导航器选择已经创建的操作，然后在【加工操作】工具条中，单击【重放刀轨】按钮，重新显示刀具路径。

（4）首先在操作导航器选择已经创建的操作，然后依次选择【工具】|【操作导航器】|【刀轨】|【重播】命令，重新显示刀具路径。

2.5.3 可视化刀轨检验

1. 进行可视化刀轨检验

对于已经生成刀具路径的操作，可以在窗口中以不同方式对生成的刀具轨迹进行动画模拟。这样可以方便地观察加工中刀具的运动情况，以便检查和验证各操作参数的合理性。在"可视化"刀轨检验中，不仅可查看正要移除的路径和材料，还可以控制刀具的移动、显示并确认在刀轨生成过程中刀具是否正在切削原材料正确的部分。

在 NX 5.0 中可以通过以下三种方式进行可视化刀轨检验。

（1）从工具条。从工具条中进行可视化刀轨检验，首先要选择一个操作、多个操作或包含多个操作的组，然后单击【加工操作】工具条上的【确认刀轨】按钮。系统会弹出

【刀轨显示】对话框。在此对话框中即可显示操作导航器中选择的操作。如果使用这种"可视化"方式，可一次选择一个或多个存在的操作。

（2）从操作导航器。从操作导航器进行可视化刀轨检验，首先要在"操作导航器"中择一个操作、多个操作或包含多个操作的组，在弹出的菜单中，选择【刀轨】|【确认】命令，系统会弹出【刀轨显示】对话框。使用这种"可视化"方式，可一次选择一个或多个预先存在的操作。

（3）从操作中。"可视化"的第三种方法是在每个操作中单击【确认刀轨】 按钮，系统会弹出【刀轨显示】对话框。使用这种方式进行可视化刀轨检验，在接受操作之前显示它。这种"可视化"方式可在创建操作的较早阶段使用，不必等到操作保存之后使用。

2．刀轨可视化对话框

【刀轨可视化】对话框，如图 2-72 所示，其中由【刀具路径】列表框、【重播】选项卡、【3D 动态】选项卡、【2D 动态】选项卡和播放控制五部分组成。

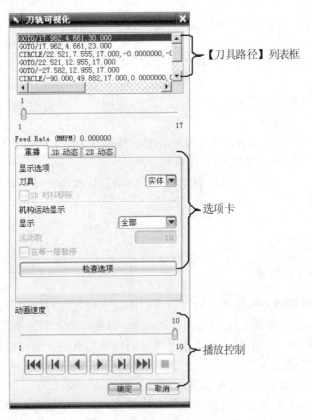

图 2-72 【刀轨可视化】对话框

（1）【刀具路径】列表框

该列表中显示了当前操作所包含的刀具路径。在刀具列表中选择一条命令后，系统将会在绘图区中，在对应的刀具位置显示刀具。

（2）【重播】选项卡

【重播】选项卡，如图 2-70 所示，该选项卡用于重播刀具轨迹，它显示沿一个或多个刀轨移动的刀具或刀具装配，并允许刀具的显示模式为：线框、实体和刀具装配。在"重播"模式中，如果发现过切，则高亮显示过切，并在重播完成后在信息窗口中报告这些过切。下面对其中常用的参数简单介绍一下。

① 【刀具】下拉列表：用于指定刀具的显示方式。

② 【2D 材料移除】选项：在重播刀轨时使动态、二维材料移除的过程可视化。

③ 【机构运动显示】下拉列表：用于指定在图形窗口中显示刀具路径运动的哪一部分。

④ 【运动数】文本框：用于指定在图形窗口中显示指定数目的刀轨运动。

⑤ 【检查选项】按钮：用于打开如图 2-73 所示的【过切检查】对话框，该对话框用于设置相关的过切参数的设置。

（3）【2D 动态】选项卡

【2D 动态】选项卡，如图 2-74 所示，用于设置控制 2D 动态显示刀具切削过程的相关参数。2D 动态将显示刀具沿着一个或多个刀轨移动，表示材料的移除过程。此模式只能将刀具显示为着色的实体。在"2D 动态材料移除"显示完成时，不仅会高亮显示过切，而且会高亮显示三组信息：移除的材料、未切削的材料和过切。下面对该选项卡中常用的参数简单介绍一下。

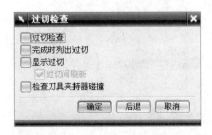

图 2-73 【过切检查】对话框

图 2-74 【2D 动态】选项卡

① 【显示】按钮：用于在图形窗口显示加工后的零件形状，系统将以不同的颜色显示未切削和加工后的区域。

② 【比较】按钮：用于对照设计部件来比较切削部件，并显示其结果。

③ 【生成 IPW】下拉列表：用于在"可视化"重播完成之后保存内部存储的 IPW。"可视化 IPW"用于后续可视化，可用作后续"型腔铣"操作的自动毛坯。

④ 【小平面实体】选项组：用于指定用小平面形式产生何种类型的过程工件 IPW。

⑤ 【创建】按钮：用于创建一个小平面化的实体。

⑥ 【删除】按钮：用于删除显示的 IPW 小平面实体。

⑦ 【IPW 碰撞检查】选项：用于打开或关闭碰撞检查。

⑧ 【选项】按钮：用于打开如图 2-75 所示的【IPW 碰撞检查】对话框。在该对话框中，可以对 IPW 碰撞检查选项进行设置。

⑨ 【列表】按钮：用于打开信息窗口，显示检测到的碰撞的列表。

⑩ 【重置】按钮：用于将"动态"属性页重新初始化为原始状态。"动态材料移除"窗口被删除。

⑪ 【抑制动画】选项：选中该选项，可查看可视化过程的最终结果，无需等待动画播放完毕。

（4）【3D 动态】选项卡

【3D 动态】选项卡，如图 2-76 所示，用于设置控制 3D 动态显示刀具切削过程的相关参数。"3D 动态材料移除"通过显示刀具和刀具夹持器沿着一个或多个刀轨移动，表示材料的移除过程。这种模式还允许在图形窗口中进行缩放、旋转和平移。该选项卡中的参数大部分与【重播】选项卡和【2D 动态】选项卡中的参数一样，在此不多做说明。

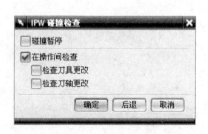

图 2-75 【IPW 碰撞检查】对话框　　　图 2-76 【3D 动态】选项卡

（5）播放控制。播放控制用于控制播放刀轨重放的动作。下面对各个播放控制按钮的功能进行说明。

① 【动画速度】滑块：用于控制刀轨重播的速度。

② 【前一步操作/刀轨起点】按钮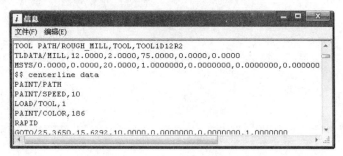：该按钮执行两个功能，当刀具在刀轨的第一个运动位置上，则选择系列操作中的前一步操作。当刀具不在刀轨的第一个运动位置上，则刀位被重置为第一个运动。

③ 【单步向后】按钮：用于向后回退一个刀轨运动。

④ 【反向播放】按钮：用于以相反的顺序动画模拟刀轨。

⑤ 【播放】按钮：用于开始动画模拟刀轨。

⑥ 【单步向前】按钮：用于向前移动一个刀轨运动。

⑦ 【下一步操作】按钮：用于直接进入系列中的下一步操作中。如果调用了当前刀轨的上一个运动，那么它直接进入下一步操作。

⑧ 【停止】按钮：仅在"3D 动态材料移除"中，可使用停止按钮随时停止可视化。

2.5.4　列示刀具路径

对于已经生成刀具路径的操作，可以如图 2-77 所示的文本的方式来查看刀具路径的所有的信息。在【信息】窗口中显示了操作的 CLSF 文件，其中包含了 GOTO 命令、进给量、机床的控制、路径显示及辅助说明等信息。

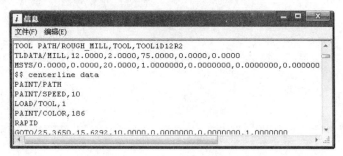

图 2-77　【信息】窗口

可以通过以下四种方式来列示出操作的刀具路径：

（1）在生成刀具路径后，通过单击操作对话框中的【列出刀轨】按钮，列示出刀具路径；

（2）在操作导航器中选择中已经生成刀具路径的操作，右击，在弹出的快捷菜单中选择【信息】命令，列示出刀具路径；

（3）首先在操作导航器中选择已经生成刀具路径的操作，然后在【加工操作】工具条中，单击【列出刀轨】按钮，列示出刀具路径；

（4）首先在操作导航器中选择已经生成刀具路径的操作，然后依次选择【工具】|【操作导航器】|【刀轨】|【列表】命令，列示出刀具路径。

2.6　综合实例：电池盒

光盘链接：录像演示——见光盘中的"\avi\ch02\2.6\Introduction.avi"文件。

2.6.1　案例预览

本节将通过如图 2-78 所示的电池盒的凸模的粗加工实例，来说明 NX 5.0 数控编程的一般步骤，使读者对 NX 5.0 的数控编程的流程和步骤有一个完整的认识和了解，并进一步熟悉几何体、刀具、加工方法和操作的创建。

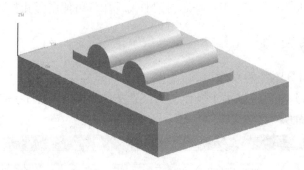

图 2-78　电池盒

2.6.2　设计步骤

1. 打开模型文件进入加工环境

（参考用时：2 分钟）

（1）调入模型文件。启动 NX 5.0，在【标准】工具栏中，单击【打开】按钮，系统弹出【打开部件文件】对话框，选择 sample\ch02\2.6 目录中的 Introduction.prt 文件，单击【OK】按钮，打开后的零件模型，如图 2-78 所示。

（2）进入加工模块。在【起始】菜单选择【加工】命令，（或使用快捷键 Ctrl+Alt+M）进入加工模块。系统弹出【加工环境】对话框，在【CAM 会话配置】列表框中选择配置文件【cam_general】，在【CAM 设置】列表框中选择【mill_contour】模板，如图 2-79 所示，单击【初始化】按钮，完成加工的初始化。

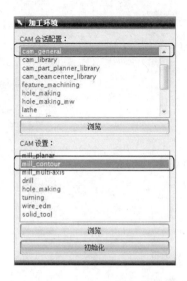

图 2-79　【加工环境】对话框

（3）打开操作导航器并切换到几何体视图。在【资源】条中，单击【操作导航器】按钮 ，打开操作导航器，单击 ，固定操作导航器。在【操作导航器】工具条中，单击【机床视图】按钮 ，将操作导航器切换到机床视图。

2．分析零件特征

（参考用时：4 分钟）

（1）指定分析参考矢量。在【分析】下拉菜单中，选择【NC 助理】命令，系统弹出【NC 助理】对话框，如图 2-80 所示，单击【参考矢量】按钮，系统弹出如图 2-81 所示的【矢量】对话框，单击【ZC 轴】按钮 ，单击【确定】按钮。

（2）指定参考平面。在【NC 助理】对话框中，单击【参考平面】按钮，系统弹出【平面】对话框，如图 2-82 所示，在【类型】下拉列表中，选择【在点、线或面上与面相切】选项，在绘图区选择如图 2-83 所示的两个曲面，单击【确定】，完成参考平面的指定。

（3）分析零件的最低平面位置。在绘图区中，选择如图 2-84 所示的平面，在【NC 助理】对话框中，单击【应用】按钮，系统弹出如图 2-85 所示的【信息】窗口，其中显示了该平面的位置。根据【信息】窗口中的信息，加工刀具的长度应大于 15mm。

（4）分析零件的拐角。在【NC 助理】对话框的【分析类型】下拉列表中，选择【拐角半径】选项，然后在绘图区选择如图 2-86 所示的四个拐角，单击【应用】按钮，系统弹出如图 2-87 所示的【信息】窗口，其中显示了拐角的大小。根据【信息】窗口中的信息，精加工刀具的直径应小于 8mm。

图 2-80 【NC 助理】对话框

图 2-81 【矢量】对话框

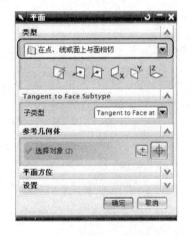

图 2-82 【平面】对话框

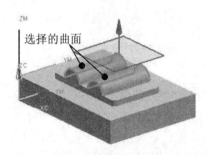

图 2-83 选择的曲面

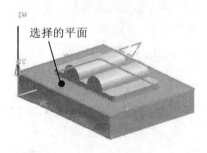

图 2-84 选择的平面

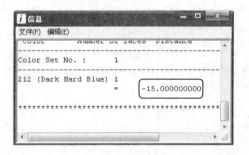

图 2-85 【信息】窗口

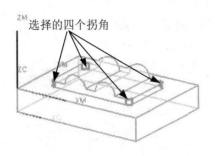

图 2-86　选择的四个拐角

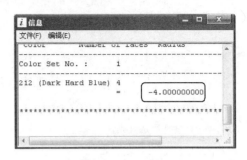

图 2-87　【信息】窗口

3. 创建父节点组

（参考用时：6 分钟）

（1）打开操作导航器并切换到几何体视图。在【资源】条中，单击【操作导航器】按钮，打开操作导航器，单击，固定操作导航器。在【操作导航器】工具条中，单击【机床视图】按钮，将操作导航器切换到机床视图。

（2）创建刀具组。在【加工创建】工具条中，单击【创建刀具】按钮，系统弹出【创建刀具】对话框，在【类型】下拉列表中，选择【mill_contour】选项，在【刀具】下拉列表中，选择【GENERIC_MACHINE】选项，输入刀具名称：TOOL1D16R2，如图 2-88 所示。单击【确定】按钮。

（3）设置刀具参数。在弹出的【Milling Tool-5 Parameters】对话框中设置刀具参数，如图 2-89 所示，单击【确定】按钮。

（4）设置加工坐标系。在【操作导航器】工具条中，单击【几何体视图】按钮，将操作导航器切换到几何体视图。双击 MCS_MILL，系统弹出【Mill Orient】对话框，如图 2-90 所示。在绘图区选择如图 2-91 所示的点，单击【确定】按钮。

（5）设置安全平面。在【Mill Orient】对话框中的【安全设置选项】下拉列表中，选择【平面】选项，单击【选择安全平面】按钮，在弹出的【平面构造器】对话框的【偏置】文本框中，输入值 25，如图 2-92 所示，在绘图区选择如图 2-93 所示的平面，单击【确定】按钮，再单击【确定】按钮，完成安全平面的设置。

（6）创建工件几何体。在【操作导航器】对话框中，双击【WORKPIECE】节点，系统弹出【Mill Geom】对话框，如图 2-94 所示。单击【部件几何体】按钮，弹出【部件几何体】对话框，单击【全选】按钮，单击【确定】按钮，完成工件几何体的创建。

（7）创建毛坯几何体。在【Mill Geom】对话框中，单击【毛坯几何体】按钮，系统弹出【毛坯几何体】对话框，选择【自动块】单选项，如图 2-95 所示，单击【确定】按钮，再次单击单击【确定】按钮，创建完成毛坯几何体如图 2-96 所示。

图 2-88 【创建刀具】对话框

图 2-89 【Milling Tool-5 Parameters】对话框

图 2-90 【Mill Orient】对话框

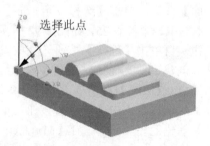

图 2-91 选择点

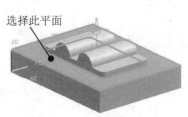

选择此平面

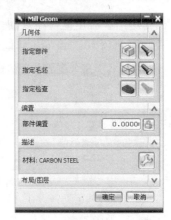

图 2-92　【平面构造器】对话框　　　图 2-93　选择的平面　　　图 2-94　【Mill Geom】对话框

图 2-95　【毛坯几何体】对话框

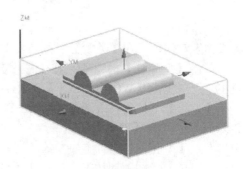

图 2-96　创建的毛坯几何体

（8）设置加工方法。在【操作导航器】中右击，在弹出的快捷菜单中选择【加工方法视图】命令，将操作导航器切换到加工方法视图。在加工方法视图中，双击【ROUGH_MILL】节点，系统弹出【Mill Method】对话框，设置如图 2-97 所示的参数。

（9）设置进给和速度。在【Mill Method】对话框中，单击【进给和速度】按钮，弹出【进给】对话框，参数的设置，如图 2-98 所示。设置完成后单击【确定】按钮，再单击【确定】按钮，完成粗加工方法创建。

图 2-97 【Mill Method】对话框

图 2-98 【进给】对话框

4. 创建粗铣操作

（参考用时：8 分钟）

（1）创建粗加工操作。在【加工创建】工具条，单击【创建操作】按钮，系统弹出【创建操作】对话框，在【类型】下拉列表中选择【mill_contour】选项，在【子类型】选项组中，单击【型腔铣】按钮，在【程序】下拉列表中选择【PROGRAM】，在【几何体】下拉列表中选择【WORKPIECE】选项，在【刀具】下拉列表中选择【TOOL1D16R2】选项，在【方法】下拉列表中选择【MILL_ROUGH】选项，输入名称：ROUGH_MILL，如图 2-99 所示，单击【确定】按钮。

（2）设置【型腔铣】加工主要参数。在系统弹出【型腔铣】对话框中的【切削模式】下拉列表中选择【跟随周边】选项，在【步进】下拉列表中选择【刀具直径】选项，在【百分比】文本框中输入值 70，在【全局每刀深度】文本框中输入值 1.2，如图 2-100 所示，其他加工参数采用默认的值。

（3）设置切削参数。在【型腔铣】对话框中，单击【切削参数】按钮，弹出【切削参数】对话框，在【策略】选项卡中的【图样方向】下拉列表中，选择【向内】选项，选择【岛清理】选项，在【壁清理】下拉列表中，选择【在终点】选项，如图 2-101 所示，其余的切削参数采用系统的默认设置，单击【确定】按钮，完成切削参数的设置。

图 2-99　【创建操作】对话框

图 2-100　【型腔铣】对话框

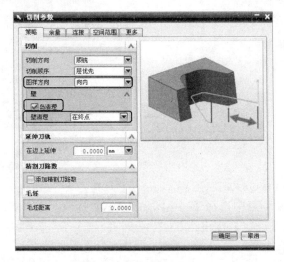

图 2-101　【策略】选项卡

（4）设置进给率。在【型腔铣】对话框中，单击【进给和速度】按钮，弹出【进给】对话框，在【主轴速度】文本框中，设置主轴速度为 1500，如图 2-102 所示，单击【确定】按钮。

（5）生成刀具轨迹。在【型腔铣】对话框中，单击【生成刀轨】按钮，系统生成的刀具轨迹如图 2-103 所示。

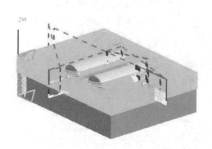

图 2-102　【进给】对话框　　　　　　　图 2-103　生成的刀具轨迹

（6）进行加工操作仿真。在【型腔铣】对话框中，单击【确认刀轨】按钮，系统弹出【刀轨可视化】对话框，如图 2-104 所示，选择【2D 动态】选项卡标签，再单击【选项】按钮，在弹出的【IPW 碰撞检查】对话框中，选择【碰撞暂停】选项，如图 2-105 所示，单击【确定】按钮。单击【播放】按钮，进行加工仿真。仿真结果如图 2-106 所示。

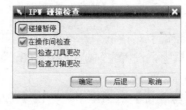

图 2-104　【刀轨可视化】对话框　　　图 2-105　【IPW 碰撞检查】对话框　　　图 2-106　加工仿真结果

5．进行后处理

（参考用时：5 分钟）

（1）输出车间工艺文件。在操作导航器选择操作【ROUGH_MILL】节点，然后在【加工操作】工具条中，单击【车间文档】按钮，系统弹出【车间文档】对话框，在其中的【可用模板】列表中选择输出格式【Operation List（TEXT）】选项，指定输出文件的路径和文件名称，如图 2-107 所示。单击【确定】按钮。系统将弹出如图 2-108 所示的【信息】窗口。其中以文本的方式显示了车间工艺文件，单击【关闭】按钮，关闭【信息】窗口。

图 2-107　【车间文档】对话框

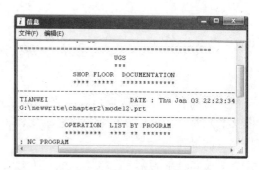

图 2-108　【信息】窗口

（2）输出 NC 程序代码。在【加工操作】工具条中，单击【后处理】按钮，弹出【后处理】对话框，在【后处理器】列表中选择【MILL_3_AXIS】选项，指定输出文件的路径和文件名称，如图 2-109 所示，单击【确定】按钮。系统弹出如图 2-110 所示的【信息】窗口。其中显示了生成的 G 代码程序，单击【关闭】按钮，关闭【信息】窗口。

（3）保存文件。在【标准】工具栏中，单击【保存】按钮，保存已加工文件。

图 2-109 【后处理】对话框

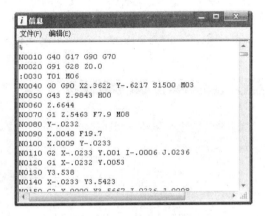

图 2-110 【信息】窗口

2.7　课 后 练 习

（1）启动 NX 5.0，打开光盘目录 sample\ ch02\2.7 的 exercise1.prt 文件，打开后的模型如图 2-111 所示。进入加工环境，熟悉 NX 5.0 的数控加工界面，熟悉菜单、工具条以及操作导航器的操作。

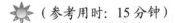（参考用时：15 分钟）

图 2-111　零件模型

　（2）在习题 1 的基础上，练习加工几何体和加工刀具组的创建。设置加工坐标系 MCS、安全平面、工件几何体、毛坯几何体（选择【自动块】方式），创建的几何体如图 2-112 所示。创建一把直径为 10mm、下半径为 1mm 的粗加工刀具，创建的刀具如图 2-113 所示。

　（参考用时：15 分钟）

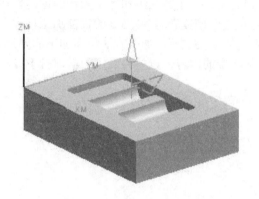

图 2-112　创建的几何体

图 2-113　创建的刀具

　（3）创建型腔铣操作，完成工件型腔的粗加工。打开光盘目录 sample\ch02\2.7 的 exercise3.prt 文件。创建型腔铣操作，选择其中已经创建好的父节点组，切削模式设置为跟随部件，全局每刀深度设置为 1mm，生成的刀具轨迹如图 2-114 所示，加工后的工件模型如图 2-115 所示。

　（参考用时：15 分钟）

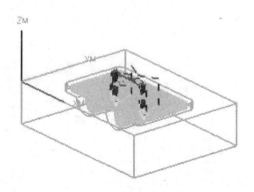

图 2-114　生成的刀具轨迹

图 2-115　加工后的模型

2.8 本 章 小 结

　　本章首先介绍了 NX 5.0 数控加工的特点、应用领域和加工流程，接着对数控模块的界面、工具栏、菜单进行了简单的说明，并重点介绍了操作导航器的功能和使用方法。在本章中应该重点理解和掌握程序组、几何体组、刀具组、加工方法组和加工操作的创建。在本章的最后通过电池盒凸模的粗加工具体实例的讲解，使读者对 NX 5.0 的数控加工过程有一个详细的了解，并进一步地掌握程序组、几何体组、刀具组、加工方法组和加工的创建。本章是基础的章节，读者应该充分地理解和消化本章的内容，以便为后续的学习打下好的基础。

第 3 章　平面铣加工

【本章导读】

本章详细地讲解了平面铣加工，介绍了平面铣加工的特点、平面铣加工几何体、切削参数的设置，重点讲解平面铣加工中主要的加工参数的设置。本章首先对平面铣加工特点和应用进行了介绍，然后讲平面铣的加工几何体和加工参数设置，并通过具体的训练实例使读者熟悉其功能和应用。最后通过两个综合实例的讲解，使读者灵活掌握平面铣操作的创建和应用。

希望读者通过 6 个小时的学习，熟练掌握平面铣加工的创建和应用，并理解平面铣操作的加工几何体的创建和相关加工参数的意义以及设置的方法。

序号	名　　称	基础知识参考学时（分钟）	课堂练习参考学时（分钟）	课后练习参考学时（分钟）
3.1	平面铣加工概述	10	0	0
3.2	平面铣加工的创建	20	20	20
3.3	平面铣加工几何体	50	15	0
3.4	平面铣操作参数的设置	95	0	0
3.5	综合实例	0	65	65
总计	360 分钟	175	100	85

3.1　平面铣加工概述

1. 平面铣特点

平面铣用于移除平面层中的材料，是一种 2.5 轴的加工方法。在平面铣加工中，刀具将分层完成区域的加工。在加工中，首先在平行与底平面的切削层可以控制 *XY* 轴的联动，然后 Z 轴在一层加工完成后进入下一层，从而完成整个零件的加工。总体归纳起来平面铣具有以下特点：

（1）平面铣的刀轴垂直于 XY 平面，系统在于 XY 平面平行的切削层上创建刀具的切削轨迹，逐层完成对工件的加工；

（2）采用边界定义刀具切削运动的区域，调整方便，并能很好地控制刀具在边界上的位置；

（3）平面铣的刀轨生成速度快，其既可用于粗加工，也可用于精加工。

2．平面铣的应用

平面铣加工只能加工侧面与底面垂直的工件，常用于直壁、底面为水平面的工件的加工。在 NX 数控加工中，平面铣常常用于加工零件的基准面、型芯的顶面、水平分型面、平面的底面和敞开的外形轮廓等。应用平面铣可以完成工件的粗加工和精加工的工序。

3.2　平面铣加工的创建

3.2.1　创建平面铣操作的基本步骤

1．创建平面铣操作

（1）选择创建的操作类型。单击【创建操作】按钮 ，或在【插入】下拉菜单中选择【操作】命令，弹出如图 3-1 所示的【创建操作】对话框。

（2）在【创建操作】对话框的【类型】下拉列表中选择【mill_planar】选项，在【操作子类型】中，单击【平面铣】按钮 。

（3）设置父节点组和名称。设置【程序】、【刀具】、【几何体】和【方法】等父节点组，在【名称】文本框中，输入操作的名称。单击【确定】按钮。

2．设置平面铣操作的相关参数

（1）设置加工几何体。在系统弹出的【平面铣】对话框的【几何体】面板中，分别设置【零件边界】 、【毛坯边界】 、【检查边界】 、【修建边界】 和【底平面】 ，如图 3-2 所示。

（2）设置基本的操作参数。选择【切削模式】、【步进方式】和【步进距离】等参数。

（3）设置其他的参数。设置【切削层】、【切削参数】、【非切削移动】、【角控制】、【进给和速度】、【机床控制】等参数。

 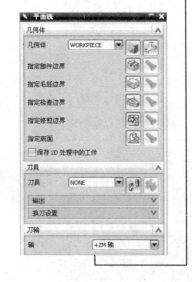 

图 3-1　【创建操作】对话框　　　　　　　图 3-2　【平面铣】对话框

3. 生成刀具轨迹

（1）生成刀具轨迹。在【平面铣】对话框中，单击【生成刀轨】按钮，系统生成刀具轨迹。

（2）检验刀轨，进行加工仿真。在【平面铣】对话框中，单击【确认刀轨】按钮，系统弹出【刀轨可视化】对话框，进行可视化刀轨的检查。

3.2.2　平面铣操作的子类型

在如图 3-1 所示的【创建操作】对话框的【类型】下拉列表中选择【mill_planar】选项时，【操作子类型】面板中，将会出现与平面铣操作相关的加工子类型。系统已经为这些子加工操作配置了相关的默认参数，可以用来完成更为具体的加工。在【mill_planar】模板集中可以使用的操作子类型见表 3-1。

表 3-1　平面铣的子类型模板

图标	英文名称	中文名称	说　　明
	FACE_MILLING_AREA	表面区域铣	用平面边界来定义切削区域的表面铣加工
	FACE_MILLING	表面铣	基本的面切削操作，用于加工实体上的表面，常称为面铣

（续表）

图标	英文名称	中文名称	说　明
	FACE_MILLING_MANUAL	表面自动铣	切削方法默认设置为手动的表面铣
	PLANAR_MILL	平面铣	基本的平面铣操作，采用多种方式加工二维的边界及底面
	PLANAR_PROFILE	平面轮廓铣	默认切削方法为轮廓铣削，常用于修边
	ROUGH_FOLLOW	跟随零件粗铣	使用切削方法为跟随工件的外型切削的平面铣
	ROUGH_ZIGZAG	往复式粗铣	使用切削方法为往复式的平面铣
	ROUGH_ZIG	单向粗铣	使用切削方法为单向式的平面铣
	CLEANUP_CORNERS	清理拐角	以跟随部件切削类型进行平面铣，常用于清理拐角
	FINISH_WALLS	精铣侧壁	默认的方式为轮廓铣削，默认深度只有底面的平面铣
	FINISH_WALLS	精铣底面	默认的方式为跟随部件切削类型，默认深度只有底面的平面铣
	THREAD_MILLING	螺纹铣	使用螺旋切削，加工一些螺纹的操作
	PLANAR_TEXT	文本铣	切削制图注释中的文字，用于对文字和曲线的雕刻加工
	MILL_CONTROL	机床控制	进行机床的控制操作，并添加相关的后处理操作
	MILL_USER	自定义方式	自定义参数的操作

3.2.3　课堂练习一：平面铣加工引导实例

☀（参考用时：20 分钟）

　　本小节将通过如图 3-3 所示的简单零件的粗加工应用实例来说明创建平面铣加工的一般步骤，使读者对平面铣加工的创建步骤和参数设置有大体了解。加工后的效果图，如图 3-4 所示。

图 3-3　零件模型　　　　　　　　　　　图 3-4　加工后模型

（1）调入模型文件。启动 NX 5.0，在【标准】工具栏中，单击【打开】按钮，系统弹出【打开部件文件】对话框，选择 sample \ch03\3.2 目录中的 Induction.prt 文件，单击【OK】按钮。

（2）进入加工模块。在【起始】菜单选择【加工】命令，或使用快捷键 Ctrl+Alt+M 进入加工模块。系统弹出【加工环境】对话框，如图 3-5 所示，在【CAM 设置】列表框中选择【mill_planar】选项，单击【初始化】按钮，完成加工的初始化。

（3）创建刀具节点组。在【操作导航器】工具条中，单击【机床视图】按钮，将操作导航器切换到刀具视图。单击【加工创建】工具条中的【创建刀具】按钮，弹出【创建刀具】对话框，如图 3-6 所示。在【类型】下拉列表中，选择【mill_planar】选项；在【刀具】下拉列表中，选择【GENERIC_MACHINE】选项；在【名称】文本框中，输入 TOOL1D8R0；单击【确定】按钮。

图 3-5　【加工环境】对话框

图 3-6　【创建刀具】对话框

（4）设置刀具参数。在弹出的【Milling Tool-5 Parameters】对话框中设置刀具参数，如图 3-7 所示，单击【确定】按钮，完成加工刀具的创建。

（5）设置加工坐标系。在【操作导航器】工具条中，单击【几何体视图】按钮，将操作导航器切换到几何视图。双击 MCS_MILL，系统弹出【Mill Orient】对话框，单击【CSYS】按钮，系统将弹出【CSYS】对话框，在绘图区选择如图 3-8 所示的点，单击【确定】按钮。

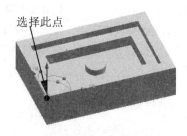

图 3-7 【Milling Tool-5 Parameters】对话框   图 3-8 选择点

（6）设置安全平面。在【Mill Orient】对话框中的【安全设置选项】下拉列表中，选择【平面】选项，单击【选择安全平面】按钮，在弹出的【平面构造器】对话框的【偏置】文本框中，输入值 10，如图 3-9 所示。在绘图区选择如图 3-10 所示的平面，单击【确定】按钮，再单击【确定】按钮，完成安全平面的设置。

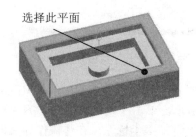

图 3-9 【平面构造器】对话框   图 3-10 选择偏置面

（7）创建工件几何体。在所示的【操作导航器—几何体】对话框中，双击 WORKPIECE 节点，弹出【Mill Geom】对话框。单击【工件几何体】按钮，弹出【工件几何体】对话框，单击【全选】按钮，单击【确定】按钮，完成工件几何体的创建。

（8）创建毛坯几何体。在【Mill Geom】对话框中，单击【毛坯几何体】按钮，系统弹出【毛坯几何体】对话框，选择【自动块】单选项，单击【确定】按钮，再次单击【确定】按钮，创建完成的毛坯几何体如图 3-11 所示。

图 3-11　创建完成的毛坯几何体

（9）设置加工方法。在【操作导航器】工具条中，单击【加工方法视图】按钮，将操作导航器切换到加工方法视图，双击 MILL_ROUGH 节点，系统弹出【Mill Method】对话框。

（10）设置粗加工方法的余量和公差。在【Mill Method】对话框中，设置部件余量值为 0.6，内公差值为 0.03，外公差值为 0.03，如图 3-12 所示。

（11）设置进给和速度。在【Mill Method】对话框中，单击【进给和速度】按钮，弹出【进给】对话框，参数的设置如图 3-13 所示。单击【确定】按钮，再单击【确定】按钮，完成粗加工方法创建。

图 3-12　【Mill Mehtod】对话框

图 3-13　【进给】对话框

（12）创建平面铣操作。在【加工创建】工具条中单击【创建操作】按钮，系统弹出【创建操作】对话框，在【类型】下拉列表中选择【mill_planar】选项，在【操作子类型】选项组中单击按钮 ，在【程序】下拉列表中选择【PROGRAM】，在【几何体】下拉列表中选择【WORKPIECE】选项，在【刀具】下拉列表中选择【TOOL1D8R0】，在【方法】下拉列表中选择【MILL_ROUGH】，输入名称：ROUGH_MILL，如图 3-14 所示，单击【确定】按钮。

（13）设置部件边界。在系统弹出【平面铣】对话框中的【几何体】面板中，单击【部件边界】按钮 ，系统弹出【边界几何体】对话框，如图 3-15 所示。在绘图区选择如图 3-16 所示工件的四个上表面平面，单击【确定】按钮。

图 3-14 【创建操作】对话框

图 3-15 【边界几何体】对话框

（14）设置毛坯边界。在【平面铣】对话框中的【几何体】面板中，单击【毛坯边界】按钮 ，系统弹出【边界几何体】对话框，在【模式】下拉列表中，选择【点】选项，设置如图 3-17 所示的参数。在绘图区一次选择如图 3-18 所示的四个点，单击【确定】按钮，再单击【确定】按钮，完成毛坯边界的设置。

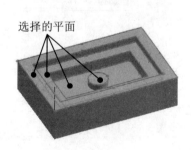

图 3-16 选择平面

图 3-17 【创建边界】对话框

（15）设置底平面。在【平面铣】对话框中的【几何体】面板中，单击【底平面】按钮，系统弹出的【平面构造器】对话框，在绘图区选择如图 3-19 所示的平面，单击【确定】按钮，完成底平面的设置。

选择此平面

图 3-18　依次选择四个点　　　　　　　图 3-19　选择平面

（16）设置平面铣操作的相关参数。在【平面铣】对话框的【切削模式】下拉列表中，选择【跟随部件】选项，在【步进】下拉列表中，选择【刀具直径】选项，在【百分比】文本框中输入值 75，如图 3-20 所示。其他参数采用系统默认值。

（17）设置切削深度参数。在【平面铣】对话框中，单击【切削层】按钮，系统弹出【切削深度参数】对话框，如图 3-21 所示，在【类型】下拉列表中，选择【固定深度】选项，在【最大值】文本框中输入值 1，单击【确定】按钮，完成切削深度参数的设置。

图 3-20　【平面铣】对话框　　　　　　图 3-21　【切削深度参数】对话框

（18）设置切削参数。在【平面铣】对话框中，单击【切削参数】按钮，弹出【切削参数】对话框。在【策略】选项卡中的【切削顺序】下拉列表中，选择【深度优先】选项，如图 3-22 所示。在【余量】选项卡中的【最终底面余量】文本框中，输入值 0.2，如图 3-23 所示。单击【确定】按钮，完成切削参数的设置。

图 3-22　【策略】选项卡

图 3-23　【余量】选项卡

（19）设置非切削参数。在【平面铣】对话框中，单击【非切削参数】按钮，弹出【非切削运动】对话框，在【进刀】选项卡中的【进刀类型】下拉列表中，选择【螺旋线】选项，在【斜角】文本框中，输入值 10，如图 3-24 所示。其余的非切削参数采用系统的默认设置，单击【确定】按钮，完成非切削参数的设置。

（20）生成刀具轨迹。在【平面铣】对话框中单击【生成刀轨】按钮，系统生成的刀具轨迹，如图 3-25 所示。

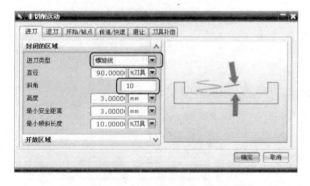

图 3-24　【非切削运动】对话框

图 3-25　刀具轨迹

（21）加工仿真。在【平面铣】对话框中单击【确认刀轨】按钮，系统弹出【刀轨可视化】对话框，如图 3-26 所示，选择【2D 动态】选项卡标签，再单击【选项】按钮，在弹出的【IPW 干涉检查】对话框中选择【干涉暂停】复选项，单击【确定】按钮。在【刀轨可视化】对话框中，单击【播放】按钮，进行加工仿真。仿真结果如图 3-27 所示。

图 3-26　【刀轨可视化】对话框

图 3-27　加工仿真结果

3.3　平面加工几何体

3.3.1　边界几何

边界几何用于定义约束切削移动的区域。平面铣操作几何体边界有：【部件边界】、【毛

坯边界】、【检查边界】、【修剪边界】和【底平面】，如图 3-28 所示。下面对平面铣的几何
边界进行简单说明。

图 3-28　平面铣几何体

1．部件边界

部件边界用于表示加工的零件轮廓，即描述加工完成的工件。在加工中，部件边界用
于控制刀具的运动范围，可以选择面、点、曲线和永久边界来定义部件边界。在【平面铣】
对话框中，单击【部件边界】按钮，系统将弹出如图 3-29 所示的【边界几何体】对话框。
通过该对话框，可以完成部件边界的创建。

图 3-29　【边界几何体】对话框

2. 毛坯边界

毛坯边界用于表示被加工的材料的范围边界。毛坯边界的定义与零件边界的定义方法相似，但毛坯边界只能是封闭的，不能开放。加工的切削体积是由单个毛坯边界和多个部件边界指定的两个体积之差定义的。当部件边界和毛坯边界都定义时，系统将根据零件边界与毛坯边界共同来定义刀具的运动范围，这样可以进一步地控制刀具的运动范围。

在【平面铣】对话框中，单击【毛坯边界】按钮，系统将弹出【边界几何体】对话框，来定义毛坯边界。

3. 检查边界

检查边界用于表示刀具不能碰撞的区域，即刀具必须避开的、不加工的区域，如工装夹具和压板等。在检查几何定义的区域不会产生刀具路径。当刀具碰到检查几何时，可以在检查边界的周围产生刀位轨迹，也可以产生退刀运动。

4. 修剪边界

修剪边界用于进一步对刀具的运动范围进行控制。修剪边界的定义方法和部件的边界定义是一样的。修建边界与检查边界的作用是相似的，用来进一步控制刀具的运动范围，排除切削区域的部分面积，但是修剪边界在高度方向上是无限延伸的，而检查边界只在其平面高度位置以下才起作用。

5. 底面

底面用于指定在平面铣中刀具加工的最低平面位置。每一个操作必须定义底面，并且只能定义一个底面。定义底面后，系统沿刀轴扫掠部件、毛坯、检查和修剪边界至底面，以此定义部件和毛坯体积，以及加工时要避开的体积。在【平面铣】对话框中，单击【底面】按钮，系统将弹出【平面构造器】对话框，来定义底平面。

3.3.2　永久边界

1. 永久边界概述

永久边界一般用于创建在多个操作之间共享的边界，在加工中可以将要重复使用。可以在部件上单独创建永久边界，也可以通过临时边界的转化来得到永久边界。永久边界一旦创建就和其他的永久的几何体一起显示在绘图区。需要注意的是不能对已经创建的永久边界进行修改，只能删除或是重新指定。

创建永久边界的优点是，创建它们只需一次，但可以在许多操作中重用。利用永久边界可以避免一次又一次地选择同一个几何体的麻烦。

2. 永久边界的创建

永久边界的创建可以在加工模块外创建，也可以使用【编辑边界】对话框中的【创建永久边界】选项在加工模块内创建。

在加工模块外，创建永久边界的步骤如下。

（1）在【工具】主菜单中，选择【边界】命令，系统弹出【边界管理器】对话框，如图3-30所示。通过"边界管理器"对话框可以完成永久边界的创建、删除、隐藏和显示等操作。

　① 【创建】按钮：通过现有曲线和边创建新的永久边界。

　② 【删除】按钮：永久移除边界。

　③ 【隐藏】按钮：从显示屏幕上临时移除选定边界。

　④ 【显示】按钮：将已隐藏的边界重新显示出来。

　⑤ 【列表】按钮：列出当前部件中的所有边界名称。

（2）在【边界管理器】对话框中，单击【创建】按钮，弹出【创建边界】对话框，如图3-31所示。通过该对话框来创建永久边界。

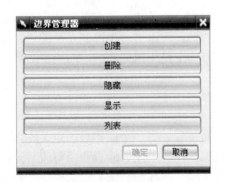

图3-30 【边界管理器】对话框

图3-31 【创建边界】对话框

3.3.3 临时边界

临时边界是在加工模块内创建的几何体边界。它们显示为临时实体，只要刷新屏幕，它们就会从屏幕上消失，但又随时可以使用边界"显示"选项将临时边界重新显示出来。与永久边界相比，临时边界具有许多优点：

（1）临时边界可以通过曲线、边、现有永久边界、平面和点创建；

（2）临时边界与父几何体相关联，可以进行编辑，并且可以定制其内公差/外公差值、余量和切削进给率；

（3）临时边界可以很容易用来创建永久边界。

3.3.4　临时边界的创建

平面铣加工的临时边界的创建可以通过【边界几何体】对话框来完成。在【模式】下拉列表中，可以选择【曲线/边】、【边界】、【面】和【点】四种模式来创建。在实际的加工中要根据具体零件的特点，选择不同的方式来创建临时边界。下面对四种临时边界的创建方式进行说明。

1. 【曲线/边】模式

【曲线/边】模式以通过选择零件几何中现有曲线和边来创建临时边界。选择的曲线和边不一定是平面的，也不一定是连续的。

在【边界几何体】对话框中的【模式】下拉列表中选择【曲线/边】选项，弹出【创建边界】对话框，如图 3-32 所示。

（1）【类型】下拉列表：用于指定创建的边界的类型。其中有【封闭的】和【开放的】两个选项。

① 【封闭的】选项：选择该选项，所选的边界将是封闭的，从而定义一个区域。

② 【开放的】选项：选择该选项，所选的边界将是开放的，从而定义一条路径。开放的边界只能用于轮廓和标准的加工方法中。

（2）【平面】下拉列表：用于指定边界所在的平面，其中有【自动】和【用户定义】两个选项。

① 【自动】选项：选择该选项时，边界平面由所选择的几何体来决定。系统会将所选择的曲线或边投影在所选的前两个边界所在的平面上。

② 【用户定义】选项：选择该选项时，系统将弹出【平面】对话框，通过该对话框可以用多种方式来指定投影平面。

（3）【材料侧】下拉列表：用于边界上哪一侧的材料将被移除或保留。对于开放边界，材料侧被指定为【左】或【右】；对于封闭边界，材料侧则被指定为【内部】或【外部】。

① 【左】选项：选择该选项，加工时保留沿边界串连方向的左侧材料。

② 【右】选项：选择该选项，加工时保留沿边界串连方向的右侧材料。

③ 【内部】选项：选择该选项，加工时保留边界内部的材料。

④ 【外部】选项：选择该选项，加工时保留边界外部的材料。

（4）【刀具位置】下拉列表：用于指定刀具接近边界时的位置。其中有【相切于】和【上】两个选项。

（5）【定制成员数据】按钮：用于打开【边界几何体】对话框中的【定制成员数据】面板，如图 3-33 所示。可以为单个边界成员设置公差、侧面余量和切削进给率值。

① 【公差】选项：用于指定刀具沿边界的内公差和外公差值。内公差是边界的内部（左侧）所允许的最大偏离值，如图 3-34 所示；外公差是边界的外部（右侧）所允许的最大偏

离值，如图 3-34 所示。

②【余量】文本框：指定刀具与边界的距离。对于刀具位置为【相切】的边界，偏置值等于该边界与刀具半径的组合余量值；对于【对中】成员，偏置值等于该成员的定制余量值，如图 3-35 所示。

图 3-32　【创建边界】对话框

图 3-33　【定制成员数据】面板

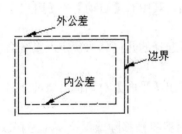

图 3-34　内/外公差

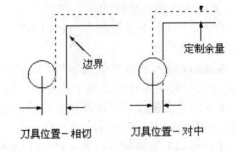

图 3-35　余量

③【切削进给率】选项：选择该选项，则可以在文本框中输入切削进给率的大小。

（6）【成链】按钮：单击该按钮，系统将自动选择连续的一系列曲线和边。系统会要求选择一个起始成员，必要时还会要求选择一个终止成员。所有连续成员都被选择用来创建边界几何体，以形成一组相连接的串连外形曲线。

（7）【移除上一个成员】按钮：用于删除创建的上一个边界成员。

（8）【创建下一个边界】按钮：单击该按钮，可以完成当前边界的创建，并立即开始创建下一个临时边界。

2.【边界】模式

【边界】模式可以选择现有永久边界作为平面铣加工的临时边界。临时边界与由永久边界创建的曲线和边相关联，而不与永久边界本身相关联。

在【边界几何体】对话框中的【模式】下拉列表中，选择【边界】选项。此时的【边界几何体】对话框如图 3-36 所示。单击【列出边界】按钮，系统将弹出【信息】对话框，如图 3-37 所示，其中显示出了当前模型中的永久边界的信息。在指定永久边界时，可以在【名称】文本框中直接输入永久边界的名称来选择永久边界。

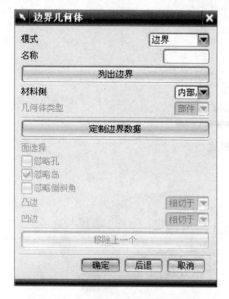

图 3-36　【边界几何体】对话框

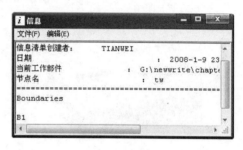

图 3-37　【信息】窗口

3.【面】模式

【面】模式通过选择一个片体或实体的单个平面创建边界。系统将会以所选面的外形轮廓来定义几何边界。面模式是在创建临时边界时使用较多的方式，可以方便地创建几何边界，该模式也是系统默认的边界选择模式。

在【边界几何体】对话框中的【模式】下拉列表中，选择【面】选项。此时的【边界几何体】对话框，如图 3-38 所示。下面对其中的参数进行说明。

（1）【忽略孔】选项：选择该选项时，系统忽略选择用来定义边界的面上的孔，即在孔的边缘上不产生边界。如图 3-39 为选择【忽略孔】选项时，选择工件上表面产生的边界；图 3-40 为没有选择【忽略孔】选项时，选择工件上表面产生的边界。

（2）【忽略岛】选项：选择该选项时，系统忽略选择用来定义边界的面上的岛，即在岛的边缘上不产生边界。如图 3-41 为选择【忽略岛】选项时，选择工件上表面产生的边界；图 3-42 为没有选择【忽略岛】选项时，选择工件上表面产生的边界。

图 3-38　【面】模式

图 3-39　忽略孔（开）

图 3-40　忽略孔（关）

图 3-41　忽略岛（开）

图 3-42　忽略岛（关）

（3）【忽略倒斜角】选项：选择该选项时，系统忽略选择用来定义边界的面上的倒角、倒圆、圆角面，即在倒斜角前的平面的边缘上产生边界。如图 3-43 为选择【忽略倒斜角】选项时，选择工件凸台上表面产生的边界；图 3-44 为没有选择【忽略倒斜角】选项时，选择工件凸台上表面产生的边界。

图 3-43　忽略倒斜角（开）　　　　　图 3-44　忽略倒斜角（关）

（4）【凸边】下拉列表：用于控制沿着选定面的凸边出现的边界成员控制刀具位置。

（5）【凹边】下拉列表：用于控制沿着选定面的凹边出现的边界成员控制刀具位置。

4.【点】模式

【点】模式通过定义一系列的点来创建临时边界。临时几何边界由顺序连接定义点的直线构成。在【边界几何体】对话框中的【模式】下拉列表中，选择【点】选项弹出【创建边界】对话框，如图 3-45 所示。

在【创建边界】对话框中，可以通过【点方式】下拉列表显示【点构造器】用多种方式来定义点。图 3-46 所示的零件，依次选择了 1，2，3，4 四个点。创建的边界将以第一点为起始点，前进的方向为选择点时的次序方向。

图 3-45　【创建边界】对话框

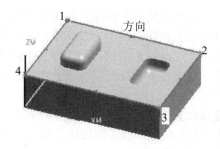

图 3-46　点模式

3.3.5　边界的编辑

在平面铣操作中，刀具轨迹的创建是通过边界几何的来计算，不同的边界几何的组合所产生的刀具的轨迹也不同。在定义好边界后，如果生成的刀具路径不符合加工要求，则可以对定义的边界进行编辑（添加、删除和修改单个边界的属性等），从而改变切削区域。
在【平面铣】对话框中，单击需要编辑的几何边界按钮，系统弹出【编辑边界】对话框，
如图 3-47 所示。下面对【编辑边界】对话框的参数进行说明。

（1）【创建永久边界】按钮：用于将当前的临时边界转化为永久边界。创建的永久边界
可以被所有的操作使用。

（2）【编辑】按钮：单击该按钮，弹出【编辑成员】对话框，如图 3-48 所示，通过该
对话框可以对边界的成员进行编辑。

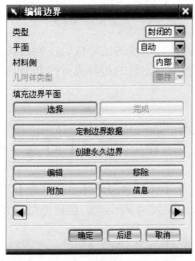

图 3-47 【编辑边界】对话框　　　　　　图 3-48 【编辑成员】对话框

①【制定成员数据】按钮：用于修改边界的公差、余量等参数。

②【起点】按钮：用于定义切削的起始点。

③【第一个成员】按钮：用于将当前的边界定义为第一条边界。

④【选择方式】下拉列表：用于指定选择边界的方式，其中有【单个】和【成链】两
个选项。

（3）【移除】按钮：单击该按钮，将删除当前所选中的边界。

（4）【附加】按钮：单击该按钮，系统将弹出【边界几何体】对话框，可以在当前的几
何边界中增加新的边界。

（5）【信息】按钮：单击该按钮，系统将弹出【信息】窗口，如图 3-49 所示，在【信
息】窗口中显示了当前所选择的边界信息，如：边界类型、边界、起点值、端点值、刀具
位置等。

（6）◀ 和 ▶按钮：用于依次选择边界。编辑边界时，只能对当前选中的边界进行编
辑，可以通过◀ 和 ▶按钮，来切换选择边界。

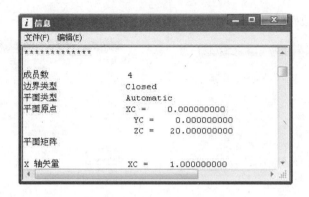

图 3-49 【信息】窗口

3.3.6 课堂练习二：边界的创建

在本小节中，将通过一个具体实例来说明边界的创建。

（参考用时：15 分钟）

（1）调入模型文件。启动 NX 5.0，在【标准】工具栏中，单击【打开】按钮，系统弹出【打开部件文件】对话框，选择 sample \ch03\3.3 目录中的 Geometry.prt 文件，单击【OK】按钮。

（2）打开操作导航器并切换到程序顺序视图。在【资源】条单击【操作导航器】按钮，打开【操作导航器】对话框。在【操作导航器】中，右击，在弹出的快捷菜单中，选择【程序顺序视图】命令，将操作导航器切换到程序视图，如图 3-50 所示。

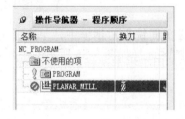

图 3-50 程序顺序视图

（3）编辑平面铣节点。在【操作导航器】中选择【PLANAR_MILL】节点，右击，在弹出的快捷菜单中，选择【编辑】命令，系统弹出【平面铣】对话框，如图 3-51 所示。

（4）设置部件边界。在【平面铣】对话框中，单击【部件边界】按钮，弹出【边界几何体】对话框，在【模式】下拉列表中选择【面】选项，选择【忽略孔】选项，其他采用系统的默认参数，如图 3-52 所示。在绘图区选择如图 3-53 所示的平面，单击【确定】

按钮。设置的部件边界如图 3-54 所示。

图 3-51 【平面铣】对话框

图 3-52 【边界几何体】对话框

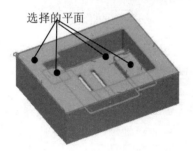

图 3-53 选择的平面

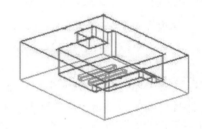

图 3-54 创建的零件边界

（5）设置毛坯边界。在【平面铣】对话框中，单击【毛坯边界】按钮，系统弹出【边界几何体】对话框，在绘图区选择如图 3-55 所示的平面，单击【确定】按钮。设置的毛坯边界如图 3-56 所示。

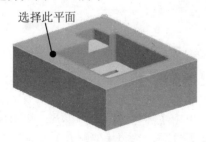

图 3-55 选择的平面

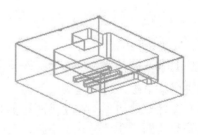

图 3-56 创建的毛坯边界

（6）设置底面。在【平面铣】对话框中，单击【底面】按钮，系统弹出【平面构造器】对话框，如图 3-57 所示。选择如图 3-58 所示的零件的平面，单击【确定】按钮，完成底平面的设置。

图 3-57 【平面构造器】对话框

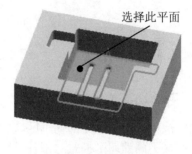

图 3-58 选择平面

（7）生成刀具轨迹。在【平面铣】对话框中，单击【生成刀轨】按钮，生成的刀具轨迹，如图 3-59 所示。

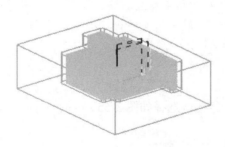

图 3-59 生成的刀轨

（8）设置修剪边界。在【平面铣】对话框中，单击【修剪边界】按钮，系统弹出【边界几何体】对话框。在绘图区选择如图 3-60 所示的平面，单击【确定】按钮，完成修剪边界的设置。

（9）生成刀具轨迹。在【平面铣】对话框中，单击【生成刀轨】按钮，生成的刀具轨迹，如图 3-61 所示。

（10）保存文件。在【文件】下拉菜单中选择【保存】命令，保存已完成的加工文件。

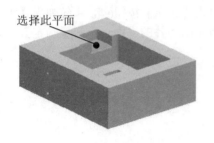

选择此平面

图 3-60   生成的刀轨

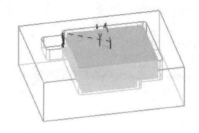

图 3-61   生成的刀轨

3.4   平面铣操作参数的设置

3.4.1   常用的切削方式

切削方法用于定义加工的切削区域的刀位轨迹模式。在实际的加工中要根据加工工艺的要求来选择不同的切削模式对工件进行加工。合适的切削方式可以提高零件的加工质量和加工效率。

在平面铣操作中，切削方式可以通过【切削模式铣】下拉列表来选择，如图 3-62 所示，其中一共有：【往复】☴、【单向】☰、【单向带轮廓铣】⇆、【跟随周边】◎、【跟随部件】◎、【摆线】◎、【配置文件】◎和【标准驱动】凸 等八种切削方式。下面将以如图 3-63 所示的零件的型腔底面的加工刀轨来说明各种切削方式的刀路。

图 3-62   切削模式

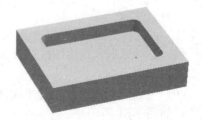

图 3-63   零件模式

1. 往复切削

往复切削将创建一系列平行的线性刀路，彼此切削方向相反，但步进方向一致。这种切削类型可以通过允许刀具在步距间保持连续的进刀来最大化切削运动，在同一切削层不退刀。具体的刀具路径，如图 3-64 所示。

往复切削方式刀具的退刀动作少，切削的效率高，常常用于大量的去除材料，适合于粗加工工序。

2. 单向切削

单向切削将创建一系列线形平行且单向的刀路。刀具从切削刀路的起点处进刀，并切削至刀路的终点。然后刀具退刀，移刀至下一刀路的起点，并以相同方向开始切削。在整个的切削过程中，刀具始终保持顺铣或逆铣。具体的刀具路径，如图 3-65 所示。

单向切削方式在每一行切削完成后都要退刀至转换平面，退刀动作比较多。刀具的有效切削动作少，加工的效率低。因此单向切削方式通常用于精加工岛屿的上表面或加工精度要求比较高的地方。

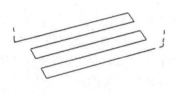

图 3-64　往复切削

图 3-65　单向切削

3. 单向带轮廓铣切削

单向带轮廓铣切削将创建平行的、单向的刀具路径。其切削方式与单向切削的方式相类似，只是在横向进给的时候，刀具沿区域的轮廓进行切削。单向带轮廓铣切削中，刀具完成一行的切削后，会在两个刀具路径间加入一个切削边界的跟随轮廓的刀具路径，然后退刀至转换平面，移至下一个切削路径的起点，进行下一行的切削。具体的刀具路径，如图 3-66 所示。

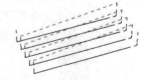

图 3-66　单向带轮廓铣切削

单向带轮廓铣切削通常用于粗加工后要求余量均匀的零件加工。在对工件的轮廓周边加工时不会不留残余的材料。在加工侧壁要求高的零件或薄壁零件时，该方法的切削比较平稳，对刀具的冲击小。

4. 跟随周边切削

跟随周边切削可生成一系列沿切削区域的同心刀具路径。当刀路与该区域的内部形状重叠时，这些刀路将合并成一个刀路，然后再次偏置这个刀路就形成下一个刀路。可加工区域内的所有刀路都将是封闭形状。具体的刀具路径，如图3-67所示。

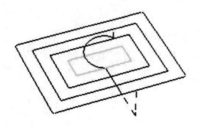

图 3-67　跟随周边切削

与往复方式相似，跟随周边切削通过使刀具在步进过程中不断地进刀而使切削移动达到最大程度。因此跟随周边切削常常用于粗铣加工，用来大量的去除材料。跟随周边切削合适于对带有岛屿和内腔零件（如模具的型芯和型腔等）进行粗加工。

5．跟随部件切削 🔲

跟随部件切削通过从整个指定的"部件几何体"中形成相等数量的偏置（如果可能）来创建切削模式。具体的刀具路径，如图3-68所示。与跟随周边切削不同，跟随周边切削只从由"部件"或"毛坯"几何体定义的周边环偏置；而跟随部件切削通过从整个"部件"几何体中偏置来创建切削模式，不管该"部件"几何体定义的是周边环、岛还是型腔。因此它可以保证刀具沿着整个"部件"几何体进行切削，从而无需设置"岛清理"刀路。

跟随部件切削方式，刀具将沿零件的轮廓进行切削，不需要设置岛清理。因此跟随部件切削特别适合加工那些有凸台和岛屿的零件，可以较好地保证凸台和岛屿的加工精度。

6．摆线切削 ⑩

摆线切削是一种特殊的加工方式，其会产生一个小的回转圆圈，采用环控制刀具的切入，从而避免了切削时发生全刀切入材料使刀具断裂。具体的刀具路径，如图3-69所示。

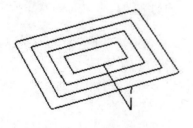

图 3-68　跟随部件切削

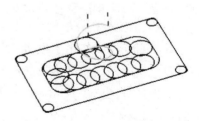

图 3-69　摆线切削

摆线切削适用于高速加工，可以避免刀具在加工时与工件的冲击。通常，摆线切削用于加工岛和部件之间、形成锐角的内拐角以及窄区域。

7. 配置文件切削 🔲

配置文件切削将生成一条或指定数量的切削刀路来对部件壁面进行精加工。它可以加工开放区域，也可以加工封闭区域。其切削的路径和切削区域的轮廓有关。具体的刀具路径，如图 3-70 所示。

配置文件切削通常用于零件的侧壁或外形轮廓的精加工或半精加工。

8. 标准驱动切削 ⊓

标准驱动切削（仅用于平面铣）是一种轮廓铣切削方式，其允许刀具准确地沿指定边界运动，从而不需要再应用"轮廓铣"中使用的自动边界修剪功能。通过使用自相交选项，可以使用"标准驱动"来确定是否允许刀轨自相交。具体的刀具路径，如图 3-71 所示。

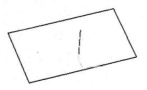 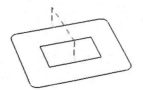

图 3-70　配置文件切削　　　　图 3-71　标准驱动切削

3.4.2　步进距离

步进距离用于定义相邻两刀轨之间的距离，如图 3-72 所示。步进距离的大小将直接影响加工表面的质量。在平面铣中步进距离可以通过【恒定】、【残余高度】、【刀具直径】和【可变】四种方式来定义，如图 3-73 所示。

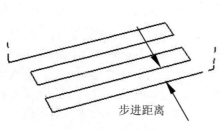

图 3-72　步进距离

图 3-73　步进方式

1. 恒定

【恒定】用于指定刀轨之间的距离为一固定的值。选择该选项时，将会激活【距离】文本框，可以在【距离】文本框中输入步距的大小。

2. 残余高度

【残余高度】通过指定残余高度（两个刀路间剩余材料的高度），如图 3-74 所示，从而在连续切削刀路间确定固定距离。系统将根据设置的高度值来计算步进的距离，使刀路间的残余高度不大于指定的高度。选择该选项时，可以在【高度】文本框中输入残余高度的值。

采用【残余高度】方式，系统可以根据加工的区域自动地调整刀具的步进距离，可以生成规则、均匀、整齐的刀具轨迹。

3. 刀具直径

【刀具直径】通过指定刀具直径的百分比，从而在连续切削刀路之间建立起固定距离。如果刀路间距没有均匀分割为区域，系统将减小这一刀路间距以保持恒定步距。对于球头铣刀，系统将其整个直径用作有效刀具直径。对于其他刀，有效刀具直径按 "$D-2CR$" 计算，如图 3-75 所示。

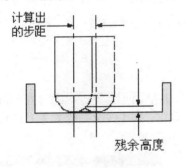

图 3-74 残余高度

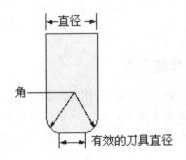

图 3-75 刀具直径

4. 可变

【可变】方式，可以设置步距的一个变化范围，系统将根据加工区域的情况自动调整步进的距离。该步距能够调整以保证刀具始终与平行于单向和回转切削的边界相切。

对于【往复走刀】、【单向走刀】和【单向带轮廓铣走刀】切削模式，可以设置步距的最大值和最小值来设置可变步距离的范围，如图 3-76（a）所示；对于【跟随周边】、【跟随部件】、【配置文件】和【标准驱动】切削模式，【可变】方式可以指定多个步距大小以及每个步距大小所对应的值，如图 3-76（b）所示。

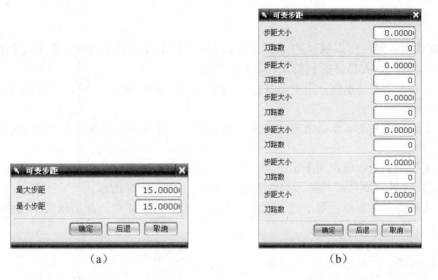

图 3-76　可变步距

3.4.3　切削深度

切削深度用于设置多深度操作的每一个切削层的切削深度。切削深度可以由岛顶部、底平面和键入值来定义。只有在刀轴与底部面垂直或者工件边界与底部面平行的情况下，才会应用切削深度参数。

在【平面铣】对话框中，单击【切削深度】按钮，系统会弹出【切削深度参数】对话框，如图 3-77 所示。可以在该对话框的【类型】下拉列表中，选择切削深度的设置模式，其中有：【用户定义】、【仅底部面】、【底部面和岛的顶面】、【岛顶部的层】和【固定深度】五个选项。下面分别对各个选项进行说明。

图 3-77　【切削深度参数】对话框

1. 用户定义

选择该模式时，可以通过在【最大值】、【最小值】、【初始】、【最终】和【侧面余量增量】文本框中，输入具体的数值来指定切削深度。

（1）【最大值】文本框：用于定义在初始层之后且在最终层之前的每个切削层所允许的最大切削深度。

（2）【最小值】文本框：用于定义在初始层之后且在最终层之前的每个切削层所允许的最小切削深度。

（3）【初始】文本框：用于定义第一个切削层的切削深度。此值从毛坯边界面（如果尚未定义毛坯边界，则从部件的最高边界面）测量，如图 3-78 所示。

（4）【最终】文本框：用于定义最后一个切削层的切削深度。此值从底平面测量，如图 3-78 所示。

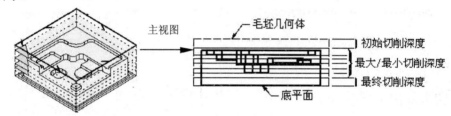

图 3-78　各个深度参数

（5）【侧面余量增量】文本框：用于定义多层粗加工刀轨中的每个后续层添加侧面余量值。具体的侧面余量增量如图 3-79 所示。

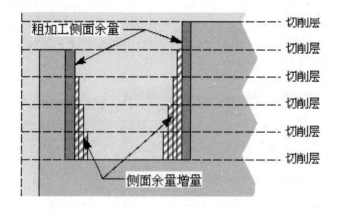

图 3-79　侧面余量增量

2. 仅底部面

选择该模式时，系统只在底平面上生成单个切削层，如图 3-80 所示。

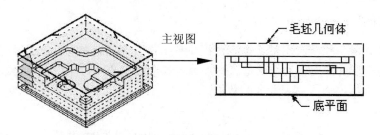

图 3-80　仅底部面

3. 底部面和岛的顶面

选择该模式时，系统会在底平面上生成单个切削层，接着在每个岛顶部生成一条清理刀路。清理刀路仅限于每个岛的顶面，且不会切削岛边界的外侧。如图 3-81 所示，为某零件在选择【底部面和岛的顶面】选项时生成的刀具路径。

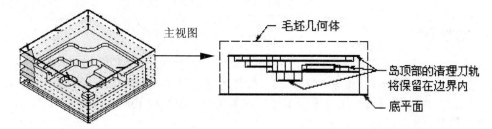

图 3-81　底部面和岛的顶面

4. 岛顶部的层

选择该模式时，系统会在每个岛的顶部生成一个平面切削层，接着在底平面生成单个切削层。与不会切削岛边界外侧的清理刀路不同的是，切削层生成的刀轨可完全移除每个平面层内的所有毛坯材料。如图 3-82 所示，为某零件在选择【岛顶部的层】选项时生成的刀具路径。

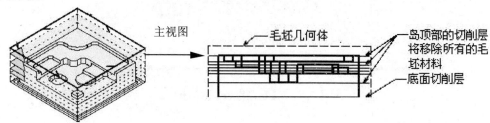

图 3-82　岛顶部的层

5. 固定深度

选择该模式时，系统会用某一恒定深度生成多个切削层，除最后一层会小于最大深度值外，其他切削层的深度将为设置最大深度值，如图 3-83 所示。在选择该模式后，可以在【最大值】文本框中输入最大深度的数值。

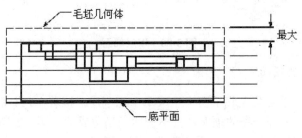

图 3-83　固定深度

3.4.4　切削参数

切削参数用于设置与部件材料切削的相关参数。在每个操作中都有切削参数。在【平面铣】对话框中，单击【切削】按钮，系统弹出【切削参数】对话框，如图 3-84 所示，其由五个选项卡组成：【策略】、【余量】、【连接】、【未切削】和【更多】选项卡。下面分别对五个选项卡中常用的参数进行说明。

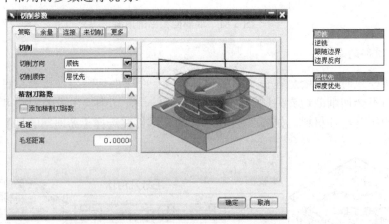

图 3-84　【切削参数】对话框

1.【策略】选项卡

切削参数的【策略】选项卡，如图 3-84 所示，其中较为常用的参数有：切削方向、切削顺序、毛坯距离等参数。

（1）【切削方向】下拉列表：用于设置刀具在切削时的运动方向，包括以下四个选项。

① 【顺铣】选项：刀具顺着工件的运动方向进给，如图 3-85 所示。

② 【逆铣】选项：刀具逆着工件的运动方向进给，如图 3-86 所示。

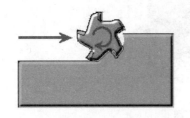 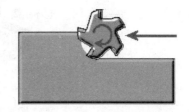

图 3-85　顺铣切削　　　　　　　　　　　　图 3-86　逆铣切削

③ 【跟随边界】选项：刀具顺着边界成员的方向进行切削，如图 3-87 示。

④ 【边界反向】选项：刀具沿着选择边界成员的反方向进行切削，如图 3-88 所示。

图 3-87　跟随边界　　　　　　　　　　　　图 3-88　边界反向

（2）【切削顺序】下拉列表：用于指定多切削区域的加工顺序，包括【层优先】和【深度优先】两个选项。

① 【层优先】选项：刀具首先完成所有区域同一高度的切削层的加工，然后才会向下进刀加工下一个切削层，如图 3-89 所示。

② 【深度优先】选项：刀具每次将一个区域切削完毕后再加工下一个区域，如图 3-90 所示。这种切削方式可以减少退刀和转换的次数。

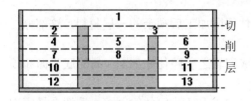 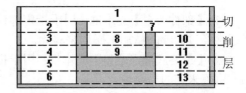

图 3-89　层优先　　　　　　　　　　　　　图 3-90　深度优先

（3）【毛坯距离】文本框：用于指定应用于部件边界或部件几何体以生成毛坯几何体

的偏置距离，如图 3-91 所示。毛坯距离可以被指定为一个大于工件的恒定距离，而不是毛坯边界。在处理铸件或工件使用毛坯距离指定毛坯非常方便。

毛坯距离

图 3-91　毛坯距离

2.【余量】选项卡

切削参数的【余量】选项卡，如图 3-92 所示，用于对当前操作后工件上剩余的材料量和刀具实际偏离零件的公差范围进行设定。

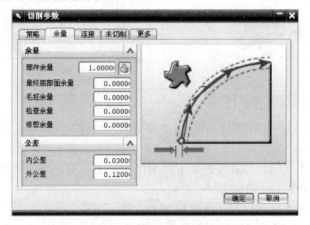

图 3-92　【余量】选项卡

（1）【部件余量】文本框：用于指定部件几何体周围加工后剩余的一层材料。这部分材料通常经过后续的精加工操作来移除。

（2）【最终底部面余量】文本框：用于指定完成刀轨之后腔体底部面（岛的底平面和顶部）留下未切的材料量。

（3）【毛坯余量】文本框：用于指定刀具偏离已定义毛坯几何体的距离。毛坯余量应用于具有相切条件的毛坯边界或毛坯几何体。

（4）【检查余量】文本框：用于指定刀具位置与已定义检查边界的距离。

（5）【修剪余量】文本框：用于指定刀具位置与已定义修剪边界的距离。

（6）【内公差】/【外公差】文本框：分别用于指定刀具可以从选定的刀轨偏向工件的最大距离和刀轨偏离工件的最大距离，如图 3-93 所示。

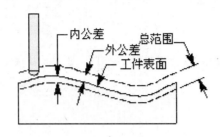

图 3-93　内公差和外公差

3.【连接】选项卡

切削参数的【连接】选项卡，如图 3-94 所示，用于定义区域的切削顺序和刀具在切削区域之间的运动方式。

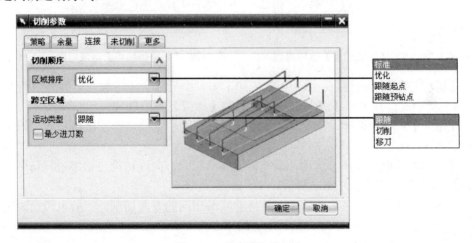

图 3-94　【连接】选项卡

（1）【区域排序】下拉列表：用于指定切削区域加工顺序的方式。其中有：【标准】、【优化】、【跟随起点】和【跟随预钻点】四个选项。

①　【标准】选项：系统通常使用边界的创建顺序作为加工顺序（当选择曲线作为边界时），或使用面的创建顺序作为加工顺序（当选择面作为边界时），如图 3-95 所示。

②　【优化】选项：系统将根据加工效率来决定切削区域的加工顺序，横越运动的总长度最短，如图 3-96 所示。

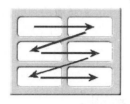
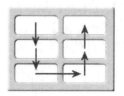

图 3-95　【标准】区域排列　　　　　图 3-96　【优化】区域排列

③【跟随起点】选项：系统根据指定"切削区域起点"时所采用的顺序来确定切削区域的加工顺序，如图 3-97 所示。

④【跟随预钻点】选项：系统根据指定"切削区域预钻点"时所采用的顺序来确定切削区域的加工顺序，如图 3-98 所示。

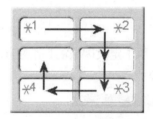
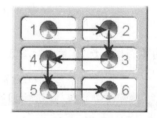

图 3-97　【跟随起点】区域排列　　　图 3-98　【跟随预钻点】区域排列

（2）【运动类型】下拉列表：用于指定当加工多表面工件且工件表面之间有空间时刀具在空间的运动形式。其中有【跟随】、【切削】和【移刀】三个选项。

①【跟随】选项：选择该选项，系统将尝试在切削层上绕过跨空区域移动，如图 3-99（a）所示。

②【切削】选项：选择该选项，系统将继续沿相同方向以切削进给率进行切削，实际上忽略跨空区域，如图 3-99（b）所示。

③【移刀】选项：选择该选项，刀具将继续沿相同的方向切削，但如果跨空距离超过移刀距离，则当刀具完全悬空时会从切削进给率改为移刀进给率。如图 3-99（c）所示。

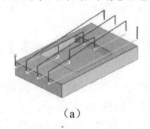
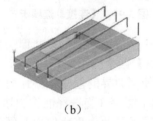
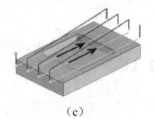

（a）　　　　　　　　　　　（b）　　　　　　　　　　　（c）

图 3-99　跨越空间运动类型

4.【未切削】选项卡

切削参数的【未切削】选项卡，如图 3-100 所示，用于定义切削时对刀路的限制。

图 3-100　【未切削】 选项卡

（1）【重叠距离】文本框：用于定义未切削区域边界的偏置值。该偏置值可使正常边界延伸到不会导致过切零件的切削区域。

（2）【自动保存边界】选项：选择该复选项，系统将保存所有未切削的区域边界为永久边界。该永久边界位于存在未切削区域的零件边界面上。

5.【更多】选项卡

切削参数的【更多】选项卡，如图 3-101 所示，用于补充定义其他的切削参数。

图 3-101　【更多】 选项卡

（1）【部件安全间距】文本框：用于指定部件安全间距的大小。部件安全间距定义了刀具所使用的自动进刀/退刀距离，它为工件定义刀柄所不能进入的扩展安全区域。

（2）【边界近似】选项：选择该选项，当边界或岛包含二次曲线或 B 样条时，可减少处理时间及缩短刀轨。

（3）【平面选项】下拉列表：用于指定下限平面的位置。

3.4.5　非切削参数

非切削参数用于定义和控制刀具的非切削移动。非切削移动在切削运动之前、之后和之间定位刀具。非切削移动可以简单到单个的进刀和退刀，或复杂到一系列定制的进刀、退刀和移刀（分离、移刀、逼近）运动。

在平面铣操作中，单击【非切削参数】按钮 ，打开【非切削运动】对话框，如图 3-102 所示，来对非切削参数进行设置。

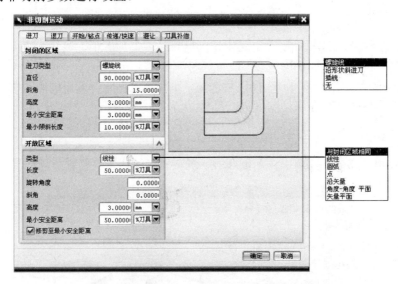

图 3-102　【非切削运动】对话框

1.【进刀】选项卡

【进刀】选项卡用于定义刀具在切入零件时的运动方式。其中可以分别定义【封闭的区域】和【开放区域】的进刀方式。在【非切削运动】对话框中，单击【进刀】选项卡标签，切换到【进刀】选项卡，如图 3-102 所示。

（1）封闭的区域进刀类型

封闭的区域进刀类型用于指定刀具在进刀时切入材料的方式。可以在【进刀类型】下拉列表中，选择如下选项来控制封闭区域的进刀运动。

① 【螺旋线】方式：系统将在第一个切削运动中创建无碰撞的螺旋形进刀移动，如图 3-103（a）所示。

② 【插铣】方式：系统将直接从指定的高度进刀到部件内部，如图 3-103（b）所示。

③ 【沿形状斜进刀】方式：系统将创建一个倾斜进刀移动，该进刀会沿第一个切削运动的形状移动，如图 3-103（c）所示。

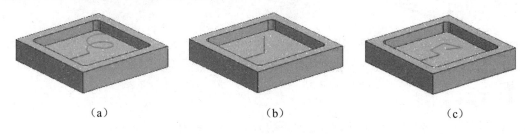

（a）　　　　　　　　　　（b）　　　　　　　　　　（c）

图 3-103　封闭区域进刀类型

（2）开放区域进刀类型

开放区域进刀类型用于设置开放区域的进刀运动方式。可以选择如下方式来定义开放区域的进刀运动。

① 【与封闭区域相同】方式：开放区域的进刀方式和封闭区域的进刀方式相同。

② 【线性】方式：系统在与第一个切削运动相同方向的指定距离处创建进刀移动，如图 3-104（a）所示。

③ 【圆弧】方式：系统将创建一个与切削移动的起点相切（如果可能）的圆弧进刀移动，如图 3-104（b）所示。

④ 【点】方式：需要将为线性进刀指定起点，通过选择两点来控制进刀的路径，进刀路径为直线，如图 3-104（c）所示。

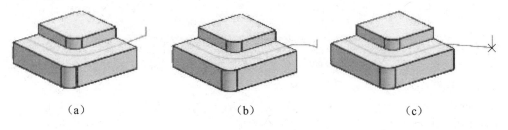

（a）　　　　　　　　　　（b）　　　　　　　　　　（c）

图 3-104　开放区域进刀类型

⑤ 【沿矢量】方式：使用矢量构造器来定义进刀方向，如图 3-105（a）所示。

⑥ 【角度-角度平面】方式：将指定起始平面、旋转角度和倾斜角度定义进刀方向。平面将定义长度，如图 3-105（b）所示。

⑦【矢量平面】方式：将指定起始平面。使用矢量构造器可定义进刀方向。平面将定义长度，如图 3-105（c）所示。

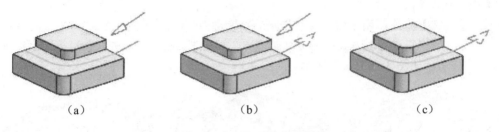

（a）　　　　　　　　　（b）　　　　　　　　　（c）

图 3-105　开放区域进刀类型

2.【退刀】选项卡

【退刀】选项卡用于设置刀具的退刀运动方式。与进刀的方式相似，可以选择【与进刀相同】、【线性】、【圆弧】、【点】、【抬刀】、【沿矢量】、【角度-角度 平面】或【矢量平面】等方式来定义退刀运动。在【非切削运动】对话框中，单击【退刀】选项卡标签，切换到【退刀】选项卡，如图 3-106 所示。

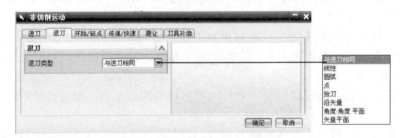

图 3-106　【退刀】选项卡

3.【开始/钻点】选项卡

【开始/钻点】选项卡用于设置"区域起点"和"预钻孔点"等参数。在【非切削运动】对话框中，单击【开始/钻点】选项卡标签，切换到【开始/钻点】选项卡，如图 3-107 所示。

（1）【重叠距离】文本框

【重叠距离】文本框用于指定切削结束点和起点的重合深度。重叠距离将确保在进刀和退刀移动处进行完全清理。

（2）区域起点

区域起点用于定义加工的开始位置和步进方向。可以选择【中点】或【角】两种方式来指定区域起点。

①【中点】选项：系统在切削区域的最长边界的中点处，建立切削区域的起点。

② 【角】选项：系统在切削区域的最平坦的凸角处，建立切削区域的起点。

（3）预钻孔点

【预钻孔点】用来指定毛坯材料中先前钻好的孔内或其他空缺内的进刀位置。在很多场合定义预钻孔可以改善刀具在下刀时的受力情况。

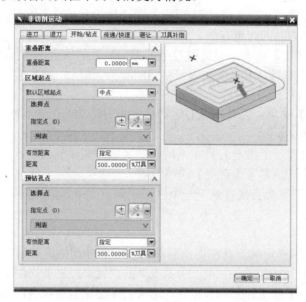

图 3-107　【开始/钻点】选项卡

4. 【传递/快速】选项卡

【传递/快速】选项卡用于定义刀具在区域内和在区域间的横越的方式。在【非切削运动】对话框中，单击【传递/快速】选项卡标签，切换到【传递/快速】选项卡，如图 3-108 所示。

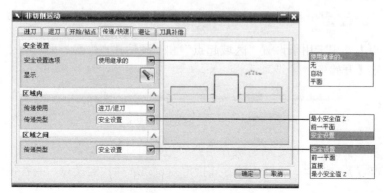

图 3-108　【传递/快速】选项卡

（1）安全设置

安全设置用于定义当前操作的安全平面的位置。可以在【安全设置选项】下拉列表中选择其中的【使用继承的】、【无】、【自动】或【平面】选项来指定安全平面的位置。

（2）区域内的传递设置

区域内的传递设置用于设置【进退/退刀】或【抬刀和插铣】两种方式的非切削运动，同时可以指定了三种刀具的跨越方法。

① 【最小安全值 Z】选项：刀具退刀至 Z 方向最低的安全平面做横越运动。

② 【前一平面】选项：刀具在完成一个切削层的切削后，将会提升到前一切削层的高度做横越运动。

③ 【安全设置】选项：刀具在退刀运动后且进刀运动前运动到指定的安全平面。

（3）区域间的传递设置

区域间的传递设置用于指定刀具在不同切削区域之间横越运动。其设置的方法和区域内的传递设置相似，只是多了【直接】跨越方式。

【直接】选项：刀具会直接移到下一个区域，而不会为了清除障碍而添加运动。

5. 【避让】选项卡

【避让】选项卡用于定义刀具在切削前和切削后的非切削运动的位置和方向。通过定义"出发点"、"起点"、"返回点"和"回零点"的位置来控制非切削运动。在【非切削运动】对话框中，单击【避让】选项卡标签，切换到【避让】选项卡，如图 3-109 所示。

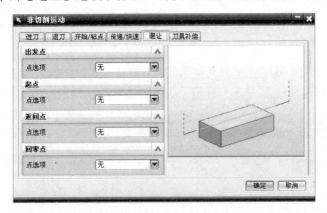

图 3-109　　【避让】选项卡

（1）【出发点】面板：指定新刀轨开始处的初始刀具位置。

① 【指定点】按钮：通过 2 种方式指定点，即选择预定义点，或者使用点构造器来定义点。

② 【选择刀轴】按钮：指定刀轴，方法是选择几何体，也可以使用矢量构造器来定

义轴。

（2）【起始点】面板：用于定义起点，为可用于避让几何体或装夹组件的起始序列指定一个刀具位置。

（3）【返回点】面板：用于定义返回点，用于指定切削序列结束时离开部件的刀具位置。

（4）【回零点】面板：用于定义停止点。回零点是刀具的最终停止位置。

6．【刀具补偿】选项卡

【刀具补偿】选项卡用于定义切削时刀具补偿的方式和位置。在【非切削运动】对话框中，单击【避让】选项卡标签，切换到【避让】选项卡，如图 3-110 所示，其中有 3 种刀具的补偿方式。

图 3-110　【刀具补偿】选项卡

（1）【无】方式。系统在任何刀具路径均不进行刀具的补偿。

（2）【所有精割刀路数】方式。系统对所有的刀具路径均进行刀具的补偿，如图 3-111（a）所示。

（3）【最终精割刀路】方式。系统将只在最终切削的刀具路径进行刀具的补偿，如图 3-111（b）所示。

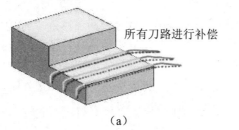
（a）

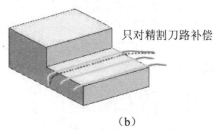
（b）

图 3-111　刀具补偿

3.4.6 拐角控制

拐角控制用于防止刀在切削凹角或凸角时过切部件。对于凹角，通过自动生成稍大于刀半径的拐角几何体（圆角），可以让刀在部件内壁之间光顺过渡；对于凸角，刀具可通过延伸相邻段或绕拐角滚动来过渡部件壁。在平面铣操作对话框中，单击【角控制】按钮 ，弹出【拐角和进给率控制】对话框，如图 3-112 所示，在该对话框中可以指定凸角、圆周进给率补偿、圆角和减速等参数。下面分别对其进行说明。

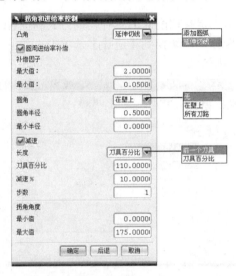

图 3-112 【拐角和进给率控制】对话框

（1）【凸角】下拉列表：用于设置刀具在切削到凸角处的过渡方式，其中有：【添加圆弧】和【延伸切线】两个选项，如图 3-112 所示。

① 【添加圆弧】选项：刀具在切削到凸角处时，以一段圆弧过渡进行切削。其圆心位于拐角的顶点，圆弧半径等于刀具的半径。

② 【延伸切线】选项：刀具在切削到凸角处时，沿凸角的切线方向延伸刀具路径进行过渡。

（2）【圆周进给率补偿】选项：用于激活圆周补偿设置的相关参数。选择该选项时，系统在铣削拐角处采用圆周进给率补偿，从而使铣削更加均匀。可在【最大值】、【最小值】文本框中输入补偿系数，来确定补偿的范围。

（3）【圆角】下拉列表：用于确定是否在处于"最小"和"最大"范围内的拐角处添加圆角。其中有：【无】、【在壁上】和【所有刀路】三个选项，如图 3-112 所示。

① 【无】选项：系统不会在拐角处添加圆角。

② 【在壁上】选项：系统仅在工件侧壁处拐角的刀路中添加圆角。可以在【圆角半径】

和【最小半径】文本框中输入半径值。

③ 【所有刀路】选项：系统将在切削过程遇到的所有拐角处添加圆角。

（4）【减速】选项：用于激活与减速设置相关的参数。减速用于降低刀具在切削拐角时的进给率，以减少刀具在切削拐角时出现啃刀现象。可以在【长度】、【刀具百分比】、【减速%】和【步数】文本框中设置减速的具体参数。

① 【长度】下拉列表：用于设置刀具降低速度时距拐角的距离长度，其中有：【刀具的百分比】和【前一个刀具】两个选项。

② 【刀具百分比】文本框：用于设置刀具降低速度时距拐角的距离长度为刀具直径的百分之几。

③ 【减速%】文本框：用于设置刀具在拐角处的最小切削速度占正常切削速度的百分比。

④ 【步数】文本框：用于指定刀具在拐角处减速的步数。步数设置越大，刀具的减速效果越缓慢。

（5）【拐角角度】选项：用于筛选在拐角处添加圆弧或进行减速控制。通过输入【最大值】和【最小值】来设置拐角的大小范围，当拐角处于最小值和最大值之间时，系统将在拐角处添加圆弧或进行减速控制；当拐角不在最小值和最大值之间时，系统将不对其进行处理。

3.4.7　进给和速度

进给率用于刀具的各种动作（快进、快退、进刀、退刀和正常切削等）的移动速度。在平面铣操作对话框中，单击【进给和速度】按钮，弹出【进给】对话框，如图 3-113 所示。单击【进给率】面板中的【更多】标签，展开后的【进给率】面板如图 3-114 所示。下面分别对【进给】对话框中各部分参数进行说明。

图 3-113　【进给】对话框　　　　　图 3-114　【进给率】面板

1.【自动设置】面板

【自动设置】面板用于设置【表面速度】、【每齿进给】等参数。系统可以通过输入表面速度，自动计算出每齿进给量和主轴转速；也可以直接设定主轴的转度，由系统自动计算出表面速度和每齿进给量。

（1）【设置加工数据】按钮 ⚡ ：若在创建操作时指定了工件材料、刀具材料和切削方式等参数，单击该按钮，将由系统自动计算进给、切削深度、主轴转速和切削速度等参数。

（2）【表面速度】文本框：用于设定表面速度的大小。表面速度是刀具旋转时与工件的相对运动速度。

（3）【每齿进给】文本框：用于设置每个齿移除的材料量。

（4）【从表格中设置】按钮 ⚡ ：在工件材料、刀具材料、切削方式和切削深度参数指定完毕后，单击该按钮就会使用这些参数推荐从预定义表格中抽取的适当【表面速度】和【每齿进给】值。

2.【主轴速度】面板

【主轴速度】面板用于设置加工时主轴的速度。下面对其中的各参数进行说明。

（1）【主轴速度】文本框：用于设定主轴速度的大小。

（2）【输出模式】下拉列表：用于设定主轴的输出单位。

（3）【方向】下拉列表：用于设置主轴的旋转方向。其中有：【无】、【顺时针】和【逆时针】三个选项。

（4）【范围状态】选项：选中该选项，用于激活【范围】文本框。

（5）【范围】文本框：用于输入主轴速度范围。主轴范围通常编程为数字值。

3.【进给率】面板

【进给率】面板用于设定刀具在不同的运动状态时的移动速度。在数控加工中，过程由：快速、逼进、进刀、第一刀切削、步进、切削、移刀、退刀、返回、快速等组成，如图 3-115 所示。根据实际的加工工艺，合理地设置刀具运动的各参数将直接影响加工的质量和效率，因此应充分理解刀具完整的运动以及各运动过程的速度控制。

下面对【进给】面板中的各个文本框进行说明。

（1）【切削】文本框：用于设置刀具在切削工件时的进给速度。

（2）【快速】文本框：用于设置快进速度。

（3）【逼近】文本框：用于设置刀具的接近速度。

（4）【进刀】文本框：用于设置进刀的速度。

（5）【第一刀切削】文本框：用于设置第一刀切削的进给量。

（6）【步进】文本框：用于设置刀具进入下一平行刀轨时的进给率。

（7）【移刀】文本框：用于设置刀具从一个切削区域跨越到另一切削区域时的非切削运动的移动速度。

（8）【退刀】文本框：用于设置刀具在加工完后退回到安全平面的速度。

（9）【分离】文本框：用于设置刀具移至"返回点"的进给率。

（10）【设置非切削单位】下拉列表：用于设置所有的【非切削进给率】单位。

（11）【设置切削单位】下拉列表：用于设置所有的【切削进给率】单位。

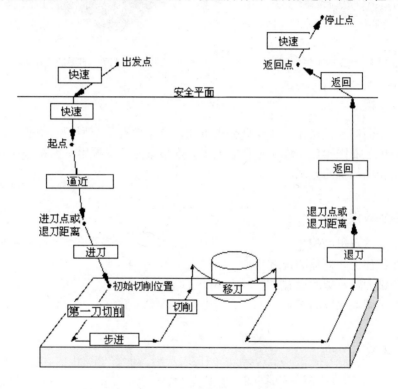

图 3-115　刀具的运动过程

3.5　综合实例一：平面铣加工（一）

光盘链接：录像演示——见光盘中的"\avi\ch03\3.5\ Planar_mill01.avi"文件。

3.5.1　加工预览

应用平面铣加工完成如图 3-116 所示零件的粗加工和半精加工，加工后的效果如图

3-117 所示。

图 3-116　加工的零件模型

图 3-117　加工仿真结果

3.5.2　案例分析

本案例为平面的加工操作，从模型分析可知，该零件有一个型腔，型腔的侧壁垂直底平面，适合应用平面铣操作完成对零件的加工。本节重点要掌握用平面铣操作完成对此类零件的粗加工和精加工的方法。

3.5.3　主要参数设置

（1）各个父节点组的创建；
（2）平面铣加工几何体的设置；
（3）平面铣刀轨参数的设置；
（4）平面铣切削深度的设置。

3.5.4　操作步骤

1．打开模型文件进入加工环境

（参考用时：1分钟）

（1）调入模型文件。启动 NX 5.0，在【标准】工具栏中，单击【打开】按钮，系统弹出【打开部件文件】对话框，选择 sample \ch03\3.5 目录中的 Planar_mill01.prt 文件，单击【OK】按钮。

（2）进入加工模块。在【起始】菜单选择【加工】命令，（或使用快捷键 Ctrl+Alt+M）进入加工模块。系统弹出【加工环境】对话框，如图 3-118 所示，在【CAM 设置】列表框中选择【mill_planar】选项，单击【初始化】按钮，完成加工的初始化。

2. 创建父节点组

（参考用时：9分钟）

（1）打开操作导航器并切换到机床视图。打开操作导航器，在【操作导航器】右击，在弹出的快捷菜单中，选择【机床视图】命令，将操作导航器切换到机床视图。

（2）创建第一把加工刀具。在【加工创建】工具条中，单击【创建刀具】按钮，弹出【创建刀具】对话框，在【类型】下拉列表中，选择【mill_planar】选项，刀具组为【GENERIC_MACHINE】，输入名称：TOOL1D10R2，如图3-119所示。单击【确定】按钮。在弹出的【Milling Tool-5 Parameters】对话框中，设置如图3-120所示的参数，单击【确定】按钮。

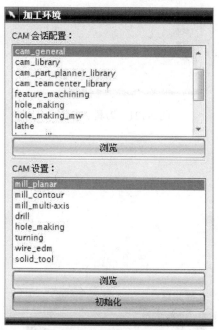

图3-118　【加工环境】对话框

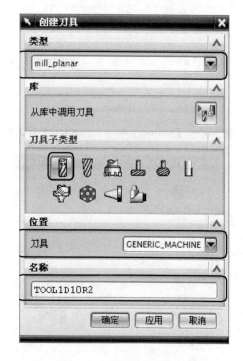

图3-119　【创建刀具】对话框

（3）创建第二把加工刀具。刀具2名称："TOOL2D8R0"，具体参数如图3-121所示。

（4）设置加工坐标系。在【操作导航器】工具条中，单击【几何体视图】按钮，将操作导航器切换到几何体视图。双击【MCS_MILL】节点，系统弹出【Mill Orient】对话框，如图3-122所示，在绘图区选择如图3-123所示的点，单击【确定】按钮。

图 3-120 【Milling Tool-5 Parameters】对话框

图 3-121 刀具 2 参数

图 3-122 【Mill Orient】对话框

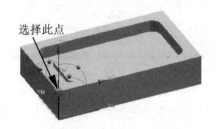

图 3-123 选择点

（5）设置安全平面。在【Mill Orient】对话框的【安全设置选项】下拉列表中，选择

【平面】选项，再单击【选择安全平面】按钮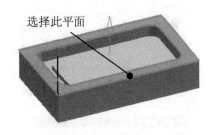，弹出【平面构造器】对话框，在【偏置】文本框中，输入值 10，如图 3-124 所示。在绘图区选择如图 3-125 所示的平面，单击【确定】按钮，再单击【确定】按钮，完成安全平面的设置。

图 3-124　【平面构造器】对话框　　　　图 3-125　选择偏置面

（6）创建工件几何体。在【操作导航器-几何体】对话框中，双击【WORKPIECE】节点，系统弹出【Mill Geom】对话框。单击【部件几何体】按钮，弹出【部件几何体】对话框，单击【全选】按钮，单击【确定】按钮，完成工件几何体的创建。

（7）创建毛坯几何体。在【Mill Geom】对话框中，单击【毛坯几何体】按钮，系统弹出【毛坯几何体】对话框，选择【自动块】单选项，单击【确定】按钮，再次单击【确定】按钮，完成毛坯几何体的创建。

（8）设置粗加工方法。在【操作导航器】中，右击，在弹出的快捷菜单中，选择【加工方法视图】，将操作导航器切换到加工方法视图。双击【MILL_ROUGH】节点，系统弹出【Mill Method】对话框，设置如图 3-126 所示的参数。单击【进给和速度】按钮，弹出【进给】对话框，参数的设置如图 3-127 所示。单击【确定】按钮，再单击【确定】按钮，完成粗加工方法的设置。

（9）设置精加工方法。在【操作导航器】中，双击【MILL_ FINISH】节点，系统弹出【Mill Method】对话框，设置如图 3-128 所示的参数。单击【进给和速度】按钮，弹出【进给】对话框，参数的设置如图 3-129 所示。单击【确定】按钮，再单击【确定】按钮，完成精加工方法的设置。

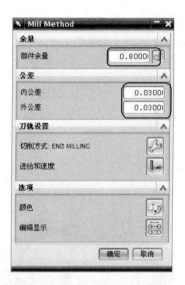

图 3-126 【Mill Method】对话框

图 3-127 【进给】对话框

图 3-128 【Mill Method】对话框

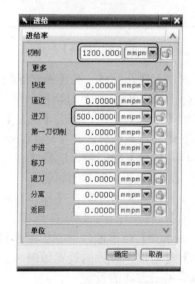

图 3-129 【进给】对话框

3. 创建平面铣对型腔进行粗加工

（参考用时：8分钟）

（1）创建平面铣操作。在【加工创建】工具条，单击【创建操作】按钮 ，系统弹出

【创建操作】对话框，在【类型】下拉列表中选择【mill_planar】选项，在【操作子类型】选项组中单击【平面铣】按钮，在【程序】下拉列表中选择【PROGRAM】选项，在【几何体】下拉列表中选择【WORKPIECE】选项，在【刀具】下拉列表中选择【TOOL1D10R2】，在【方法】下拉列表中选择【MILL_ROUGH】，输入名称：ROUGH_MILL，如图 3-130 所示，单击【确定】按钮，弹出如图 3-131 所示的【平面铣】对话框。

图 3-130　【创建操作】对话框

图 3-131　【平面铣】对话框

（2）设置部件边界。在【平面铣】对话框中，单击【部件边界】按钮，弹出【边界几何体】对话框，去掉【忽略岛】选项，如图 3-132 所示。在绘图区选择如图 3-133 所示的平面，单击【确定】按钮，完成部件边界的设置。

（3）设置毛坯边界。在【平面铣】对话框中，单击【毛坯边界】按钮，弹出【边界几何体】对话框，去掉【忽略岛】选项。在绘图区选择如图 3-134 所示的平面，单击【确定】按钮，完成毛坯边界的设置。

（4）设置检查边界。在【平面铣】对话框中，单击【检查边界】按钮，弹出【边界几何体】对话框，在绘图区选择如图 3-135 所示的平面，单击【确定】按钮，完成检查边界的设置。

图 3-132 【边界几何体】对话框

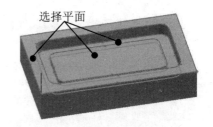

图 3-133 选择的平面

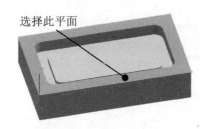

图 3-134 选择的平面

图 3-135 选择的平面

（5）设置底面。在【平面铣】对话框中，单击【底面】按钮，系统弹出的【平面构造器】对话框，如图 3-136 所示。在绘图区选择如图 3-137 所示的平面，单击【确定】按钮，完成底面的设置。

（6）设置平面铣操作的刀轨参数。在【平面铣】对话框的【切削模式】下拉列表中，选择【跟随部件】选项，在【步进】下拉列表中，选择【刀具直径】选项，在【百分比】文本框中输入值 75，如图 3-138 所示。

（7）设置切削深度参数。在【平面铣】对话框中，单击【切削层】按钮，系统弹出【切削深度参数】对话框，在【类型】下拉列表中，选择【固定深度】选项，在【最大值】文本框中，输入值 1.2，如图 3-139 所示，然后单击【确定】按钮，完成切削深度的设置。

图 3-136　【平面构造器】对话框

选择此平面

图 3-137　选择平面

图 3-138　【平面铣】对话框

图 3-139　【切削深度参数】对话框

　　（8）设置切削参数。在【平面铣】对话框中，单击【切削参数】按钮 ，系统弹出【切削参数】对话框，在【余量】选项卡的【最终底部面余量】文本框中，输入值 0.2，在【检查余量】文本框中，输入值 0.2，如图 3-140 所示。其他参数采用系统默认的参数，单击【确定】按钮，完成切削参数的设置。

　　（9）生成刀具轨迹。在【平面铣】对话框中，单击【生成刀轨】按钮 ，系统生成的刀具轨迹，如图 3-141 所示。

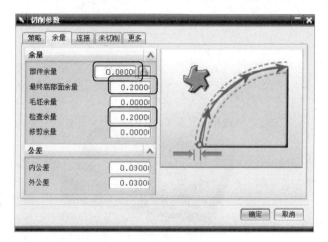

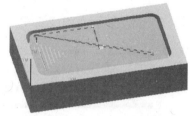

图 3-140　【余量】选项卡　　　　　　　　图 3-141　生成的刀具轨迹

4. 创建平面铣精加工型腔侧壁

（参考用时：6分钟）

（1）复制【ROUGH_MILL】节点。在【操作导航器】中，右击，在弹出的快捷菜单中，选择【程序顺序视图】命令，将操作导航器切换到程序视图。如图 3-142 所示。选择【ROUGH_MILL】节点，右击，在弹出的快捷菜单中，选择【复制】命令，选择【PROGRAM】节点，右击，在弹出的快捷菜单中，选择【内部粘贴】命令。重新命名复制的节点，选择复制节点，右击，在弹出的快捷菜单中，选择【重命名】命令，输入名称：FINISH_MILL_1，创建完成的节点，如图 3-143 所示。

图 3-142　程序视图　　　　　　　　　图 3-143　创建的节点

（2）移除检查几何体。在操作导航器程序视图中，双击【FINISH_MILL_1】节点，系统弹出【平面铣】对话框，单击【检查边界】按钮 ☜ ，在弹出的【边界几何体】对话框中，单击【移除】按钮，单击【确定】按钮。

（3）设置操作参数。在【平面铣】对话框的【刀具】下拉列表中，选择【TOOL2D8R0】选项，在【方法】下拉列表中，选择【MILL_FINISH】选项，在【切削模式】下拉列表中，选择【配置文件】选项，如图 3-144 所示。

（4）设置切削深度参数。在【平面铣】对话框中，单击【切削层】按钮，系统弹出【切削深度参数】对话框，在【类型】下拉列表中，选择【固定深度】选项，在【最大值】文本框中，输入值 0.2，如图 3-145 所示，然后单击【确定】按钮，完成切削深度的设置。

图 3-144　【平面铣】对话框

图 3-145　【切削深度参数】对话框

（5）生成刀具轨迹。在【平面铣】对话框中，单击【生成刀轨】按钮，系统生成的刀具轨迹，如图 3-146 所示。

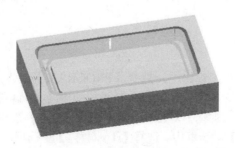

图 3-146　生成的刀具轨迹

5. 创建平面铣精加工所有底面

☀（参考用时：6 分钟）

（1）复制【FINISH_MILL_1】节点。在【操作导航器】中，右击，在弹出的快捷菜单中，选择【程序顺序视图】命令，将操作导航器切换到程序视图。选择【FINISH_MILL_1】ROUGH_MILL 节点，右击，在弹出的快捷菜单中，选择【复制】命令，选择【PROGRAM】节点，右击，在弹出的快捷菜单中，选择【内部粘贴】命令。重新命名复制的节点，选择复制节点，右击，在弹出的快捷菜单中，选择【重命名】命令，输入名称：FINISH_MILL_2。

（2）设置操作参数。在操作导航器程序视图中，双击【FINISH_MILL_2】节点，系统弹出【平面铣】对话框，在【平面铣】对话框的【切削模式】下拉列表中，选择【跟随部件】选项。

（3）设置切削深度参数。在【平面铣】对话框中，单击【切削层】按钮▤，系统弹出【切削深度参数】对话框，在【类型】下拉列表中，选择【固定深度】选项，然后单击【确定】按钮，完成切削深度的设置。

（4）生成刀具轨迹。在【平面铣】对话框中，单击【生成刀轨】按钮▤，系统生成的刀具轨迹，如图 3-147 所示。

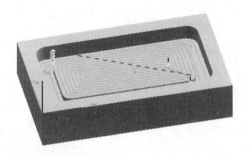

图 3-147　　生成的刀具轨迹

6. 加工仿真

☀（参考用时：4 分钟）

（1）在操作导航器的程序视图中，选择【PROGRAM】节点，右击，在弹出的快捷菜单的【刀轨】子菜单中，选择【确认】命令，系统弹出【刀轨可视化】对话框。

（2）在弹出的【刀轨可视化】对话框中选择【2D 动态】选项卡，单击【选项】按钮，在弹出的【IPW 干涉检查】对话框中，选择【干涉暂停】复选项，单击 确定 按钮。在【刀轨可视化】对话框中，单击【播放】按钮▶，系统进入加工仿真环境。仿真结果，如图 3-148

所示。

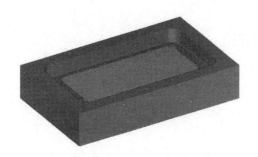

图 3-148　加工仿真结果

7．保存文件

在【文件】下拉菜单中选择【保存】命令，保存已完成的粗加工和半精加工的模型文件。

3.6　综合实例二：平面铣加工（二）

光盘链接：录像演示——见光盘中的"\avi\ch03\3.6\ Planar_mill02.avi"文件。

3.6.1　加工预览

应用平面铣加工完成如图 3-149 所示零件的粗加工和精加工，加工后的效果如图 3-150 所示。

图 3-149　加工的零件模型

图 3-150　加工仿真结果

3.6.2　案例分析

在本案例中将运用平面铣操作完成工件的加工。从模型分析可知，该零件由一个凸台和四个凹槽组成，且该零件的侧壁均和底平面垂直。本节重点要掌握用平面铣操作完成对工件的粗加工以及侧面和底平面的精加工方法。

3.6.3 主要参数设置

（1）各个父节点组的创建；

（2）平面铣加工几何体边界的设置；

（3）平面铣刀轨参数的设置；

（4）平面铣切削模式和切削深度的设置。

3.6.4 操作步骤

1．打开模型文件进入加工环境

（参考用时：1 分钟）

（1）调入模型文件。启动 NX 5.0，在【标准】工具栏中，单击【打开】按钮 ，系统弹出【打开部件文件】对话框，选择 sample \ch03\3.5 目录中的 Planar_mill02.prt 文件，单击【OK】按钮。

（2）进入加工模块。在【起始】菜单选择【加工】命令，（或使用快捷键 Ctrl+Alt+M）进入加工模块。系统弹出【加工环境】对话框，在【CAM 会话配置】列表框中选择配置文件【cam_general】，在【CAM 设置】列表框中选择【mill_planar】模板。单击【初始化】按钮，完成加工的初始化。

2．创建父节点组

（参考用时：5 分钟）

（1）打开操作导航器并切换到机床视图。打开操作导航器，在【操作导航器】右击，在弹出的快捷菜单中，选择【机床视图】命令，将操作导航器切换到机床视图。

（2）创建第一把加工刀具。在【加工创建】工具条中，单击【创建刀具】按钮 ，弹出【创建刀具】对话框，在【类型】下拉列表中，选择【mill_planar】选项，刀具组为【GENERIC_MACHINE】，输入名称：TOOL1D20R2，如图 3-151 所示。单击【确定】按钮。在弹出的【Milling Tool-5 Parameters】对话框中，设置如图 3-152 所示的参数，单击【确定】按钮，完成第一把刀具的创建。

（3）依次创建三把加工刀具。刀具 2 名称：TOOL2D8R2，具体参数如图 3-153 所示；刀具 3 名称：TOOL3D10R0，具体参数，如图 3-154 所示；刀具 4 名称：TOOL4D6R0，具体参数如图 3-155 所示。创建完成后的机床视图，如图 3-156 所示。

（4）设置加工坐标系。在【操作导航器】工具条中，单击【几何体视图】按钮 ，将操作导航器切换到几何视图。双击【MCS_MILL】节点，系统弹出【Mill Orient】对话框，如图 3-157 所示，在绘图区选择如图 3-158 所示的点，单击【确定】按钮。

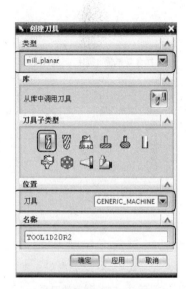

图 3-151　【创建刀具】对话框

图 3-152　【Milling Tool-5 Parameters】对话框

图 3-153　刀具 2 参数

图 3-154　刀具 3 参数

图 3-155   刀具 4 参数

图 3-156   创建的刀具

图 3-157 【Mill Orient】对话框

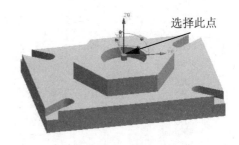

图 3-158   选择点

（5）设置安全平面。在【Mill Orient】对话框的【安全设置选项】下拉列表中，选择【平面】选项，再单击【选择安全平面】按钮，弹出【平面构造器】对话框，在【偏置】文本框中，输入值 10，如图 3-159 所示。在绘图区选择如图 3-160 所示的平面，单击【确定】按钮，再单击【确定】按钮，完成安全平面的设置。

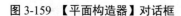

图 3-159 【平面构造器】对话框

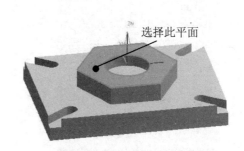

图 3-160　选择偏置面

　　（6）创建工件几何体。在【操作导航器-几何体】对话框中，双击【WORKPIECE】节点，系统弹出【Mill Geom】对话框。单击【部件几何体】按钮，弹出【部件几何体】对话框，单击【全选】按钮，单击【确定】按钮，完成工件几何体的创建。

　　（7）创建毛坯几何体。在【Mill Geom】对话框中，单击【毛坯几何体】按钮，系统弹出【毛坯几何体】对话框，选择【自动块】单选项，单击【确定】按钮，再次单击【确定】按钮，创建完成毛坯几何体如图 3-161 所示。

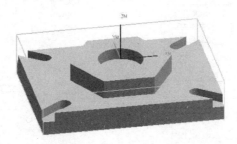

图 3-161　毛坯几何体

　　（8）设置粗加工方法。在【操作导航器】中，右击，在弹出的快捷菜单中，选择【加工方法视图】，将操作导航器切换到加工方法视图。双击【MILL_ROUGH】节点，系统弹出【Mill Method】对话框，设置如图 3-162 所示的参数。单击【进给和速度】按钮，弹出【进给】对话框，参数的设置如图 3-163 所示。单击【确定】按钮，再单击【确定】按钮，完成粗加工方法的设置。

图 3-162　【Mill Method】对话框　　　　　图 3-163　【进给】对话框

（9）设置精加工方法。在【操作导航器】中，双击【MILL_FINISH】节点，系统弹出【Mill Method】对话框，设置如图 3-164 所示的参数。单击【进给和速度】按钮 ，弹出【进给】对话框，参数的设置如图 3-165 所示。单击【确定】按钮，再单击【确定】按钮，完成精加工方法的设置。

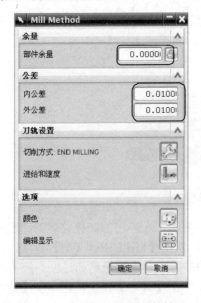

图 3-164　【Mill Method】对话框　　　　　图 3-165　【进给】对话框

3．创建平面铣对大区域进行粗加工

（参考用时：6 分钟）

（1）创建平面铣操作。在【加工创建】工具条，单击【创建操作】按钮 ，系统弹出【创建操作】对话框，在【类型】下拉列表中选择【mill_planar】选项，在【操作子类型】选项组中单击【平面铣】按钮 ，在【程序】下拉列表中选择【PROGRAM】选项，在【几何体】下拉列表中选择【WORKPIECE】选项，在【刀具】下拉列表中选择【TOOL1D20R2】，在【方法】下拉列表中选择【MILL_ROUGH】，输入名称：ROUGH_MILL_1，如图 3-166 所示，单击【确定】按钮，弹出如图 3-167 所示的【平面铣】对话框。

图 3-166　【创建操作】对话框

图 3-167　【平面铣】对话框

（2）设置部件边界。在【平面铣】对话框中，单击【部件边界】按钮 ，弹出【边界几何体】对话框，去掉【忽略岛】选项，如图 3-168 所示。在绘图区选择如图 3-169 所示的平面，单击【确定】按钮，完成部件边界的设置。

（3）设置毛坯边界。在【平面铣】对话框中，单击【毛坯边界】按钮 ，在弹出的【边界几何体】对话框的【模式】下拉列表中，选择【点】选项。在【平面】下拉列表中，选择【用户定义】选项，在弹出的【平面】对话框中，单击【对象平面】按钮 ，如图 3-170

所示，选择如图 3-171 所示的平面，再依次选择如图 3-171 所示的 4 个点。单击【确定】按钮，再单击【确定】按钮，完成毛坯边界的设置。

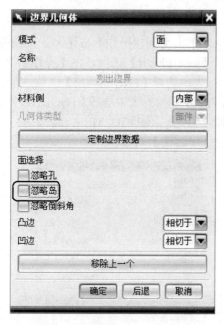

图 3-168 【边界几何体】对话框

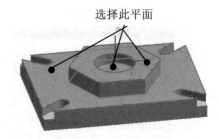

图 3-169 选择的平面

图 3-170 【平面】对话框

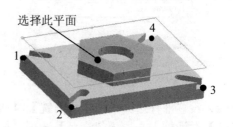

图 3-171 选择的平面和点

（4）设置底面。在【平面铣】对话框中，单击【底面】按钮，系统弹出的【平面构造器】对话框，如图 3-172 所示。在绘图区选择如图 3-173 所示的平面，单击【确定】按钮，完成底面的设置。

图 3-172 【平面构造器】对话框

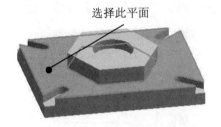

选择此平面

图 3-173　选择平面

（5）设置平面铣操作的刀轨参数。在【平面铣】对话框的【切削模式】下拉列表中，选择【跟随周边】选项，在【步进】下拉列表中，选择【刀具直径】选项，在【百分比】文本框中输入值 75，如图 3-174 所示。

（6）设置切削深度参数。在【平面铣】对话框中，单击【切削层】按钮，系统弹出【切削深度参数】对话框，在【类型】下拉列表中，选择【固定深度】选项，在【最大值】文本框中，输入值 1.6，如图 3-175 所示，然后单击【确定】按钮，完成切削深度的设置。

图 3-174 【平面铣】对话框

图 3-175 【切削深度参数】对话框

（7）设置切削参数。在【平面铣】对话框中，单击【切削参数】按钮，系统弹出【切削参数】对话框，在【策略】选项卡中的【切削顺序】下拉列表中，选择【深度优先】选项，在【图样方向】下拉列表中，选择【向内】选项，如图 3-176 所示。切换到【余量】选项卡，在【最终底部面余量】文本框中，输入值 0.3，如图 3-177 所示。其他参数采用系统默认的参数，单击【确定】按钮，完成切削参数的设置。

图 3-176 【策略】选项卡

图 3-177 【余量】选项卡

（8）设置非切削参数。在【平面铣】对话框中，单击【非切削参数】按钮，弹出【非切削运动】对话框，如图 3-178 所示。在【进刀】选项卡中的【斜角】文本框中，输入值 10，其他参数采用系统默认的参数，单击【确定】按钮，完成非切削参数的设置。

（9）生成刀具轨迹。在【平面铣】对话框中，单击【生成刀轨】按钮，系统生成的刀具轨迹，如图 3-179 所示。

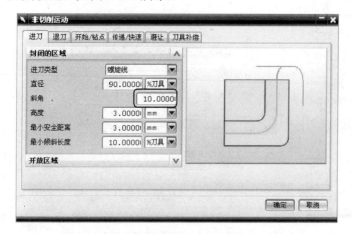

图 3-178 【非切削运动】对话框

图 3-179 生成的刀具轨迹

4. 创建平面铣操作对 4 个槽进行粗加工

（参考用时：5 分钟）

（1）创建平面铣操作。在【加工创建】工具条，单击【创建操作】按钮 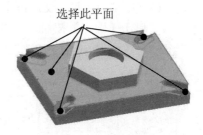，系统弹出【创建操作】对话框，在【类型】下拉列表中选择【mill_planar】选项，在【操作子类型】选项组中单击【平面铣】按钮 ，在【程序】下拉列表中选择【PROGRAM】选项，在【几何体】下拉列表中选择【WORKPIECE】选项，在【刀具】下拉列表中选择【TOOL2D8R2】，在【方法】下拉列表中选择【MILL_ROUGH】，输入名称：ROUGH_MILL_2，如图 3-180 所示，单击【确定】按钮。

（2）设置部件边界。在【平面铣】对话框中，单击【部件边界】按钮 ，弹出【边界几何体】对话框，在绘图区选择如图 3-181 所示的平面，单击【确定】按钮，完成部件边界的设置。

图 3-180 【创建操作】对话框

选择此平面

图 3-181 选择的平面

（3）设置毛坯边界。在【平面铣】对话框中，单击【毛坯边界】按钮 ，在弹出的【边界几何体】对话框的【模式】下拉列表中，选择【点】选项。在【平面】下拉列表中，选择【用户定义】选项，在弹出的【平面】对话框中，单击【对象平面】按钮 ，选择如图 3-182 所示的平面，再依次选择如图 3-182 所示的 4 个点。单击【确定】按钮，再单击【确定】按钮，完成毛坯边界的设置。

（4）设置底面。在【平面铣】对话框中，单击【底面】按钮 ，系统弹出的【平面构造器】对话框，在绘图区选择如图 3-183 所示的平面，单击【确定】按钮，完成底面的设置。

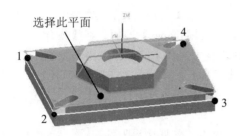

图 3-182　选择的平面和点

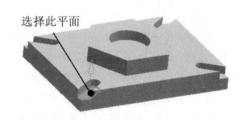

图 3-183　选择平面

（5）设置平面铣操作的刀轨参数。在【平面铣】对话框的【切削模式】下拉列表中，选择【跟随周边】选项，在【步进】下拉列表中，选择【刀具直径】选项，在【百分比】文本框中输入值 75。

（6）设置切削深度参数。在【平面铣】对话框中，单击【切削层】按钮 ，系统弹出【切削深度参数】对话框，在【类型】下拉列表中，选择【固定深度】选项，在【最大值】文本框中，输入值 1.6，然后单击【确定】按钮，完成切削深度的设置。

（7）设置切削参数。在【平面铣】对话框中，单击【切削参数】按钮 ，系统弹出【切削参数】对话框，在【策略】选项卡中的【切削顺序】下拉列表中，选择【深度优先】选项，在【图样方向】下拉列表中，选择【向内】选项，如图 3-184 所示。切换到【余量】选项卡，在【最终底部面余量】文本框中，输入值 0.3，如图 3-185 所示。其他参数采用系统默认的参数，单击【确定】按钮，完成切削参数的设置。

图 3-184　【策略】选项卡

图 3-185　【余量】选项卡

（8）设置非切削参数。在【平面铣】对话框中，单击【非切削参数】按钮，弹出【非切削运动】对话框，如图 3-186 所示。在【进刀】选项卡中的【斜角】文本框中，输入值 10，其他参数采用系统默认的参数，单击【确定】按钮，完成非切削参数的设置。

（9）生成刀具轨迹。在【平面铣】对话框中，单击【生成刀轨】按钮，系统生成的刀具轨迹，如图 3-187 所示。

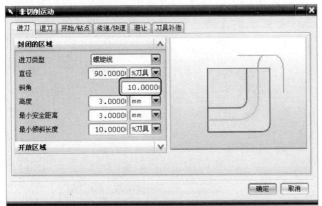

图 3-186　【非切削运动】对话框　　　　　图 3-187　生成的刀具轨迹

5. 创建平面铣操作对侧壁进行精加工

（参考用时：4 分钟）

（1）复制【ROUGH_MILL_1】节点。在【操作导航器】中，右击，在弹出的快捷菜单中，选择【程序顺序视图】命令，将操作导航器切换到程序视图。如图 3-188 所示。选择【ROUGH_MILL_1】节点，右击，在弹出的快捷菜单中，选择【复制】命令，选择【PROGRAM】节点，右击，在弹出的快捷菜单中，选择【内部粘贴】命令。重新命名复制的节点，选择复制节点，右击，在弹出的快捷菜单中，选择【重命名】命令，输入名称：FINISH_MILL_1，创建完成的节点，如图 3-189 所示。

图 3-188　程序视图

图 3-189　创建的节点

　　（2）设置操作参数。在操作导航器程序视图中，双击【FINISH_MILL_1】节点，系统弹出【平面铣】对话框，在【刀具】下拉列表中，选择【TOOL3D10R0】选项，在【方法】下拉列表中，选择【MILL_FINISH】选项，在【切削模式】下拉列表中，选择【配置文件】选项，如图 3-190 所示。

　　（3）设置切削深度参数。在【平面铣】对话框中，单击【切削层】按钮，系统弹出【切削深度参数】对话框，在【类型】下拉列表中，选择【固定深度】选项，在【最大值】文本框中，输入值 0.2，如图 3-191 所示，然后单击【确定】按钮，完成切削深度的设置。

图 3-190 　【平面铣】对话框

图 3-191 　【切削深度参数】对话框

　　（4）生成刀具轨迹。在【平面铣】对话框中，单击【生成刀轨】按钮，系统生成的刀具轨迹，如图 3-192 所示。

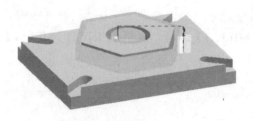

图 3-192 　生成的刀具轨迹

6. 创建平面铣操作完成槽侧壁的精加工

（参考用时：4 分钟）

（1）复制【ROUGH_MILL_2】节点。复制【ROUGH_MILL_2】节点，并将新复制的节点命名为：FINISH_MILL_2。

（2）设置操作参数。在操作导航器程序视图中，双击【FINISH_MILL_2】节点，系统弹出【平面铣】对话框，在【刀具】下拉列表中，选择【TOOL4D8R0】选项，在【方法】下拉列表中，选择【MILL_FINISH】选项，在【切削模式】下拉列表中，选择【配置文件】选项。

（3）设置切削深度参数。在【平面铣】对话框中，单击【切削层】按钮，系统弹出【切削深度参数】对话框，在【类型】下拉列表中，选择【固定深度】选项，在【最大值】文本框中，输入值 0.2，然后单击【确定】按钮，完成切削深度的设置。

（4）生成刀具轨迹。在【平面铣】对话框中，单击【生成刀轨】按钮，系统生成的刀具轨迹，如图 3-193 所示。

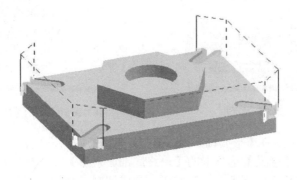

图 3-193　　生成的刀具轨迹

7. 精加工大区域底面

（参考用时：4 分钟）

（1）复制【FINISH_MILL_1】节点。复制【FINISH_MILL_1】节点，并将新复制的节点命名为：FINISH_MILL_3。

（2）设置操作参数。在操作导航器程序视图中，双击【FINISH_MILL_3】节点，系统弹出【平面铣】对话框，在【切削模式】下拉列表中，选择【跟随部件】选项，在【百分比】文本框中，输入值 50，如图 3-194 所示。

（3）设置切削深度参数。在【平面铣】对话框中，单击【切削层】按钮，系统弹出

【切削深度参数】对话框，在【类型】下拉列表中，选择【底部面和岛的顶面】选项，如图 3-195 所示，然后单击【确定】按钮，完成切削深度的设置。

图 3-194 【平面铣】对话框

图 3-195 【切削深度参数】对话框

（4）设置切削参数。在【平面铣】对话框中，单击【切削参数】按钮🔄，系统弹出【切削参数】对话框，在【余量】选项卡的【最终底部面余量】文本框中，输入值 0，其他参数采用系统默认的参数，单击【确定】按钮，完成切削参数的设置。

（5）生成刀具轨迹。在【平面铣】对话框中，单击【生成刀轨】按钮🔧，系统生成的刀具轨迹，如图 3-196 所示。

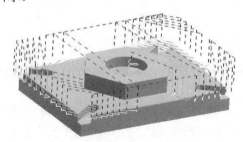

图 3-196   生成的刀具轨迹

8．精加工 4 个槽底面

（参考用时：4 分钟）

（1）复制【FINISH_MILL_1】节点。复制【FINISH_MILL_1】节点，并将新复制的节点命名为：FINISH_MILL_4。

（2）设置操作参数。在操作导航器程序视图中，双击【FINISH_MILL_4】节点，系统弹出【平面铣】对话框，在【切削模式】下拉列表中，选择【跟随部件】选项，在【百分比】文本框中，输入值 50。

（3）设置切削深度参数。在【平面铣】对话框中，单击【切削层】按钮 ，系统弹出【切削深度参数】对话框，在【类型】下拉列表中，选择【固定深度】选项，然后单击【确定】按钮，完成切削深度的设置。

（4）设置切削参数。在【平面铣】对话框中，单击【切削参数】按钮 ，系统弹出【切削参数】对话框，在【余量】选项卡的【最终底部面余量】文本框中，输入值 0，其他参数采用系统默认的参数，单击【确定】按钮，完成切削参数的设置。

（5）生成刀具轨迹。在【平面铣】对话框中，单击【生成刀轨】按钮 ，系统生成的刀具轨迹，如图 3-197 所示。

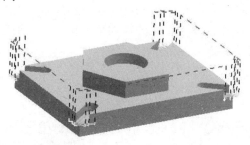

图 3-197　　生成的刀具轨迹

9．加工仿真

（参考用时：4 分钟）

（1）在操作导航器的程序视图中，选择【PROGRAM】节点，右击，在弹出的快捷菜单的【刀轨】子菜单中，选择【确认】命令，系统弹出【刀轨可视化】对话框。

（2）在弹出的【刀轨可视化】对话框中选择【2D 动态】选项卡，单击【选项】按钮，在弹出的【IPW 干涉检查】对话框中选择【干涉暂停】复选项，单击 确定 按钮。在【可视化刀轨轨迹】对话框中，单击【播放】按钮 ，系统进入加工仿真环境。仿真结果，如图 3-198 所示。

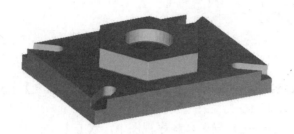

图 3-198　加工仿真结果

10．保存文件

在【文件】下拉菜单中选择【保存】命令，保存已完成的粗加工和半精加工的模型文件。

3.7　课 后 练 习

（1）启动 NX 5.0，打开光盘文件 sample\ch03\3.6\exercise1.prt，打开后的模型，如图 3-199 所示。创建平面铣操作，完成工件的粗加工和精加工。加工后完成后的工件模型，如图 3-200 所示。

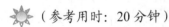（参考用时：20 分钟）

　　　　　　　　　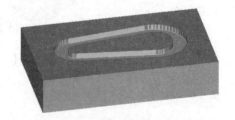

　　图 3-199　零件模型　　　　　　　　　　　图 3-200　结果模型

（2）启动 NX 5.0，打开光盘文件 sample\ch03\3.6\exercise2.prt，打开后的模型，如图 3-201 所示。创建平面铣操作，完成工件的粗加工和精加工。加工后完成后的工件模型，如图 3-202 所示。

（参考用时：30 分钟）

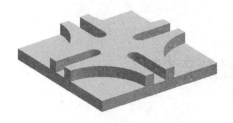

图 3-201　零件模型

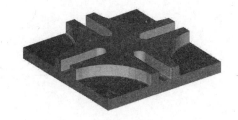

图 3-202　结果模型

（3）启动 NX 5.0，打开光盘文件 sample\ch03\3.6\exercise3.prt，打开后的模型，如图 3-203 所示。创建平面铣操作，完成工件的粗加工和精加工。加工后完成后的工件模型，如图 3-204 所示。

（参考用时：35 分钟）

图 3-203　零件模型

图 3-204　结果模型

3.8　本 章 小 结

本章介绍了平面铣操作的特点及应用，并通过训练实例对具体的命令进行实际应用。重点讲解了平面铣加工几何体边界的设置和加工参数的设置，最后通过综合实例对平面铣操作各种命令和参数的设置进行了综合应用。

在 NX 5.0 数控中，平面铣加工操作是最基本的加工操作，读者应较熟练掌握 NX 5.0 的平面铣加工的创建和应用，进而充分地理解 NX 5.0 数控加工的一般方法，为后续的学习打好基础。

第 4 章　型腔铣加工

【本章导读】

　　本章详细地讲解了型腔铣加工，介绍了型腔铣加工的特点、型腔铣加工几何体、切削参数的设置，重点讲解了型腔铣加工的主要加工参数的设置。本章首先对型腔铣加工特点和应用进行了介绍，然后讲解了型腔铣的加工几何体和加工参数设置，并通过具体的训练实例使读者熟悉其功能和应用。最后通过两个综合实例的讲解，使读者灵活应用掌握型腔铣操作的创建和应用。

　　希望读者通过 4.5 个小时的学习，熟练掌握型腔铣加工的创建和应用。理解型腔铣操作的加工几何体的创建和相关加工参数的意义以及设置的方法。

序号	名　　称	基础知识参考学时（分钟）	课堂练习参考学时（分钟）	课后练习参考学时（分钟）
4.1	型腔铣加工概述	30	15	0
4.2	型腔铣加工几何体	25	10	15
4.3	型腔铣主要的加工参数	45	10	25
4.4	综合实例	0	65	30
总计	270 分钟	100	100	70

4.1　型腔铣加工概述

4.1.1　型腔铣概述

　　型腔铣加工可以去除平面层中的大量材料，用于精加工操作之前对材料进行粗铣。型腔铣常常用于粗加工的型腔和型芯区域，也可以用于切削以具有带锥度的壁以及轮廓底面的部件。在型腔铣加工中，刀具将逐层切削以完成对工件的加工。刀具在同一高度内完成一层的切削，再进入下一高度的切削。系统将根据不同深度的切削层处的零件截面形状逐层生成刀具轨迹。

　　1. 型腔铣与平面铣

　　型腔铣和平面铣相比既有很多的相同点也有其不同之处。首先，型腔铣和平面铣的相似之处在于：二者的刀轴都垂直于切削平面，可移除那些垂直于刀轴的切削层中的材料；二者所使用的切削方式基本相同；部分切削参数的设置有很多的相同之处。

型腔铣和平面铣的不同点：首先两种操作用于定义材料的方法不同（平面铣使用边界来定义工件材料，而型腔铣使用边界、面线、曲和实体来定义工件材料）；其次切削深度的定义不同（平面铣通过指定的边界和底平面的高度差来定义总的切削深度，而型腔铣通过毛坯几何和零件几何来共同定义切削深度）。

建议读者在学习型腔铣加工的同时，可以对比平面铣加工来学习，以具体地体会两种操作的相同点与不同点，从而正确地运用两种加工操作。

2. 型腔铣加工的应用

型腔铣主要用于于精加工操作之前对工件进行粗铣。其可以对工件的曲面、斜度较小的侧壁、轮廓型腔、型芯进行加工。由于其主要用来完成对工件的粗加工，去除大部分的毛坯材料，具有较高的加工效率，因此型腔铣是数控加工中应用得最为广泛的加工操作。型腔铣可以用在不同的加工领域，如注塑模具、锻压模具、浇注模具、冲压模具的粗加工，以及复杂零件的粗加工和半精加工等。

4.1.2　创建型腔铣操作的基本步骤

1. 创建型腔铣操作

（1）选择创建的操作类型。单击【创建操作】按钮 ，或在【插入】下拉菜单中选择【操作】命令，弹出如图 4-1 所示的【创建操作】对话框。

（2）在【创建操作】对话框的【类型】下拉列表中选项【mill_contour】选项，在【操作子类型】中，单击【型腔铣】按钮 。

（3）设置父节点组和名称。设置【程序】、【刀具】、【几何体】和【方法】等父节点组，在【名称】文本框中，输入操作的名称。单击【确定】按钮。

2. 设置型腔铣操作的相关参数

（1）创建加工几何体。在系统弹出的【型腔铣】对话框的【几何体】面板中，分别设置【部件几何体】 、【毛坯几何体】 、【检查几何体】 、【切削区域几何体】 和【修剪几何体】 ，如图 4-2 所示。

（2）设置基本的操作参数。选择【切削模式】、【步进】、【全局每刀深度】等参数。

（3）设置其他的参数。设置【切削层】、【切削参数】、【非切削移动】、【角控制】、【进给和速度】、【机床控制】等参数。

图 4-1 【创建操作】对话框

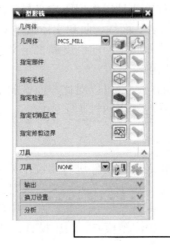

图 4-2 【型腔铣】对话框

3. 生成刀具轨迹

（1）生成刀具轨迹。在【型腔铣】对话框中，单击【生成刀轨】按钮，系统生成刀具轨迹。

（2）检验刀轨，进行加工仿真。在【型腔铣】对话框中，单击【确认刀轨】按钮，系统弹出【可视化刀轨轨迹】对话框，进行可视化刀轨的检查。

4.1.3　型腔铣操作的子类型

在如图 4-1 所示的【创建操作】对话框的【类型】下拉列表中选择【mill_contour】选项时，【操作子类型】面板中，将会出现与型腔铣操作相关的加工子类型。系统已经为这些子加工操作配置了相关的默认参数，可以用来完成更为具体的加工。在【mill_contour】模板集中可以使用的操作子类型见表 4-1。

表 4-1　型腔铣加工子类型

图标	英文名称	中文含义	说　　明
	CAVITY_MILL	型腔铣	基本的型腔铣操作
	PLUNGE_MILL	插铣	以钻削方式垂直向下进行切削
	ZLEVEL_FOLLOW_CORE	跟随型芯型腔铣	使用跟随工件切削模式，对形状外部切削

（续表）

图标	英文名称	中文含义	说　明
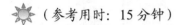	CORNER_ROUGH	角落粗加工	去除拐角处残余的材料
	ZLEVEL_PROFILE	等高轮廓铣	基本的等高轮廓铣加工，用于采用平面切削方式对工件或切削区域进行轮廓铣
	ZLEVEL_CORNER	角落等高轮廓铣	采用等高轮廓铣加工，去除拐角处残余的材料

4.1.4　课堂练习一：型腔铣加工引导实例

（参考用时：15 分钟）

本小节将通过如图 4-3 所示的简单零件的粗加工应用实例来说明创建型腔铣加工的一般步骤，使读者对型腔铣加工的创建步骤和参数设置有大体了解。加工后的效果图，如图 4-4 所示。

图 4-3　零件模型

图 4-4　加工后模型

（1）调入模型文件。启动 NX 5.0，在【标准】工具栏中，单击【打开】按钮，系统弹出【打开部件文件】对话框，选择 sample \ch04\4.1 目录中的 Induction.prt 文件，单击【OK】按钮。

（2）进入加工模块。在【起始】菜单选择【加工】命令，（或使用快捷键 Ctrl+Alt+M）进入加工模块。系统弹出【加工环境】对话框，在【CAM 设置】列表框中选择 mill_contour 模板。单击【初始化】按钮，完成加工的初始化。

（3）创建刀具节点组。在【操作导航器】工具条中，单击【机床视图】按钮，将操作导航器切换到刀具视图。单击【加工创建】工具条中的【创建刀具】按钮，弹出【创建刀具】对话框，如图 4-5 所示。在【类型】下拉列表中，选择【mill_contour】选项；在【刀具】下拉列表中，选择【GENERIC_MACHINE】选项；在【名称】文本框中，输入 TOOL1D8R0；单击【确定】按钮。

（4）设置刀具参数。在弹出的【Milling Tool-5 Parameters】对话框中设置刀具参数，如图 4-6 所示，单击【确定】按钮，完成加工刀具的创建。

图 4-5　【创建刀具】对话框　　　　图 4-6　【Milling Tool-5 Parameters】对话框

（5）设置加工坐标系。在【操作导航器】工具条中，单击【几何体视图】按钮，将操作导航器切换到几何体视图。双击⊞ MCS_MILL ，系统弹出【Mill Orient】对话框，单击【CSYS】按钮，系统将弹出【CSYS】对话框，在绘图区选择如图 4-7 所示的点，单击【确定】按钮。

（6）设置安全平面。在【Mill Orient】对话框中的【安全设置选项】下拉列表中，选择【平面】选项，单击【选择安全平面】按钮，在弹出的【平面构造器】对话框的【偏置】文本框中，输入值 10，选择如图 4-8 所示的平面，单击【确定】按钮，再单击【确定】按钮，完成安全平面的设置。

（7）创建工件几何体。在所示的【操作导航器—几何体】对话框中，双击 WORKPIECE 节点，弹出系统【Mill Geom】对话框。单击【部件几何体】按钮，弹出【工件几何体】对话框，单击【全选】按钮，单击【确定】按钮，完成工件几何体的创建。

（8）创建毛坯几何体。在【Mill Geom】对话框中，单击【毛坯几何体】按钮，系统弹出【毛坯几何体】对话框，选择【自动块】单选项，单击【确定】按钮，再次单击【确定】按钮，创建完成的毛坯几何体如图 4-9 所示。

选择此点

选择此平面

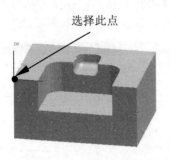 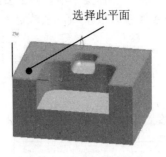

图 4-7 选择点   图 4-8 选择偏置面

图 4-9 创建完成的毛坯几何体

（9）创建粗加工方法节点组。在【加工创建】工具条中单击【创建操作】按钮，系统弹出【创建操作】对话框，在【类型】下拉列表中选择【mill_contour】选项，在【操作子类型】选项组中，单击【型腔铣】按钮，在【程序】下拉列表中选择【PROGRAM】选项，在【几何体】下拉列表中选择【WORKPIECE】选项，在【刀具】下拉列表中选择TOOL1D8R0，在【方法】下拉列表中选择【MILL_ROUGH】选项，输入名称：ROUGH_MILL，如图 4-10 所示，单击【确定】按钮。

（10）设置型腔铣加工主要参数。在系统弹出的【型腔铣】对话框中的【切削模式】下拉列表中选择【跟随周边】选项，在【步进】下拉列表中选择【刀具直径】选项，在【百分比】后的文本框中输入值 75，在【全局每刀深度】后的文本框中输入值 1.6，如图 4-11 所示，其他加工参数采用默认的值。

（11）生成刀具轨迹。在【型腔铣】对话框中单击【生成刀轨】按钮，系统生成的刀具轨迹，如图 4-12 所示。

（12）粗加工操作仿真。在【型腔铣】对话框中单击【确认刀轨】按钮 ，系统弹出【刀轨可视化】对话框，选择【2D动态】选项卡。单击【选项】按钮，在弹出的【IPW干涉检查】对话框，选择【干涉暂停】复选项，单击【确定】按钮。在【刀轨可视化】对话框中，单击【播放】按钮 ▶ ，系统进入加工仿真环境。仿真结果如图 4-13 所示。

图 4-10 【创建操作】对话框

图 4-11 【型腔铣】对话框

图 4-12 生成的刀具轨迹

图 4-13 加工仿真结果

4.2 型腔铣加工几何体

型腔铣操作中加工的几何体用来定义要加工的区域，可以通过【型腔铣】对话框中上部的【几何体】面板来指定，如图 4-14 所示，其中包括【指定部件】、【指定毛坯】、【指定检查】、【指定切削区域】和【指定修剪边界】五个选项，下面分别对其进行说明。

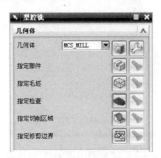

图 4-14 型腔铣【几何体】面板

4.2.1 部件几何体

在【型腔铣】对话框中，单击【部件几何体】按钮，系统将弹出【部件几何体】对话框，如图 4-15 所示。通过该对话框来为型腔铣操作创建部件几何体。下面其中的参数进行简单说明。

（1）【名称】文本框：通过输入对象的名称来选择曲线和面。

（2）【拓扑】按钮：此选项在编辑几何体时可用，用于校正模型几何体错误。

（3）【材料侧反向】按钮：用于更改所选对象（例如，面）的材料侧的方向。

（4）【定制数据】按钮：用于展开【定制数据】面板。

（5）【操作模式】下拉列表：用于选择操作的方式，有【附加】和【编辑】2 个选项。在选择部件几何体后，变为激活状态。

（6）【选择选项】区域：用于指定要选择的实体的类型。可以选择【几何体】、【特征】、【小平面】3 个选项。

（7）【全选】按钮：选择符合过滤方式的所有的实体或特征。

（8）【移除】按钮：用于移除当前选择的对象，使其不用于定义切削。

（9）【展开项】按钮：能够将所选的实体分为单个的面，可以用来为单个面分别指定余量或公差。

（10）【全重选】按钮：放弃已经选择的几何对象，选择新的几何体对象。

（11）◀ / ▶ 按钮：用于切换已经选择的几何体对象，箭头使能够在几何体中一次前进或后退一个对象。

图 4-15 【部件几何体】对话框

4.2.2 毛坯几何体与检查几何体

在型腔铣操作对话框中，单击【毛坯几何体】按钮，系统将弹出【毛坯几何体】对话框，如图 4-16 所示。

在型腔铣操作对话框中，单击【检查几何体】按钮，系统将弹出【检查几何体】对话框，如图 4-17 所示。其中的参数选择和【部件几何体】对话框一样，在此不再说明。

图 4-16 【毛坯几何体】对话框

图 4-17 【检查几何体】对话框

4.2.3　切削区域

　　切削区域用来指定型腔铣操作的加工区域，以便完成对指定局部区域的加工。当将切削区域分成多个区域时，使用切削区域几何体是十分有效的，因为它可以根据区域的特点对不同的区域进行分区域加工，从而提高加工的质量和效率。比如在模具的加工中，许多模具型腔都需要应用分区域加工策略，这时型腔将被分割成独立的可管理的区域，根据各个区域的不同对区域分别进行加工。

　　在型腔铣操作对话框中，单击【切削区域】按钮，系统将弹出【切削区域】对话框，如图 4-18 所示。通过该对话框，可以选择工件的表面区域、片体或面来定义切削区域，其具体创建的方法可以参照部件几何体的创建。

图 4-18　【毛坯几何体】对话框

4.2.4　修剪边界

　　型腔铣操作中的修剪边界和平面铣操作中的修剪边界一样，都是用于进一步控制刀具的运动范围。两者具体的设置方法也相似，请参见平面铣相关章节中的修剪边界的设置。

4.2.5　课堂练习二：型腔加工几何体的创建

　　（参考用时：10 分钟）

　　本小节将通过如图 4-19 所示的简单零件的加工几何体的创建，来说明型腔铣加工几何创建的具体步骤，使读者对型腔铣加工几何体的创建步骤有更深入的理解。

　　（1）调入模型文件。启动 NX 5.0，在【标准】工具栏中，单击【打开】按钮，系统

弹出【打开部件文件】对话框，选择 sample \ch04\4.2 目录中的 Geometry.prt 文件，单击【OK】
按钮。

（2）在【操作导航器】工具条中，单击【程序视图】按钮，将操作导航器切换到程
序视图。双击【ROUGH_MILL】节点，系统弹出【型腔铣】对话框，单击【生成刀轨】按
钮，系统生成的刀具轨迹，如图 4-20 所示。

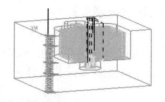

图 4-19　零件模型　　　　　　　　　　图 4-20　生成的刀具轨迹

（3）指定切削区域。在【型腔铣】对话框中，单击【切削区域】按钮，系统将弹出
【切削区域】对话框，在绘图区选择如图 4-21 所示的区域。单击【生成刀轨】按钮，系
统生成的刀具轨迹，如图 4-22 所示。

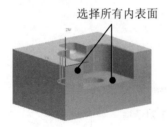

选择所有内表面

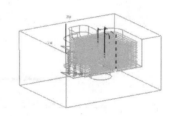

图 4-21　选择切削区域　　　　　　　　图 4-22　生成的刀具轨迹

（4）移除指定的切削区域。在【型腔铣】对话框中，单击【切削区域】按钮，系统
弹出【切削区域】对话框，单击【全重选】按钮，单击【确定】按钮，再单击【确定】按
钮。

（5）指定修剪边界。在【型腔铣】对话框中，单击【修剪边界】按钮，系统将弹出
【修剪边界】对话框，在【过滤器类型】选择【面】；勾选【忽略孔】复选框；选择【外部】
单选项，如图 4-23 所示。在绘图区选择如图 4-24 所示的表面。单击【确定】按钮。

（6）生成刀具轨迹。在【型腔铣】对话框中单击【生成刀轨】按钮，系统生成的刀
具轨迹，如图 4-25 所示。

图 4-23　【修剪边界】对话框

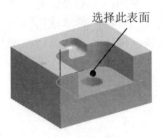

图 4-24　选择面

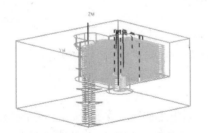

图 4-25　生成的刀具轨迹

4.3　型腔铣主要的操作参数

4.3.1　切削层

1. 切削层概述

在型腔铣加工中，刀具将逐层切削完成对工件的加工。系统将根据不同深度的切削层处的零件截面形状逐层生成刀具轨迹。因此一个型腔铣操作可以定义多个切削范围，每个范围可以通过切削深度来均匀地划分多个切削层。

在型腔铣操作中，系统会自动地由部件几何体、毛坯几何体以及切削区域来定义加工区域并创建切削层。系统将根据工件、毛坯或切削区域几何体的最高点和切削区域的底部之间的范围以及每刀的切削深度分层加工工件。如果系统自动生成的切削范围不能满足加工要求，则可以选择对其进行编辑或重新定义。

系统在自动创建切削层时，将以如图 4-26 所示的方式标识出切削层，以便用户对其进行观察和修改。下面对切削层的标识进行简要的说明。

（1）大三角形：表示范围顶部、范围底部和临界深度。

（2）小三角形：表示每层的切削深度。

（3）实线三角形：表示该切削层与几何体具有关联性。

（4）虚线三角形：表示该切削层与几何体不具有关联性。

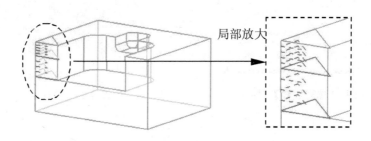

图 4-26　切削层符号标识

2.【切削层】对话框

在型腔铣操作对话框中，单击【切削层】■按钮，系统将弹出【切削层】对话框，如图 4-27 所示。该对话框用于定义和编辑切削层的范围和切削层的每刀切削深度。

（1）【自动生成】按钮■：系统自动将范围设置为与任何水平平面对齐，自动生成的切削范围如图 4-28 所示。

（2）【用户定义】按钮■：用于定义新的切削层范围。

（3）【单个】按钮■：系统将根据工件几何体和毛坯几何体的范围，将最高点和最低点之间的范围定义为一个切削层，如图 4-29 所示。

（4）【全局每刀深度】文本框：添加范围时的默认值。该值应用自动生成或单个模式中所有切削范围的每一刀的最大深度。如图 4-30 所示，当【全局每刀深度】设定为 0.25 时，深度为 1.0 的切削层，每刀切削深度为 0.25；深度为 0.9 的切削层，每刀切削深度将会被系统自动调整等分为 0.225。

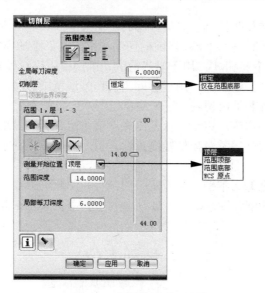

图 4-27　【切削层】对话框

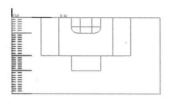

图 4-28　自动生成切削范围

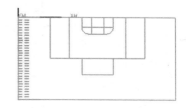

图 4-29　单一切削范围

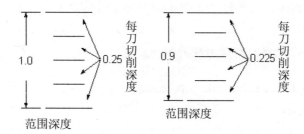

图 4-30　实际每刀切削深度

（5）【切削层】下拉列表：用于指定生成刀具轨迹的位置。

（6）【顶面临界深度】选项：该选项只有在单个范围类型中可用。使用此选项在完成水平表面下的第一刀切削后直接来切削（顶面）每个临界深度。

（7）【向上】按钮⬆和【向下】按钮⬇：用于从各个范围中移动选择范围。图形区域中高亮显示的范围（以选择颜色显示）是当前的活动范围，其他范围将以工件颜色显示。

（8）【插入范围】按钮：用于在当前的切削层范围之下添加新的切削层。

（9）【编辑当前范围】按钮：用于对当前的切削层范围进行编辑。

（10）【删除当前范围】按钮：用于移除当前切削层范围。

（11）【测量开始位置】下拉列表：定义测量范围深度值的方式。

（12）【范围深度】文本框：用于输入范围深度值来定义新范围的底部或编辑现有范围的底部。该深度值从指定的参考对象开始测量，正值定义的范围在参考对象之上，负值反之。

（13）【局部每刀深度】文本框：用于定义局部每刀深度的值。每一刀的局部深度用于定义当前层的每一刀的切削深度。如图 4-31 所示可以为不同切削层指定不同的每刀切削深度。

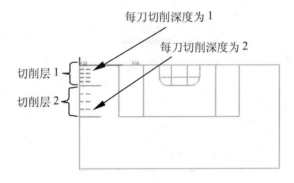

图 4-31　局部每刀深度

（14）【信息】按钮：用于打开如图 4-32 所示的【信息】窗口，在【信息】窗口中显示关于范围的详细信息。

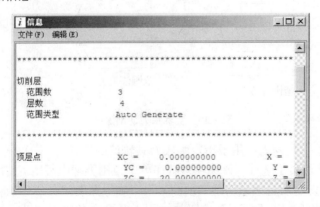

图 4-32　【信息】窗口

（15）【显示】按钮：用于显示已经定义的切削范围。

4.3.2 切削参数

型腔铣操作切削参数的设置和平面铣操作切削参数的设置基本一致，有一部分参数的设置和平面铣操作的参数设置是完全一样的。在此只对切削铣操作中的特有参数进行说明。另外，型腔铣操作的切削参数根据所选择切削方式的不同也会有所不同。这里只对切削铣操作中常用的、主要的切削参数进行说明。

1.【策略】选项卡

在型腔铣操作对话框中，单击【切削参数】按钮，系统弹出【切削参数】对话框，单击【策略】选项卡标签，将其切换到【策略】选项卡，如图 4-33 所示。

【在边上延伸】文本框：用于设定刀轨在开放腔体中沿切向延伸距离。切向延伸距离如图 4-34 所示。定义【在边上延伸】距离可以去除加工工件周围多余的材料。

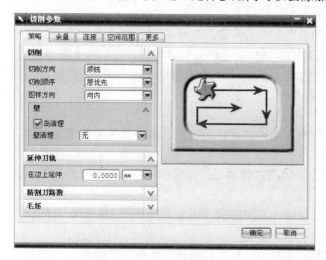

图 4-33 【策略】选项卡

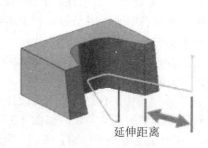

延伸距离

图 4-34 延伸距离

2.【空间范围】选项卡

在【切削参数】对话框中，单击【空间范围】选项卡标签，切换到【空间范围】选项卡，如图 4-35 所示。

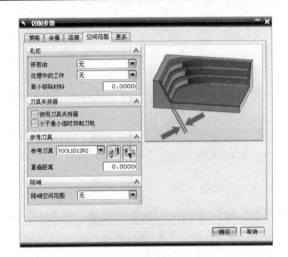

图 4-35 【空间范围】选项卡

（1）【修剪由】下拉列表

该参数是型腔铣操作中特有的切削参数。在没有定义毛坯几何体的情况下，可以选择其中的【轮廓线】选项，使用系统生成的轮廓线作为毛坯几何体边界。可以和【容错加工】（【更多】选项卡中的参数）参数联合使用以适用加工外形轮廓复杂的工件。系统默认的修剪方式为【无】，此时将关闭【修剪由】选项。

（2）【处理中的工件】下拉列表

该列表用于指定型腔铣加工所使用的前一操作剩余的材料。其中有【无】、【使用 3D】和【使用基于层的】3 个选项。

① 【无】选项：当选择该选项时，系统将会使用已经定义的毛坯几何体，作为当前操作加工的毛坯，如图 4-36 所示。

② 【使用 3D】选项：当选择该选项时，系统将会使用先前操作的 3D IPW 几何体作为当前操作加工的毛坯，如图 4-37 所示。

③ 【使用基于层的】选项：当选择该选项时，系统将会使用先前操作的基于层的 IPW 几何体作为当前操作加工的毛坯，如图 4-38 所示。

图 4-36 【无】效果

图 4-37 【使用 3D】效果

图 4-38 【使用基于层的】效果

使用【处理中的工件】的好处：

① 将处理中的工件用作毛坯几何体，系统将仅根据实际工件的加工状态对未切削区域进行加工，这样将大大地提高加工的效率，避免对已经加工的区域重复加工；

② 使用处理中的工件可以和参考刀具参数一起综合控制刀具轨迹，以便使用半径较小的刀具对先前使用较大刀具操作未切削到的区域进行加工；

③ 使用处理中的工件时可以显示操作的输入 IPW 和输出 IPW，这样可以为后续的加工提供毛坯参考。

（3）【使用刀具夹持器】选项

该选项用于在生成刀轨时打开刀柄，如果系统检测到刀具夹持器和工件间发生碰撞，则不会切削发生碰撞的区域。图 4-39 所示的为没有使用刀具夹持器时生成的刀具轨迹；当使用刀具夹持器时，生成的刀具轨迹如图 4-40 所示。

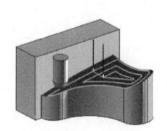 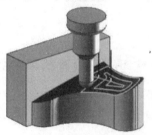

图 4-39　没有使用刀具夹持器　　　　图 4-40　使用刀具夹持器

（4）【参考刀具】下拉列表

用于选择加工的参考刀具。参考刀具通常是用来先对区域进行粗加工的刀具。系统计算指定的参考刀具剩下的材料，然后为当前操作定义切削区域。

（5）【陡峭空间范围】下拉列表

该列表用于指定陡峭角度空间的范围，其中有【无】和【仅陡峭的】两个选项。当选择【无】选项时，系统将不定义陡峭空间范围；当选择【仅陡峭的】选项时，系统只在壁间角度小于设置的陡峭角的区域生成刀具轨迹。

3.【更多】选项卡

在【切削参数】对话框中，单击【更多】选项卡标签，切换到【更多】选项卡，如图 4-41 所示。

【容错加工】选项：该选项是型腔铣特有的参数。使用【容错加工】系统将能够找到正确的可加工而不过切工件的区域。当时选择该选项时，【材料侧】仅与【刀轴】相关。表面的刀具的位置属性将作为【相切于】来处理。因此当选择曲线时刀具将被定位在曲线的两侧，当没有选择顶面时刀具将被定位在竖直壁面的两侧。

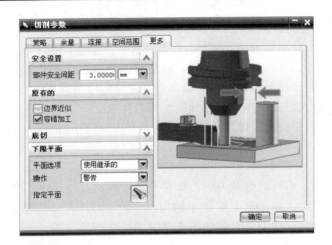

图 4-41 【更多】选项卡

4.3.3 课堂练习三：设置切削参数

在本小节中，将通过一个具体实例的切削参数的设置，来说明【处理中的工件】和【参考刀具】参数的设置对刀具轨迹的影响。

（参考用时：10 分钟）

（1）打开模型文件。启动 NX 5.0，打开目录 sample\ch04\4.3 中的 Parameter.prt 文件。

（2）在【操作导航器】工具条中，单击【程序视图】按钮，将操作导航器切换到程序视图，双击【SEMI_FINISH_MILLING】节点，系统弹出【型腔铣】对话框。单击【生成刀轨】按钮，系统生成的刀具轨迹如图 4-42 所示。

（3）在型腔铣操作对话框中，单击【切削参数】按钮，系统弹出【切削参数】对话框，单击【空间范围】选项卡标签，将其切换到【空间范围】选项卡，在【处理中的工件】下拉列表中，选择【使用 3D】选项，单击【确定】按钮。

（4）在【型腔铣】对话框中单击【生成刀轨】按钮，系统生成的刀具轨迹如图 4-43 所示。

图 4-42 使用毛坯几何体

图 4-43 使用【处理中的工件】

（5）在型腔铣操作对话框中，单击【切削参数】 按钮，系统弹出【切削参数】对话框，单击【空间范围】选项卡标签，将其切换到【空间范围】选项卡，在【处理中的工件】下拉列表中，选择【无】选项，在【参考刀具】下拉列表中，选择【TOOL1D20R2】选项，单击【确定】按钮。

（6）在【型腔铣】对话框。单击【生成刀轨】按钮 ，系统生成的刀具轨迹如图 4-44 所示。

（7）在型腔铣操作对话框中，单击【切削参数】 按钮，系统弹出【切削参数】对话框，单击【空间范围】选项卡标签，将其切换到【空间范围】选项卡，在【处理中的工件】下拉列表中，选择【使用 3D】选项，单击【确定】按钮。

（8）在【型腔铣】对话框。单击【生成刀轨】按钮 ，系统生成的刀具轨迹如图 4-45 所示。

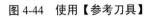
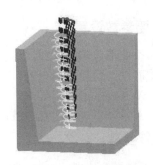

图 4-44　使用【参考刀具】　　　　图 4-45　使用【处理中的工件】和【参考刀具】

（9）在【文件】下拉菜单中选择【保存】命令，保存已完成的粗加工和半精加工的模型文件。

4.4　综合实例一：型腔铣加工（一）

光盘链接：录像演示——见光盘中的 "\avi\ch04\4.4\ Cavity_mill01.avi" 文件。

（参考用时：30 分钟）

4.4.1　加工预览

应用型腔铣加工完成如图 4-46 所示零件的粗加工和半精加工，加工后的效果如图 4-47 所示。

图 4-46　加工的零件模型

图 4-47　加工仿真结果

4.4.2　案例分析

　　本案例为型腔的加工操作，从模型分析可知，该零件型腔由垂直的侧壁和曲面底面组成。本节重点要掌握用型腔铣操作完成对型腔类零件的型腔的粗加工和半精加工的方法。

4.4.3　主要参数设置

　　（1）各个父节点组的创建；
　　（2）型腔铣刀轨参数的设置；
　　（3）IPW 工件的应用。

4.4.4　操作步骤

　　1.　打开模型文件进入加工环境

　　（1）调入模型文件。启动 NX 5.0，在【标准】工具栏中，单击【打开】按钮，系统弹出【打开部件文件】对话框，选择 sample \ch04\4.4 目录中的 Cavity_mill01.prt 文件，单击【OK】按钮。

　　（2）进入加工模块。在【起始】菜单选择【加工】命令，（或使用快捷键 Ctrl+Alt+M）进入加工模块。系统弹出【加工环境】对话框，在【CAM 会话配置】列表框中选择配置文件【cam_general】，在【CAM 设置】列表框中选择【mill_contour】模板。单击【初始化】按钮，完成加工的初始化。

　　2.　创建父节点组

　　（1）创建第一把刀具。在【操作导航器】工具条中，单击【机床视图】按钮，将操作导航器切换到机床视图。单击【加工创建】工具条中的按钮，弹出【创建刀具】对话框，如图 4-48 所示。选择加工类型为【mill_contour】选项，刀具组为【GENERIC_MACHINE】，输入刀具名称：TOOL1D12R2，单击【确定】按钮。

　　（2）设置刀具参数。在弹出的【Milling Tool-5 Parameters】对话框中设置刀具参数，如图 4-49 所示，单击【确定】按钮。

图 4-48 【创建刀具】对话框

图 4-49 【Milling Tool-5 Parameters】对话框

（3）创建第二把刀具。重复上步的操作创建刀具，刀具 2 名称：【TOOL2D8R2】具体参数如图 4-50 所示。

（4）设置加工坐标系。在【操作导航器】工具条中，单击【几何体视图】按钮，将操作导航器切换到几何视图。双击 MCS_MILL ，系统弹出【Mill Orient】对话框，在绘图区选择如图 4-51 所示的点，单击【确定】按钮。

（5）设置安全平面。在【Mill Orient】对话框中的【安全设置选项】下拉列表中，选择【平面】选项，单击【选择安全平面】按钮，在弹出的【平面构造器】对话框的【偏置】文本框中，输入值 10，选择如图 4-52 所示的平面，单击【确定】按钮，再单击【确定】按钮，完成安全平面的设置。

（6）创建工件几何体。在【操作导航器－几何体】对话框中，双击 WORKPIECE 节点，系统弹出【Mill Geom】对话框。单击【部件几何体】按钮，弹出【部件几何体】对话框，单击【全选】按钮，单击【确定】按钮，完成工件几何体的创建。

（7）创建毛坯几何体。在【Mill Geom】对话框中，单击【毛坯几何体】按钮，系统弹出【毛坯几何体】对话框，选择【自动块】单选项，单击【确定】按钮，再次单击【确定】按钮，创建完成的毛坯几何体如图 4-53 所示。

图 4-50　刀具【TOOL2D8R2】参数

图 4-51　选择点

图 4-52　选择偏置面

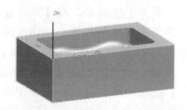

图 4-53　创建完成的毛坯几何体

（8）设置加工方法。在【操作导航器】工具条中，单击【加工方法视图】按钮，将操作导航器切换到加工方法视图，双击 MILL_ROUGH 节点，系统弹出【Mill Method】对话框。

（9）设置粗加工方法的余量和公差。在【Mill Method】对话框中，设置部件余量值 1，内公差值为 0.03，外公差值为 0.03，如图 4-54 所示。

（10）设置进给和速度。在【Mill Method】对话框中，单击【进给和速度】按钮，弹出【进给】对话框，参数的设置如图 4-55 所示。单击【确定】按钮，再单击【确定】按钮，完成粗加工方法的创建。

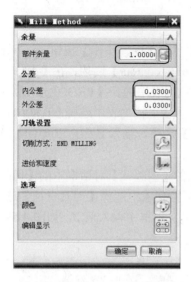

图 4-54 【Mill Method】对话框

图 4-55 【进给】对话框

（11）创建半精加工方法。在【操作导航器－加工方法】对话框中，双击  MILL_SEMI_FINISH 节点，系统弹出【Mill Method】对话框，按照图 4-56 所示设置部件余量、内公差和外公差的值。单击【进给和速度】按钮 ，弹出【进给】对话框，按照图 4-57 所示设置切削速度和进刀速度的值。单击【确定】按钮，再单击【确定】按钮，完成半精加工方法的创建。

图 4-56 【Mill Method】对话框

图 4-57 【进给】对话框

3. 创建粗铣操作

（1）创建粗加工操作。在【加工创建】工具条中单击【创建操作】按钮 ，系统弹出【创建操作】对话框，在【类型】下拉列表中选择【mill_contour】选项，在【操作子类型】选项组中，单击【型腔铣】按钮 ，在【程序】下拉列表中选择【PROGRAM】，在【几何体】下拉列表中选择【WORKPIECE】选项，在【刀具】下拉列表中选择【TOOL1D12R2】选项，在【方法】下拉列表中选择【MILL_ROUGH】选项，输入名称：ROUGH_MILL，如图 4-58 所示，单击【确定】按钮。

（2）设置【型腔铣】加工主要参数。在系统弹出的【型腔铣】对话框中的【切削模式】下拉列表中选择【跟随周边】选项 ，在【步进】下拉列表中选择【刀具直径】选项，在【百分比】文本框中输入值 75，在【全局每刀深度】文本框中输入值 2，如图 4-59 所示，其他加工参数采用默认的值。

图 4-58 【创建操作】对话框

图 4-59 【型腔铣】对话框

（3）设置切削参数。在【型腔铣】对话框中，单击【切削参数】按钮 ，弹出【切削参数】对话框，在【策略】选项卡中的【图样方向】下拉列表中，选择【向内】选项，选择【岛清理】选项，其余的切削参数采用系统的默认设置，如图 4-60 所示。单击【确定】

按钮，完成切削参数的设置。

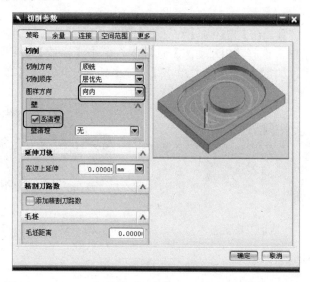

图 4-60 【策略】选项卡

（4）设置非切削参数。在【型腔铣】对话框中，单击【非切削参数】按钮，弹出【非切削运动】对话框，在【进刀】选项卡中的【斜角】文本框中，输入值 10；其余的非切削参数采用系统的默认设置，如图 4-61 所示。单击【确定】按钮，完成非切削参数的设置。

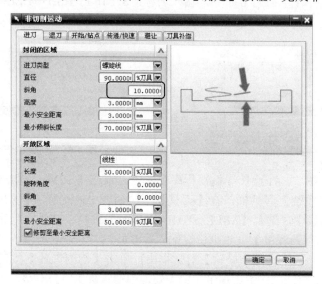

图 4-61 【进刀】选项卡

（5）生成刀具轨迹。在【型腔铣】对话框中单击【生成刀轨】按钮，系统生成的刀具轨迹，如图 4-62 所示。

（6）粗加工操作仿真。在【型腔铣】对话框中单击【确认刀轨】按钮，系统弹出【可视化刀轨轨迹】对话框，选择【2D 动态】选项卡，单击【播放】按钮，系统进入加工仿真环境。仿真结果，如图 4-63 所示，单击【确定】按钮，再单击【确定】按钮，完成粗铣操作的创建。

图 4-62　生成的刀具轨迹 　　　　　　　　图 4-63　　加工仿真结果

4．创建半精加工操作

（1）复制【ROUGH_MILL】节点。在【操作导航器】工具条中，单击【程序视图】按钮，将操作导航器切换到程序视图，如图 4-64 所示。选择【ROUGH_MILL】节点，右击，在弹出的快捷菜单中，选择【复制】命令，选择 PROGRAM 节点，右击，在弹出的快捷菜单中，选择【内部粘贴】命令。重新命名复制的节点，选择复制节点，右击，在弹出的快捷菜单中，选择【重命名】命令，输入名称：SEMI_FINISH_MILLING，创建完成的节点如图 4-65 所示。

图 4-64　程序视图 　　　　　　　　　　图 4-65　　创建的节点

（2）编辑节点参数。在操作导航器程序视图中，双击【SEMI_FINISH_MILLING】节点，系统弹出【型腔铣】对话框，在【刀具】下拉列表中，选择【TOOL2D8R2】选项；在【方法】下拉列表中，选择【MILL_SEMI_FINISH】选项；在【百分比】文本框中，输入值 50；在【全局每刀深度】文本框中，输入值 0.6，如图 4-66 所示。

（3）设置切削参数。在【型腔铣】对话框中，单击【切削参数】按钮，弹出【切削参数】对话框，在【空间范围】选项卡中的【处理中的工件】下拉列表中，选择【使用 3D】选项，如图 4-67 所示。其余的切削参数采用系统的默认设置，单击【确定】按钮，完成切削参数的设置。

图 4-66　【型腔铣】对话框　　　　　　　　图 4-67　【空间范围】对话框

（4）生成刀具轨迹。在【型腔铣】对话框中单击【生成刀轨】按钮，系统生成的刀具轨迹如图 4-68 所示。

（5）二次粗加工操作仿真。在【型腔铣】对话框中单击【确认刀轨】按钮，系统弹出【刀轨可视化】对话框，选择【2D 动态】选项卡，单击【播放】按钮，系统进入加工仿真环境。仿真结果如图 4-69 所示，单击【确定】按钮。

图 4-68　生成的刀具轨迹　　　　　　　　图 4-69　加工仿真结果

5．保存文件

在【文件】下拉菜单中选择【保存】命令，保存已完成的粗加工和半精加工的模型文件。

4.5　综合实例二：型腔铣加工（二）

光盘链接：录像演示——见光盘中的"\avi\ch04\4.5\ Cavity_mill02.avi"文件。

（参考用时：35 分钟）

4.5.1　加工预览

应用型腔铣加工完成如图 4-70 所示零件的粗加工和半精加工，加工后的效果如图 4-71 所示。

图 4-70　加工的零件模型　　　　　　图 4-71　加工仿真结果

4.5.2　案例分析

本案例为型芯工件的加工操作，从模型分析可知，该零件型芯由垂直侧壁和平面底面组成，本节重点要掌握用型腔铣操作完成对型芯类零件的型芯粗加工、半精加工以及底平面精加工的方法。

4.5.3　主要参数设置

（1）各个父节点组的创建；
（2）型腔铣刀轨参数的设置；
（3）IPW 工件的应用；
（4）切削层【局部每刀深度】的调整和切削层范围的设置。

4.5.4　操作步骤

1.　打开模型文件进入加工环境

（1）调入模型文件。启动 NX 5.0，在【标准】工具栏中，单击【打开】按钮，系统

弹出【打开部件文件】对话框，选择 sample \ch04\4.4 目录中的 Cavity_mill02.prt 文件，单击【OK】按钮。

（2）进入加工模块。在【起始】菜单选择【加工】命令，（或使用快捷键 Ctrl+Alt+M）进入加工模块，系统弹出【加工环境】对话框，在【CAM 会话配置】列表框中选择配置文件【cam_general】，在【CAM 设置】列表框中选择【mill_contour】模板。单击【初始化】按钮，完成加工的初始化。

2．创建父节点组

（1）创建第一把刀具。在【操作导航器】工具条中，单击【机床视图】按钮，将操作导航器切换到机床视图。单击【加工创建】工具条中的按钮，弹出【创建刀具】对话框，如图 4-72 所示。选择加工类型为【mill_contour】选项，刀具组为【GENERIC_MACHINE】，输入刀具名称：TOOL1D16R2，单击【确定】按钮。

（2）设置刀具参数。在弹出的【Milling Tool-5 Parameters】对话框中设置刀具参数，如图 4-73 所示，单击【确定】按钮。

（3）创建第二把刀具。重复上步的操作创建刀具，刀具 2 名称：TOOL2D8R2，具体参数如图 4-74 所示。

（4）创建第三把刀具。重复上步的操作创建刀具，刀具 3 名称：TOOL3D8R0，具体参数如图 4-75 所示。

图 4-72　【创建刀具】对话框　　　图 4-73　【Milling Tool-5 Parameters】对话框

图 4-74　刀具 2 参数　　　　　　　图 4-75　刀具 3 参数

（5）设置加工坐标系。在【操作导航器】工具条中，单击【几何体视图】按钮，将操作导航器切换到几何体视图。双击 MCS_MILL，系统弹出【Mill Orient】对话框，在绘图区选择如图 4-76 所示的点，单击【确定】按钮。

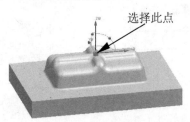

图 4-76　选择点

（6）设置安全平面。在【Mill Orient】对话框中的【安全设置选项】下拉列表中，选择【平面】选项，单击【选择安全平面】按钮，在弹出的【平面构造器】对话框的【偏置】文本框中，输入值 35，选择如图 4-77 所示的平面，单击【确定】按钮，再单击【确定】按钮，完成安全平面的设置。

（7）创建工件几何体。在【操作导航器—几何体】对话框中，双击 WORKPIECE 节点，系统弹出【Mill Geom】对话框。单击【部件几何体】按钮，弹出【部件几何体】对话框，单击【全选】按钮，单击【确定】按钮，完成工件几何体的创建。

（8）创建毛坯几何体。在【Mill Geom】对话框中，单击【毛坯几何体】按钮，系统弹出【毛坯几何体】对话框，选择【自动块】单选项，单击【确定】按钮，再次单击单击【确定】按钮，创建完成的毛坯几何体如图 4-78 所示。

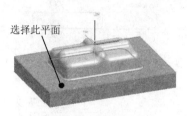

图 4-77　选择偏置面

图 4-78　创建的毛坯几何体

（9）设置加工方法。在【操作导航器】工具条中，单击【加工方法视图】按钮，将操作导航器切换到加工方法视图，双击 MILL_ROUGH 节点，系统弹出【Mill Method】对话框。

（10）设置粗加工方法的余量和公差。在【Mill Method】对话框中，设置部件余量值 1，内公差值为 0.03，外公差值为 0.03，如图 4-79 所示。

（11）设置进给和速度。在【Mill Method】对话框中，单击【进给和速度】按钮，弹出【进给】对话框，参数的设置如图 4-80 所示。单击【确定】按钮，再单击【确定】按钮，完成粗加工方法的创建。

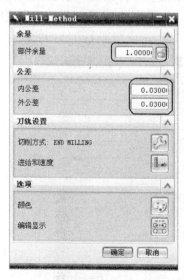

图 4-79　【Mill Method】对话框

图 4-80　【进给】对话框

（12）创建半精加工方法。在【操作导航器－加工方法】对话框中，双击 MILL_SEMI_FINISH

节点，系统弹出【Mill Method】对话框，按照图 4-81 所示设置部件余量、内公差和外公差的值。单击【进给和速度】按钮，弹出【进给】对话框，按照图 4-82 所示设置切削速度和进刀速度的值。单击【确定】按钮，再单击【确定】按钮，完成半精加工方法的创建。

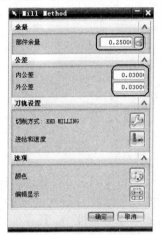

图 4-81 【Mill Method】对话框

图 4-82 【进给】对话框

（13）创建精加工方法。在【操作导航器－加工方法】对话框中，双击【MILL_FINISH】节点，系统弹出【Mill Method】对话框，按照图 4-83 设置部件余量、内公差和外公差的值。单击【进给和速度】按钮，弹出【进给】对话框，按照图 4-84 所示设置切削速度和进刀速度的值。单击【确定】按钮，再单击【确定】按钮，完成精加工方法的创建。

图 4-83 【Mill Method】对话框

图 4-84 【进给】对话框

3．创建粗铣操作

（1）创建粗加工操作。在【加工创建】工具条中单击【创建操作】按钮 ，系统弹出【创建操作】对话框，在【类型】下拉列表中选择【mill_contour】选项，在【操作子类型】选项组中，单击【型腔铣】按钮 ，在【程序】下拉列表中选择【PROGRAM】，在【几何体】下拉列表中选择【WORKPIECE】选项，在【刀具】下拉列表中选择【TOOL1D16R2】选项，在【方法】下拉列表中选择【MILL_ROUGH】选项，输入名称：ROUGH_MILL，如图 4-85 所示，单击【确定】按钮。

（2）设置【型腔铣】加工主要参数。在系统弹出【型腔铣】对话框中的【切削方式】下拉列表中选择【跟随周边】选项 ，在【步进】下拉列表中选择【刀具直径】选项，在【百分比】文本框中输入值 70，在【全局每刀深度】文本框中输入值 1.6，如图 4-86 所示，其他加工参数采用默认的值。

图 4-85 【创建操作】对话框

图 4-86 【型腔铣】对话框

（3）设置切削参数。在【型腔铣】对话框中，单击【切削参数】按钮 ，弹出【切削参数】对话框，在【策略】选项卡中的【图样方向】下拉列表中选择【向内】选项，选择【岛清理】选项，在【壁清理】下拉列表中选择【在终点】选项，如图 4-87 所示，其余的切削参数采用系统的默认设置，单击【确定】按钮，完成切削参数的设置。

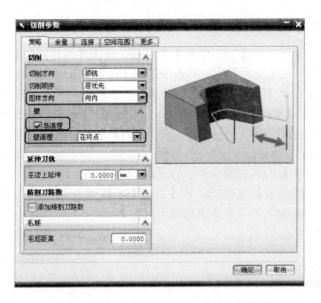

图 4-87　【策略】选项卡

（4）生成刀具轨迹。在【型腔铣】对话框中单击【生成刀轨】按钮，系统生成的刀具轨迹，如图 4-88 所示。

（5）粗加工操作仿真。在【型腔铣】对话框中单击【确认刀轨】按钮，系统弹出【刀轨可视化】对话框，选择【2D 动态】选项卡，单击【播放】按钮，系统进入加工仿真环境。仿真结果如图 4-89 所示。单击【确定】按钮，再单击【确定】按钮，完成粗铣操作的创建。

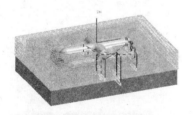

图 4-88　生成的刀具轨迹

图 4-89　加工仿真结果

4．创建半精加工操作

（1）复制【ROUGH_MILL】节点。在【操作导航器】工具条中，单击【程序视图】按钮，将操作导航器切换到程序视图。选择【ROUGH_MILL】节点，右击，在弹出的快捷菜单中，选择【复制】命令，选择 PROGRAM 节点，右击，在弹出的快捷菜单中，选择

【内部粘贴】命令。重新命名复制的节点，选择复制节点，右击，在弹出的快捷菜单中，选择【重命名】命令，输入名称：SEMI_FINISH_MILLING，创建完成的节点。

（2）编辑节点参数。在操作导航器程序视图中，双击【SEMI_FINISH_MILLING】节点，系统弹出【型腔铣】对话框，在【刀具】下拉列表中，选择【TOOL2D8R2】选项；在【方法】下拉列表中，选择【MILL_SEMI_FINISH】选项；在【百分比】文本框中，输入值 50；在【全局每刀深度】文本框中，输入值 0.6，如图 4-90 所示。

（3）设置切削参数。在【型腔铣】对话框中，单击【切削参数】按钮，弹出【切削参数】对话框，在【空间范围】选项卡中的【处理中的工件】下拉列表中，选择【使用 3D】选项。其余的切削参数采用系统的默认设置，单击【确定】按钮，完成切削参数的设置。

（4）设置切削层参数。在【型腔铣】对话框中，单击【切削层】按钮，弹出【切削层】对话框，单击 按钮，将当前层切换到深度为 5 的切削层，在【局部每刀深度】文本框中，输入值 0.4，如图 4-91 所示，单击【确定】按钮。

图 4-90　【型腔铣】对话框

图 4-91　【切削层】对话框

（5）生成刀具轨迹。在【型腔铣】对话框中单击【生成刀轨】按钮 ，系统生成的刀具轨迹，如图 4-92 所示。

（6）半精加工操作仿真。在【型腔铣】对话框中单击【确认刀轨】按钮 ，系统弹出【刀轨可视化】对话框，选择【2D 动态】选项卡，单击【播放】按钮 ，系统进入加工仿真环境。仿真结果如图 4-93 所示，单击【确定】按钮。

图 4-92　生成的刀具轨迹　　　　　　　　图 4-93　　加工仿真结果

5．创建底面精加工操作

（1）复制【SEMIN_FINISH_MILL】节点。在【操作导航器】工具条中，单击【程序视图】按钮 ，将操作导航器切换到程序视图。选择【SEMIN_FINISH_MILL】节点，右击，在弹出的快捷菜单中，选择【复制】命令，选择 PROGRAM 节点，右击，在弹出的快捷菜单中，选择【内部粘贴】命令。重新命名复制的节点，选择复制节点，右击，在弹出的快捷菜单中，选择【重命名】命令，输入名称：FINISH_MILLING，创建完成的节点。

（2）编辑节点参数。在操作导航器程序视图中，双击【SEMI_FINISH_MILLING】节点，系统弹出【型腔铣】对话框，在【刀具】下拉列表中，选择【TOOL2D8R0】选项；在【方法】下拉列表中，选择【MILL_SEMI_FINISH】选项，单击【切削层】按钮 ，在弹出的【切削层】对话框的【切削层】下拉列表中，选择【仅在范围底部】选项，单击【确定】按钮。

（3）生成刀具轨迹。在【型腔铣】对话框中单击【生成刀轨】按钮 ，系统生成的刀具轨迹，如图 4-94 所示。

（4）底面精加工操作仿真。在【型腔铣】对话框中单击【确认刀轨】按钮 ，系统弹出【刀轨可视化】对话框，选择【2D 动态】选项卡，单击【播放】按钮 ，系统进入加工仿真环境。仿真结果如图 4-95 所示，单击【确定】按钮。

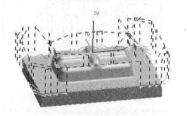 

图 4-94　生成的刀具轨迹　　　　　　　　图 4-95　　加工仿真结果

6. 保存文件

在【文件】下拉菜单中选择【保存】命令，保存已完成的粗加工和半精加工的模型文件。

4.6　课后练习

（1）启动 NX 5.0，打开光盘文件"sample\ch04\4.5\exercise1.prt"，打开后的模型如图 4-96 所示。创建型腔铣操作，完成工件粗加工和半精加工。加工后完成的工件模型，如图 4-97 所示。

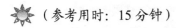（参考用时：15 分钟）

图 4-96　零件模型　　　　　　　　　　图 4-97　结果模型

（2）启动 NX 5.0，打开光盘文件"sample\ch04\4.5\exercise2.prt"，打开后的模型如图 4-98 所示。创建型腔铣操作，完成工件粗加工和半精加工。加工后完成的工件模型，如图 4-99 所示。

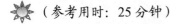（参考用时：25 分钟）

图 4-98　零件模型　　　　　　　　　　图 4-99　结果模型

（3）启动 NX 5.0，打开光盘文件"sample\ch04\4.5\exercise3.prt"，打开后的模型，如图 4-100 所示。创建型腔铣操作，完成工件粗加工和半精加工。加工后完成后的工件模型，如图 4-101 所示。

（参考用时：30分钟）

图 4-100　零件模型　　　　　　　　　　　图 4-101　结果模型

4.7　本章小结

本章介绍了型腔铣操作的特点及应用，并通过训练实例对具体的命令进行实际应用。重点讲解了型腔铣加工几何体的设置和加工参数的设置，最后通过综合实例对型腔铣操作各种命令和参数的设置进行了综合应用。

在 NX 5.0 数控中，型腔铣加工操作是应用最多的加工，其广泛地应用于各种零件的粗加工和半精加工中，所以要求读者能够较熟练掌握 NX 5.0 的型腔铣加工的创建和应用。

第5章　等高轮廓铣加工

【本章导读】

本章详细地讲解了等高轮廓铣加工，介绍了等高轮廓铣加工的特点、等高轮廓铣加工几何体、切削参数的设置，重点讲解了等高轮廓铣加工的主要加工参数设置。本章首先对等高轮廓铣加工特点和应用进行了介绍，然后讲解了等高轮廓铣的加工几何体和加工参数设置，并通过具体的训练实例使读者熟悉其功能和应用。最后通过两个综合实例的讲解，使读者灵活应用掌握等高轮廓铣操作的创建和应用。

希望读者通过 2.5 个小时的学习，熟练掌握等高轮廓铣加工的创建和应用。理解等高轮廓铣操作加工几何体的创建和相关加工参数的意义以及设置的方法。

序号	名　称	基础知识参考学时（分钟）	课堂练习参考学时（分钟）	课后练习参考学时（分钟）
5.1	等高轮廓铣加工概述	30	15	0
5.2	等高轮廓铣加工几何体	10	0	0
5.3	等高轮廓铣的操作参数	20	15	15
5.4	综合实例	30	0	15
总计	150 分钟	90	30	30

5.1　等高轮廓铣加工概述

5.1.1　等高轮廓铣概述

等高轮廓铣（Z-level）是一种属于固定轴铣削方式。其通常用于实体轮廓和表面轮廓加工。另外在使用等高轮廓铣加工时，除了定义工件几何体外，还可以通过定义切削区域几何体以限制要切削的区域。当没有定义任何切削区域几何体时，则系统将整个工件几何体当作切削区域。系统还可以根据指定的陡峭角的大小将切削区域分为陡峭区域和非陡峭区域，进而可以只对其中的陡峭区域进行加工。

总的来说，等高轮廓铣具有以下特点：

（1）等高轮廓铣不需要定义毛坯几何体；

（2）等高轮廓铣可以使用在操作中选择的或从【mill_area】中继承的切削区域；

（3）当按照深度进行切削时，等高轮廓铣可以按形状进行排序，而型腔铣按区域进行排序，这就意味着岛工件形状上的所有层都将在移至下一个岛之前进行切削；

（4）在闭合形状上，等高轮廓铣可以通过直接斜削到工件上在层之间移动，从而创建螺旋状刀轨；

（5）在开放形状上，等高轮廓铣可以交替方向进行切削，从而沿着壁向下创建往复运动；

（6）等高轮廓铣可以对薄壁工件按层（水线）进行切削；

（7）等高轮廓铣可以在各个切削层中广泛使用线形、圆形和螺旋形进刀方式。

5.1.2　等高轮廓铣加工创建的一般步骤

1．创建等高轮廓铣操作

（1）选择创建的操作类型。单击【创建操作】按钮 ，或在【插入】下拉菜单中选择【操作】命令，弹出如图 5-1 所示的【创建操作】对话框。

（2）在【创建操作】对话框的【类型】下拉列表中选择【mill_contour】选项，在【操作子类型】中，单击【等高轮廓铣】按钮 。

（3）设置父节点组和名称。设置【程序】、【刀具】、【几何体】和【方法】等父节点组，在【名称】文本框中，输入操作的名称。单击【确定】按钮。系统弹出【Zlevel Profile】对话框，如图 5-2 所示。

2．设置等高轮廓铣操作的相关参数

（1）创建加工几何体。在【Zlevel Profile】对话框的【几何体】面板中，分别设置【部件几何体】 、【毛坯几何体】 、【检查几何体】 、【切削区域几何体】 和【修剪几何体】 。

（2）设置基本的操作参数。设置【陡峭空间范围】、【合并距离】、【最小切削深度】、【全局每刀深度】等参数。

（3）设置其他的参数。设置【切削参数】、【非切削参数】、【角控制】、【进给和速度】、【机床控制】等参数。

图 5-1 【创建操作】对话框

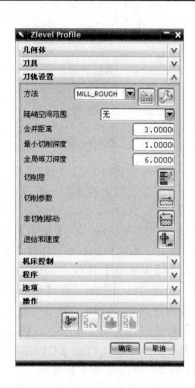

图 5-2 【Zlevel Profile】对话框

3. 生成和检验刀具轨迹

（1）生成刀具轨迹。在【等高轮廓铣】对话框中，单击【生成刀轨】按钮，系统生成刀具轨迹。

（2）检验刀轨，进行加工仿真。在【等高轮廓铣】对话框中，单击【确认刀轨】按钮，系统弹出【刀轨可视化】对话框，进行可视化刀轨的检查。

5.1.3 课堂练习一：等高轮廓铣加工

（参考用时：15 分钟）

本小节将通过如图 5-3 所示简单铸造零件内腔的精加工应用实例来说明创建等高轮廓铣加工的一般步骤，使读者对等高轮廓铣加工的创建步骤和参数设置有大体了解。加工后的效果图，如图 5-4 所示。

图 5-3   零件模型   图 5-4   加工后模型

（1）调出模型文件。启动 NX 5.0，在【标准】工具栏中，单击【打开】按钮，系统弹出【打开部件文件】对话框，选择 sample\ch05\5.1 目录中的 Induct.prt 文件，单击【OK】按钮。

（2）进入加工模块。在【起始】菜单选择【加工】命令，（或使用快捷键 Ctrl+Alt+M）进入加工模块。系统弹出【加工环境】对话框，在【CAM 设置】列表框中选择【mill_contour】模板。单击【初始化】按钮，完成加工的初始化。

（3）创建刀具节点组。在【操作导航器】工具条中，单击【机床视图】按钮，将操作导航器切换到刀具视图。单击【加工创建】工具条中的【创建刀具】按钮，弹出【创建刀具】对话框，如图 5-5 所示。在【类型】下拉列表中，选择【mill_contour】选项；在【刀具】下拉列表中，选择【GENERIC_MACHINE】选项；在【名称】文本框中，输入：TOOL1D8R4；单击【确定】按钮。

（4）设置刀具参数。在弹出的【Milling Tool-Ball Mill】对话框中设置刀具参数，如图 5-6 所示，单击【确定】按钮，完成加工刀具的创建。

图 5-5 【创建刀具】对话框   图 5-6 【Milling Tool-Ball Mill】对话框

（5）设置加工坐标系。在【操作导航器】工具条中，单击【几何体视图】按钮，将操作导航器切换到几何体视图。双击 🔧 MCS_MILL ，系统弹出【Mill Orient】对话框，单击【CSYS】按钮，系统将弹出【CSYS】对话框，在绘图区选择如图 5-7 所示的的圆心为加工坐标系的原点，单击【确定】按钮。

（6）设置安全平面。在【Mill Orient】对话框中的【安全设置选项】下拉列表中，选择【平面】选项，单击【选择安全平面】按钮，在弹出的【平面构造器】对话框的【偏置】文本框中，输入值 10，选择如图 5-8 所示的平面，单击【确定】按钮，再单击【确定】按钮，完成安全平面的设置。

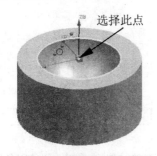

图 5-7　选择点

图 5-8　选择偏置面

（7）创建工件几何体。在【操作导航器－几何体】对话框中，双击 🗂 WORKPIECE 节点，系统弹出【Mill Geom】对话框。单击【部件几何体】按钮，弹出【工件几何体】对话框，单击【全选】按钮，单击【确定】按钮，完成工件几何体的创建。

（8）创建毛坯几何体。在【Mill Geom】对话框中，单击【毛坯几何体】按钮，系统弹出【毛坯几何体】对话框，选择【部件的偏置】单选项，在【偏置】文本框中，输入值 0.2，如图 5-9 所示。单击【确定】按钮，再次单击【确定】按钮，完成毛坯几何体的创建。

（9）创建等高轮廓铣操作。在【加工创建】工具条中单击【创建操作】按钮，系统弹出【创建操作】对话框，在【类型】下拉列表中选择【mill_contour】选项；在【操作子类型】选项组中，单击【等高轮廓铣】按钮；在【程序】下拉列表中选择【PROGRAM】选项；在【几何体】下拉列表中选择【WORKPIECE】选项，在【刀具】下拉列表中选择【TOOL1D8R4】，在【方法】下拉列表中选择【MILL_FINISH】选项，采用默认的名称，如图 5-10 所示，单击【确定】按钮。

（10）设置加工区域。在系统弹出的【Zlevel Profile】对话框中，单击【切削区域】按钮，弹出【切削区域】对话框。在绘图区选择如图 5-11 所示的曲面，单击【确定】按钮，完成切削区域的设置。

（11）设置等高轮廓铣加工主要参数。在【Zlevel Profile】对话框中的【最小切削深度】中，输入值 1；在【全局每刀深度】文本框中，输入值 0.1；其他加工参数采用默认的值，如图 5-12 所示。

图 5-9　【毛坯几何体】对话框

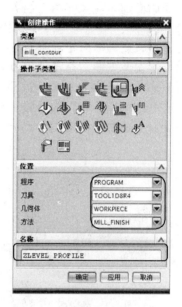

图 5-10　【创建操作】对话框

图 5-11　选择的曲面

图 5-12　【Zlevel Profile】对话框

（12）生成刀具轨迹。在【Zlevel Profile】对话框中单击【生成刀轨】按钮，系统生成的刀具轨迹，如图 5-13 所示。

（13）进行加工仿真。在【等高轮廓铣】对话框中单击【确认刀轨】按钮，系统弹出【刀轨可视化】对话框，选择【2D 动态】选项卡。单击【选项】按钮，在弹出的【IPW 干涉检查】对话框中选择【干涉暂停】复选项，单击【确定】按钮。在【刀轨可视化】对话框中，单击【播放】按钮，进行加工仿真，仿真结果如图 5-14 所示。

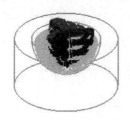

图 5-13　生成的刀具轨迹

图 5-14　加工仿真结果

（14）保存文件。在【文件】下拉菜单中选择【保存】命令，保存已完成的加工文件。

5.2　等高轮廓铣加工几何体

等高轮廓铣操作的加工几何体用来定义要加工的区域，可以通过【Zlevel Profile】对话框中的【几何体】面板来指定，如图 5-15 所示，其中包括【部件几何体】、【检查几何体】、【切削区域】和【修剪边界】4 个选项。等高轮廓铣操作的加工几何体的设置和型腔铣加工几何体的设置基本一致，请参照第 4 章中型腔铣的加工几何体的设置，此处将不再重复说明。

图 5-15　等高轮廓铣【几何体】面板

5.3 等高轮廓铣的操作参数

【Zlevel Profile】对话框，如图 5-16 所示，其中大部分的参数与型腔铣操作对话框中的相同，可以参照型腔铣部分的参数设置对其进行设置。

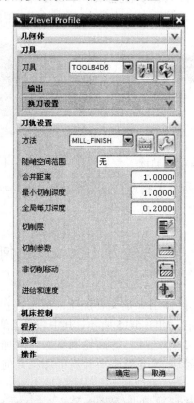

图 5-16   【Zlevel Profile】对话框

1. 陡峭空间范围

【陡峭空间范围】下拉列表用于指定加工的陡峭范围。其中有【仅陡峭的】和【无】2个选项。当选择【无】选项时，系统将对所选的所有切削区域进行加工；当选择【仅陡峭的】选项时，系统将只对大于所指定切削角的区域进行加工。可以在【角度】文本框中，输入陡峭角的大小。

陡峭角用于表示工件表面的陡峭度，其可由刀轴和面的法向之间的角度定义，而陡峭区域是指工件表面的陡峭度大于指定陡峭角的区域。

2. 合并距离

【合并距离】文本框用于指定连接不连贯的刀轨被连接的最小距离。定义合适的合并距离可以消除刀轨中小的不连续性或不希望出现的缝隙。

3. 最小切削深度

【最小切削深度】文本框用于定义最小切削深度的大小。最小切削深度即生成刀具路径时最小段的长度。定义合适的最小切削深度可以消除可能发生在工件的孤岛区域内的较小段的刀具路径。当切削运动距离小于设置的最小切削深度时，系统不会在该处生成刀具轨迹。

4. 层到层

【层到层】参数用于定义刀具从一层到下一层的过渡方式。该参数是等高轮廓铣所特有的切削参数。在【Zlevel Profile】对话框中，单击【切削参数】按钮，系统弹出【切削参数】对话框，切换到【连接】选项卡，如图 5-17 所示。可以通过其中的下拉列表来设置层到层的过渡方式，下面分别对各种过渡方式进行介绍。

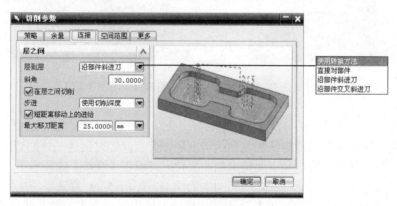

图 5-17 【连接】选项卡

（1）使用转换方法。选择该方式时，系统将使用在【进刀/退刀】对话框中所指定的信息。刀具在完成一个切削层的切削后，抬刀至安全平面，再进行下一切削层的切削，具体刀具轨迹如图 5-18 所示。

（2）直接对部件。选择该方式时，刀具在完成一个切削层的切削后直接切削下一切削层。具体刀具轨迹如图 5-19 所示。

（3）沿部件斜进刀。选择该方式时，刀具在完成一个切削层的切削后，将沿着斜线切过渡到下一切削层。其中的斜削角度为【进刀和退刀】参数中指定的斜角。具体刀具轨迹如图 5-20 所示。

（4）沿部件交叉斜进刀。该方式与【沿部件斜进刀】相似，只不过每个切削层完成整个刀路后再切入到下一个切削层。该方式在高速加工中经常使用，其具体刀具轨迹如图 5-21 所示。

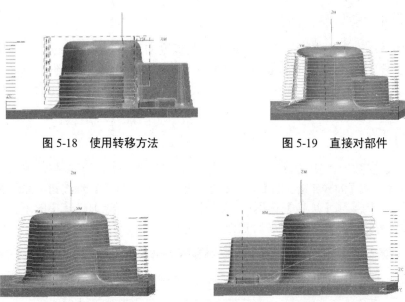

图 5-18　使用转移方法　　　　　图 5-19　直接对部件

图 5-20　沿部件斜进刀　　　　　图 5-21　沿部件交叉斜进刀

5. 在层之间切削

层间进行切削可在等高轮廓铣加工中的切削层间存在间隙时创建额外的切削。其切削效果等同于同时使用等高轮廓铣和表面铣来加工工件。可以在【连接】选项卡中，选择【在层之间切削】来设置是否开启"在层之间切削"的功能。如图 5-22 为某零件在使用等高轮廓铣加工时没有使用【在层之间切削】功能，生成的刀轨中有包含大间隙的浅区域；图 5-23 为使用【在层之间切削】功能所生成的刀具轨迹，其中生成了附加缝隙刀轨。

图 5-22　没有使用【在层之间切削】　　　　　图 5-23　使用【在层之间切削】

选择【在层之间切削】选项，将会在【连接】选项卡中激活【步进】下拉列表和【最大移刀距离】文本框。

（1）【步进】下拉列表：用于指定加工缝隙区域时所使用的步距。可以在列表中选择【使用切削深度】、【恒定】、【残余高度】和【刀具直径】4 种方式来定义步进的大小。

（2）【最大移刀距离】文本框：可定义不切削时希望刀具沿工件进给的最长距离。当系统需要连接不同的切削区域时，如果这些区域之间的距离小于此值，则刀具将沿零件进给，否则将使用当前转移方式来退刀、转换并进刀至下一位置。

5.4　综合实例一：等高轮廓铣加工（一）

光盘链接：录像演示——见光盘中的"\avi\ch05\5.4\ Z-level01.avi"文件。

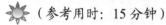 （参考用时：15 分钟）

5.4.1　加工预览

应用等高轮廓铣完成如图 5-24 所示零件的顶部表面的精加工，加工后的效果如图 5-25 所示。

图 5-24　加工的零件模型　　　　　图 5-25　加工仿真结果

5.4.2　案例分析

本案例为某塑料盒子的凸模零件。从模型分析可知，该零件的型芯由侧壁和曲面组成，适合应用等高轮廓铣进行精加工。该工件已经完成了粗加工和半精加工，在本节重点要掌握用等高轮廓铣操作完成顶部曲面的精加工方法。

5.4.3　主要参数设置

（1）等高轮廓铣加工刀具的创建；

（2）等高轮廓铣刀轨参数的设置；

（3）在层间切削的设置。

5.4.4 操作步骤

1. 打开模型文件

（1）调出模型文件。启动 NX 5.0，在【标准】工具栏中，单击【打开】按钮 ，系统弹出【打开部件文件】对话框，选择 sample \ch05\5.4 目录中的 Z-level01.prt 文件，单击【OK】按钮。

（2）在【资源】条单击【操作导航器】 按钮，打开【操作导航器】对话框。在【操作导航器】工具条中，单击【程序视图】按钮 ，将操作导航器切换到程序视图。其中已经创建好了 3 个操作。

2. 创建加工刀具

（1）创建等高轮廓铣加工刀具。在【操作导航器】工具条中，单击【机床视图】按钮 ，将操作导航器切换到刀具视图。单击【加工创建】工具条中的【创建刀具】按钮 ，弹出【创建刀具】对话框，在【加工类型】下拉列表中，选择【mill_contour】选项，刀具组为【GENERIC_MACHINE】，名称为：TOOLB4D10，如图 5-26 所示。单击【确定】按钮。

（2）设置刀具的具体参数。在系统弹出的【Milling Tool-Ball Mill】对话框中设置如图 5-27 所示的刀具参数。设置完后，单击【确定】按钮，完成刀具的创建。

图 5-26 【创建刀具】对话框　　　　　　图 5-27 【Milling Tool-Ball Mill】对话框

3. 创建等高轮廓铣操作

（1）创建等高轮廓铣操作。在【加工创建】工具条中单击【创建操作】按钮 ，系统弹出【创建操作】对话框，在【类型】下拉列表中选择【mill_contour】选项；在【操作子类型】选项组中，单击【等高轮廓铣】按钮 ；在【程序】下拉列表中选择【PROGRAM】，在【几何体】下拉列表中，选择【WORKPIECE】选项；在【刀具】下拉列表中选择【TOOLB4D10】，在【方法】下拉列表中，选择【MILL_FINISH】选项，输入名称：FINISH_MILL，如图 5-28 所示，单击【确定】按钮。

（2）设置等高轮廓铣的加工几何体。在系统弹出的【Zlevel Profile】对话框中，单击【切削区域】按钮 ，弹出【切削区域】对话框，如图 5-29 所示。在绘图区选择如图 5-30 所示的曲面，单击【确定】按钮，完成切削区域的设置。

图 5-28 【创建操作】对话框

图 5-29 【切削区域】对话框

（3）设置等高轮廓铣的刀轨参数。在【Zlevel Profile】对话框中的【合并距离】文本框中输入值 2；在【最小切削深度】文本框中输入值 1；在【全局每刀深度】后的文本框中输入值 0.2，如图 5-31 所示，其他加工参数采用默认的值。

（4）设置切削参数。在【Zlevel Profile】对话框中，单击【切削参数】按钮 ，弹出【切削参数】对话框，在【连接】选项卡中，选择【在层之间切削】选项；在【步进】下拉列表中，选择【残余高度】选项；在【高度】文本框中，输入值 0.01，如图 5-32 所示。其余的切削参数采用系统的默认设置，单击【确定】按钮。

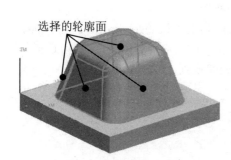

图 5-30　选择的轮廓面　　　　　　　图 5-31　【Zlevel Profile】对话框

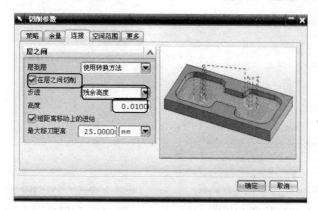

图 5-32　【连接】选项卡

4. 生成刀具轨迹，进行加工仿真

（1）生成刀具轨迹。在【Zlevel Profile】对话框中单击【生成刀轨】按钮，系统生成的刀具轨迹，如图 5-33 所示。

（2）加工操作仿真。在【Zlevel Profile】对话框中单击【确认刀轨】按钮，系统弹出【刀轨可视化】对话框，选择【2D 动态】选项卡，单击【播放】按钮，对操作进行加工仿真，仿真结果如图 5-34 所示，单击【确定】按钮。

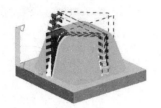

图 5-33　生成的刀具轨迹　　　　　　图 5-34　加工仿真结果

5. 保存文件

在【文件】下拉菜单中选择【保存】命令，保存已完成的加工文件。

5.5　综合实例二：等高轮廓铣加工（二）

光盘链接：录像演示——见光盘中的"\avi\ch05\5.5\ Z-level02.avi"文件。

（参考用时：15 分钟）

5.5.1　加工预览

应用等高轮廓铣加工完成如图 5-35 所示的零件顶部曲面的精加工，加工后的效果如图 5-36 所示。

图 5-35　加工的零件模型　　　　　　图 5-36　加工仿真结果

5.5.2　案例分析

本案例为凸模型芯的曲面精加工操作。在本节中将创建等高轮廓铣操作，完成对该零件顶面的精加工。

5.5.3　主要参数设置

（1）等高轮廓铣加工刀具的创建；
（2）等高轮廓铣刀轨参数的设置；

（3）在层间切削的设置；

5.5.4　加工步骤

1.　打开模型文件

（1）调出模型文件。启动 NX 5.0，在【标准】工具栏中，单击【打开】按钮，系统弹出【打开部件文件】对话框，选择 sample \ch05\5.4 目录中的 Z-level02.prt 文件，单击【OK】按钮。

（2）在【资源】条单击【操作导航器】按钮，打开【操作导航器】对话框。在【操作导航器】工具条中，单击【程序视图】按钮，将操作导航器切换到程序视图。其中已经创建好了粗加工和半精加工操作。

2.　创建加工刀具

（1）创建等高轮廓铣刀具。在【操作导航器】工具条中，单击【机床视图】按钮，将操作导航器切换到刀具视图。单击【加工创建】工具条中的【创建刀具】按钮，弹出【创建刀具】对话框，在【类型】下拉列表中，选择【mill_contour】选项，刀具组为【GENERIC_MACHINE】，名称为：TOOL4D6，如图 5-37 所示。单击【确定】按钮。

（2）设置刀具的具体参数。在弹出的【Milling Tool-Ball Mill】对话框中设置刀具参数，如图 5-38 所示，单击【确定】按钮，完成刀具的创建。

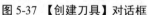

图 5-37　【创建刀具】对话框　　　　　图 5-38　【Milling Tool-Ball Mill】对话框

3. 创建等高轮廓铣操作

（1）创建等高轮廓铣操作。在【加工创建】工具条，单击【创建操作】按钮 ，系统弹出【创建操作】对话框，在【类型】下拉列表中选择【mill_contour】选项，在【操作子类型】选项组中，单击【等高轮廓铣】按钮 ；在【程序】下拉列表中选择【PROGRAM】；在【几何体】下拉列表中选择【WORKPIECE】选项；在【刀具】下拉列表中选择【TOOL4D6】；在【方法】下拉列表中，选择【MILL_FINISH】选项；输入名称：FINISH_MILL2，如图 5-39 所示，单击【确定】按钮。

（2）设置加工几何体。在系统弹出【Zlevel Profile】对话框中，单击【切削区域】按钮 ，弹出【切削区域】对话框，如图 5-40 所示。在绘图区选择如图 5-41 所示的曲面，单击【确定】按钮，完成切削区域的设置。

图 5-39　【创建操作】对话框

图 5-40　【切削区域】对话框

（3）设置等高轮廓铣加工的刀轨参数。在【Zlevel Profile】对话框中的【合并距离】文本框中输入值 2；在【最小切削深度】文本框中输入值 1；在【全局每刀深度】后的文本框中输入值 0.2，如图 5-42 所示，其他加工参数采用默认的值。

（4）设置切削参数。在【Zlevel Profile】对话框中，单击【切削参数】按钮 ，弹出【切削参数】对话框，在【连接】选项卡中，选择【在层之间切削】选项；在【步进】下拉列表中，选择【恒定】选项；在【距离】文本框中，输入值 0.2，如图 5-43 所示。其余的切削参数采用系统的默认设置，单击【确定】按钮，完成切削参数的设置。

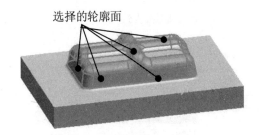

选择的轮廓面

图 5-41　选择的轮廓面

图 5-42　【Zlevel Profile】对话框

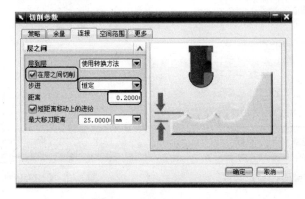

图 5-43　【连接】选项卡

4．生成刀具轨迹，进行加工仿真

（1）生成刀具轨迹。在【Zlevel Profile】对话框中单击【生成刀轨】按钮，系统生成的刀具轨迹，如图 5-44 所示。

（2）加工操作仿真。在【Zlevel Profile】对话框中单击【确认刀轨】按钮，系统弹出【刀轨可视化】对话框，选择【2D 动态】选项卡，单击【播放】按钮，对操作进行加工仿真，仿真结果如图 5-45 所示，单击【确定】按钮。

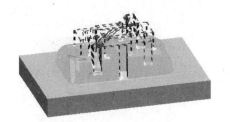

图 5-44　生成的刀具轨迹

图 5-45　加工仿真结果

5. 保存文件

在【文件】下拉菜单中选择【保存】命令，保存已完成的加工文件。

5.6　课后练习

（1）启动 NX 5.0，打开光盘文件"sample\ch05\5.5\exercise1.prt"，打开后的模型，如图 5-46 所示。创建等高轮廓铣操作，完成凹模型腔的精加工。加工完成后的工件模型，如图 5-47 所示。

（参考用时：15 分钟）

图 5-46　零件模型

图 5-47　结果模型

（2）启动 NX 5.0，打开光盘文件"sample\ch05\5.5\exercise2.prt"，打开后的模型，如图 5-48 所示。创建等高轮廓铣操作，完成凸模顶部曲面的精加工。加工完成后的工件模型，如图 5-49 所示。

（参考用时：15 分钟）

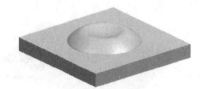

图 5-48　零件模型

图 5-49　结果模型

5.7　本章小结

　　本章介绍了等高轮廓铣的特点及应用。重点讲解了等高轮廓铣加工几何体的设置和加工参数的设置，最后通过综合实例对等高轮廓铣操作各种命令和参数的设置进行了综合应用。

　　等高轮廓铣是加工工件陡峭表面常用的方法。其常应用在高速铣削加工中，完成工件的半精加工和精加工。读者应能够较熟练掌握等高轮廓铣加工的创建和应用。

第6章　固定轴曲面轮廓铣

【本章导读】

本章详细地讲解了固定轴曲面轮廓铣加工。介绍了固定轴曲面轮廓铣加工的特点、应用场合、切削参数和非切削参数的设置，重点讲解了各种驱动方式的固定轴曲面轮廓铣操作的创建。每一种驱动方式固定轴曲面轮廓铣都有相关的课堂练习，使读者灵活应用掌握固定轴曲面轮廓铣操作的创建和应用。

希望读者通过 4.5 个小时的学习，熟练掌握固定轴曲面轮廓铣操作的创建和应用。理解不同驱动方式的固定轴曲面轮廓铣操作的特点和掌握参数的设置方法。

序号	名　称	基础知识参考学时（分钟）	课堂练习参考学时（分钟）	课后练习参考学时（分钟）
6.1	固定轴曲面轮廓铣概述	10	0	0
6.2	创建固定轴曲面轮廓铣操作	20	0	0
6.3	固定轴曲面轮廓铣常用驱动方式	90	60	15
6.4	投影矢量	20	0	0
6.5	固定轴曲面轮廓铣操作的参数设置	40	0	15
总计	270 分钟	180	60	30

6.1　固定轴曲面轮廓铣概述

固定轴曲面轮廓铣（Fixed Contour）是一种用于精加工由轮廓曲面形成的区域的加工方式。在加工过程中，刀具的刀轴保持固定不变。固定轴曲面轮廓铣允许通过精确控制刀轴和投影矢量，使刀轨沿着非常复杂的曲面轮廓移动。

在固定轴轮廓铣中需要定义工件几何体、驱动几何体和投影矢量，系统通过将驱动点投影到部件几何体上来创建刀轨。驱动点从曲线、边界、面或曲面等驱动几何体生成，并沿着指定的投影矢量投影到部件几何体上。然后，刀具定位到部件几何体以生成刀轨。驱动点的投影如图 6-1 所示。

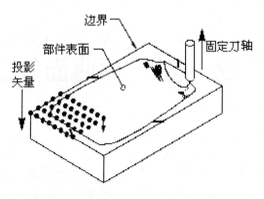

图 6-1　驱动点的投影

在固定轴曲面轮廓铣中，可以通过驱动方法来创建生成刀轨时所需的驱动点。有些驱动方法允许沿着曲线创建一串驱动点，而其他方法则允许在一个区域内创建驱动点阵列。驱动点一旦定义，就可用于创建刀轨。如果没有选择"部件"几何体，则"刀轨"直接从"驱动点"创建。否则，可通过将驱动点沿投影矢量投影到部件表面来创建刀轨。另外，在固定轴曲面轮廓铣中，还可以通过投影矢量来定义如何将驱动点投影到部件表面，以及定义刀具将接触的部件表面的侧面。

在固定轴曲面轮廓铣中，所有部件几何体都是作为有界实体处理的。相应地，由于曲面轮廓铣实体是有限的，因此刀具只能定位到部件几何体（包括实体的边）上现有的位置。刀具不能定位到部件几何体的延伸部分。但驱动几何体是可延伸的。

固定轴曲面轮廓铣采用三轴联动的加工方式来完成零件中复杂曲面的半精加工和精加工，另外固定轴曲面轮廓铣还适合对零件中处于不同深度的曲面轮廓进行加工和小圆角的加工。

6.2　创建固定轴曲面轮廓铣操作

6.2.1　创建固定轴曲面轮廓铣的基本步骤

1. 创建固定轴曲面轮廓铣操作

（1）选择创建的操作类型。单击【创建操作】按钮　，或在【插入】下拉菜单中选择【操作】命令，弹出如图 6-2 所示的【创建操作】对话框。

（2）在【创建操作】对话框的【类型】下拉列表中选择【mill_contour】选项，在【操作子类型】中，单击【固定轴曲面轮廓铣】按钮　，系统弹出【固定轴轮廓】对话框，如

图 6-3 所示。

图 6-2　【创建操作】对话框

图 6-3　【固定轴轮廓】对话框

（3）设置父节点组和名称。设置【程序】、【几何体】、【刀具】和【方法】等父节点组，在【名称】文本框中，输入操作的名称。单击【确定】按钮。

2．设置固定轴曲面轮廓铣操作的参数

（1）设置基本的操作参数。选择【驱动方式】、【投影矢量】、【刀轴】等参数。

（2）设置相应的驱动几何体的相关参数。

（3）设置其他的参数。设置【切削参数】、【非切削参数】、【进给和速度】和【机床控制】等参数。

3．生成刀具轨迹

（1）生成刀具轨迹。在【固定轴轮廓】对话框中，单击【生成刀轨】按钮，系统生成刀具轨迹。

（2）检验刀轨，进行加工仿真。在【固定轴轮廓】对话框中，单击【确认刀轨】按钮 🛠，系统弹出【刀轨可视化】对话框，进行可视化刀轨的检查。

6.2.2 固定轴曲面轮廓铣操作的子类型

在如图 6-2 所示的【创建操作】对话框的【类型】下拉列表中选择【mill_contour】选项时，【操作子类型】面板中将会出现与固定轴曲面轮廓铣操作相关的加工子类型。系统已经为这些子加工操作配置了相关的默认参数，可以用来完成更为具体的加工。在【mill_contour】模板集中可以使用的操作子类型见表 6-1。

表 6-1   固定轴轮廓铣加工子类型

图标	英文名称	中文含义	说　　明
⬇	FIXED_CONTOUR	固定轴曲面轮廓铣	基本的固定轴曲面轮廓铣操作
⬇	CONTOUR_AREA	区域轮廓铣	用于以各种切削模式切削选定的面或切削区域
🖐	CONTOUR_SURFACE_AREA	曲面区域轮廓铣	其使用单一驱动曲面的 U-V 方向，或者是曲面的直角坐标栅格
🖐	STREAMLINE	流线曲面加工	以曲线、边缘、点和曲面作为驱动几何体，允许刀路外延
🖐	CONTOUR_AREA_NON_STEEP	非陡峭区域轮廓铣	只对非陡峭区域进行加工，在加工中可以控制残余高度，以保证加工表面的质量
🖐	CONTOUR_AREA_DIR_STEEP	陡峭区域轮廓铣	只对陡峭区域进行加工，其默认的陡峭角为 35°
🖐	FLOWCUT_SINGLE	单路径清根铣	自动清根驱动方式，单一刀路，用于精加工或减少拐角和凹谷
🖐	FLOWCUT_MULTIPLE	多路径清根铣	自动清根驱动方式，多个刀路，用于精加工或减少拐角和凹谷
🖐	FLOWCUT_REF_TOOL	参考刀具清根铣	自动清根驱动方式，以前一参考刀具直径为基础的多个刀路，用于对拐角和凹谷进行剩余铣削
🖐	FLOWCUT_SMOOTH	光顺清根铣	与参考刀具清根铣相同，其进刀、退刀和移刀平稳，常常用于高速加工
🖐	PROFILE_3D	3D 轮廓铣	特殊的 3D 轮廓铣切削类型，常用于修边模
🖐	CONTOUR_TEXT	文本轮廓铣	用于对工件上的文本进行 3D 雕刻加工

6.3　固定轴曲面轮廓铣常用驱动方式

　　驱动方式用于定义创建刀轨所需的驱动点。某些驱动方式可以沿一条曲线创建一串驱动点，而在其他驱动方式中可以在边界内或在所选曲面上创建驱动点阵列。驱动点一旦定义，就可用于创建刀轨。如果没有选择"部件"几何体，则"刀轨"直接从"驱动点"创建；否则，从投影到部件表面的驱动点创建刀轨。

　　选择合适的驱动方式，应以加工表面的形状和复杂性以及刀轴和投影矢量的要求而决定。所选的驱动方式决定可以选择的驱动几何体的类型，以及可用的投影矢量、刀轴和切削类型。可以通过【固定轴轮廓】对话框中的【方法】下拉列表来指定驱动方式。其中有【曲线/点】、【螺旋式】、【边界】、【区域铣削】、【曲面区域】、【流线】、【刀轨】、【径向切削】、【清根】、【文本】和【用户定义】等驱动方式，如图 6-4 所示。接下来分别对几种常用的驱动方式进行介绍。

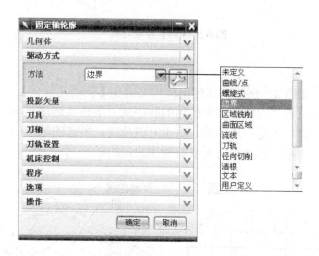

图 6-4　驱动方式

6.3.1　【曲线/点】驱动

　　【曲线/点】驱动方式用于通过指定点和选择曲线来定义【驱动几何体】。指定点后，"驱动路径"生成为指定点之间的线段；指定曲线后，"驱动点"沿着所选择的曲线生成。在这两种情况下，【驱动几何体】投影到工件表面上，然后在此工件表面上生成"刀轨"。曲线可以是开放的或闭合的、连续的或非连续的以及平面的或非平面的。该驱动方式常常用来在工件表面上加工轮廓图案。

1. 点驱动

当由点定义【驱动几何体】时，刀沿着"刀轨"按照指定的顺序从一个点运动至下一个点。同一个点可以使用多次，只要它在序列中没有被定义为连续的。点驱动方式如图 6-5 所示，依次选择 1、2、3、4 四个驱动点，系统将会依次以直线连接各点，然后将连接的直线沿投影矢量投影到部件几何体的表面生成刀具轨迹。

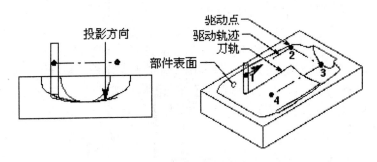

图 6-5 【点】驱动方式

2. 曲线驱动

曲线驱动方式，如图 6-6 所示，其使用曲线来定义【驱动几何体】。当由曲线定义【驱动几何体】时，刀具沿着"刀轨"按照所选的顺序从一条曲线运动至下一条曲线。所选的曲线可以是连续的，也可以是不连续的。对于开放曲线，所选的端点决定起点；对于闭合曲线，起点和切削方向是由选择段时采取的顺序决定的。

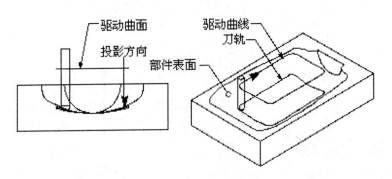

图 6-6 【曲线】驱动方式

3. 曲线/点的选择与编辑

选择【曲线/点】驱动方式，首先要选择驱动点和驱动曲线。在【固定轴轮廓】对话框的【驱动方式】面板的【方法】下拉列表中，选择【曲线/点】选项，系统将弹出【曲线/

点驱动方式】对话框，如图 6-7 所示。该对话框用于设置定义刀轨的点和曲线，指定所选驱动几何体的参数，如进给率、抬刀和切削方向。

（1）驱动几何体

驱动几何体用于选择并编辑将用于定义刀轨的点和曲线。在【曲线/点驱动方式】对话框中，单击【指定驱动几何体】按钮，系统弹出【曲线/点选择】对话框，如图 6-8 所示。

图 6-7　【曲线/点驱动方式】对话框

图 6-8　【曲线/点选择】对话框

①【定制切削进给率】选项：用于为所选择的每条曲线或每个点分别设定进给率和单位。选择该选项，在文本框中输出进给率并指定单位，然后在绘图区选择点或曲线。此时设定的进给率和单位将应用于所选定的点或曲线。

②【局部抬刀直至结束】选项：用于指定不连续曲线之间的非切削运动。如果不激活此选项，系统将在曲线之间生成一条连接线（直线切削）。退刀可应用至所选曲线的末端，进刀应用至该序列中下一条曲线的开头，如图 6-9 所示。

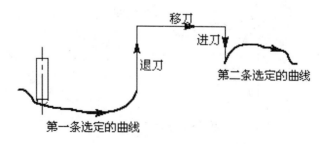

图 6-9　局部抬刀直至结束

③【几何体类型】下拉列表：用于指定所选择的驱动几何体的类型。其中有：【曲线】、【曲线成链】和【点】三个选项。如果选择点，则切削方向由选择点的顺序确定；如果选择曲线，则选择曲线的顺序可确定切削序列，而选择每条曲线的大致方向确定该曲线的切

削方向，如图 6-10 所示。

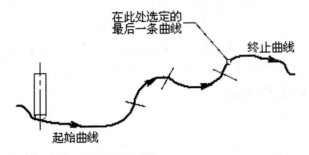

图 6-10　切削方向的确定

④【曲线名】文本框：用于输入曲线的名称，系统将通过输入的曲线或点的名称，来选择点或曲线作为驱动几何体。

（2）切削步长

切削步长用于控制沿着"驱动曲线"创建的"驱动点"之间的距离。切削步长越小，生成的驱动点就越近，产生的刀具轨迹将精确于驱动曲线。可以通过指定公差和指定点的数目两种方式来控制切削步长。

①【公差】方式：公差用于指定"驱动曲线"和两个连续点间延伸线之间允许的最大垂直距离。如果此法向距离不超出指定的公差值，则生成"驱动点"，如图 6-11 所示。

②【数量】方式：该方式通过指定要沿着"驱动曲线"创建的"驱动点"的最小数目来控制切削步长。输入的数值越大生成的驱动点越多；反之，则生成的驱动点越少。

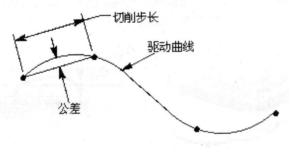

图 6-11　【公差】方式

（3）显示驱动路径

显示驱动路径用于创建一个临时显示，显示用于生成刀具轨迹的驱动路径。单击【显示】按钮，系统将在绘图区显示生成的驱动路径。

6.3.2　课堂练习一：【曲线/点】驱动实例

（参考用时：15 分钟）

在本小节中，将通过一个具体的实例来说明【曲线/点】驱动方式的固定轴轮廓铣的创建。

（1）调入模型文件。启动 NX5.0，在【标准】工具栏中，单击【打开】按钮 ，系统弹出【打开部件文件】对话框，选择 sample \ch06\6.3 目录中的 Curves.prt 文件，单击【OK】按钮，调入的零件模型，如图 6-12 所示。

（2）创建固定轴曲面轮廓铣。在【加工创建】工具条中，单击【创建操作】按钮 ，系统弹出【创建操作】对话框，设置如图 6-13 所示的参数，输入操作名称：CURVES，单击【确定】按钮，此时系统弹出【固定轴轮廓】对话框。

图 6-12　零件模型　　　　　图 6-13　【创建操作】对话框

（3）指定驱动方式。在【固定轴轮廓】对话框【方法】下拉列表中，选择【曲线/点】选项，系统弹出的【曲线/点驱动方式】对话框。单击其中的【指定几何体】按钮 ，在弹出的【曲线/点选择】对话框的【几何体类型】下拉列表中，选择【曲线成链】选项，如图6-14 所示。选择如图 6-15 所示的曲线，单击【确定】按钮，再单击【确定】按钮。

（4）设置曲线/点驱动参数。在【曲线/点驱动方式】对话框的【切削步长】下拉列表中，选择【数量】选项，然后在【数量】文本框中，输入值 20，如图 6-16 所示。在预览面板中，单击【显示】按钮![button]，显示生成的驱动点，如图 6-17 所示。单击【确定】按钮。

图 6-14 【曲线/点选择】对话框

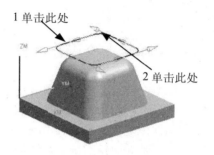

图 6-15 选择的曲线

图 6-16 【曲线/点驱动方式】对话框

图 6-17 生成的驱动点

（5）设置切削深度。在【固定轴轮廓】对话框中，单击【切削参数】按钮![button]，在【切削参数】对话框的【余量】选项卡中的【部件余量】文本框中，输入值-1，单击【确定】按钮。

（6）生成刀具轨迹。在【固定轴轮廓】对话框中，单击【生成刀轨】按钮![button]，生成的刀具轨迹，如图 6-18 所示。单击【确定】按钮，完成操作的创建。

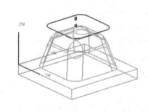

图 6-18 生成的刀具轨迹

（7）保存文件。在主菜单栏中依次选择【文件】|【保存】命令，保存已加工文件。

6.3.3 【螺旋式】驱动

【螺旋式】驱动方式，如图 6-19 所示，可以生成从指定的中心点向外螺旋的"驱动点"。

驱动点在垂直于投影矢量并包含中心点的平面上创建。然后"驱动点"沿着投影矢量投影到所选择的部件表面上。

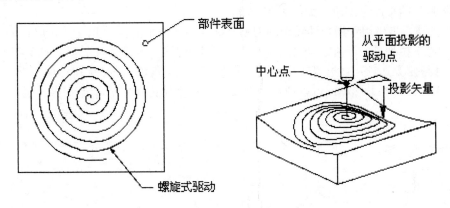

图 6-19　【螺旋式】驱动方式

与其他驱动方式相比，【螺旋式】驱动方式步距产生的效果是光顺、稳定的向外过渡，不存在横向进刀和切削方向上的突变。因为此驱动方法保持一个恒定的切削速度和光顺运动，它对于高速加工应用程序很有用。

在【固定轴轮廓】对话框的【方法】下拉列表中，选择【螺旋式】选项，系统将弹出【螺旋式驱动方式】对话框，如图 6-20 所示。该对话框用于设置螺旋驱动几何体的相关参数。

图 6-20　【螺旋式驱动方式】对话框

（1）指定点。指定点用于定义螺旋的中心，它是刀具开始切削的位置。如果不指定中心点，则系统使用"绝对坐标系"的 0,0,0 作为中心点；如果"中心点"不在"部件表面"上，它将沿着已定义的"投影矢量"移动到"部件表面"上。

（2）最大螺旋式半径。最大螺旋式半径用于定义螺旋的半径。通过指定"最大半径"来限制要加工的区域。此约束通过限制创建的驱动点数目来减少处理时间。半径在垂直于"投影矢量"的平面上测量，如图 6-21 所示。

（3）步进。步进用于指定连续切削刀路之间的距离，如图 6-22 所示。可以在如图 6-20 所示的步进下拉列表中，指定步进的定义方式。其中有【恒定】和【刀具直径】两个选项。

① 【恒定】选项：通过设置恒定的距离值来定义连续的切削刀路间距。

② 【刀具直径】选项：可以通过输入有效刀具直径的百分比定义步距。

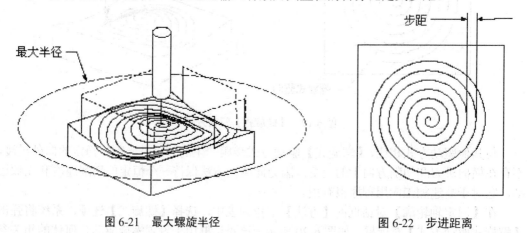

图 6-21　最大螺旋半径　　　　　　　　图 6-22　步进距离

（4）切削方向。切削方向用于根据主轴旋转定义"驱动路径"切削的方向。有【顺铣】和【逆铣】两种方式，如图 6-23 所示。

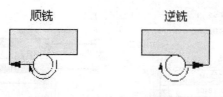

图 6-23　切削方向

6.3.4　课堂练习二：【螺旋式】驱动实例

（参考用时：15 分钟）

在本小节中，将通过一个具体的实例来说明【螺旋式】驱动方式的固定轴轮廓铣的创建。

（1）调入模型文件。启动 NX 5.0，在【标准】工具栏中，单击【打开】按钮，系统弹出【打开部件文件】对话框，选择 sample \ch06\6.3 目录中的 Spiral.prt 文件，单击【OK】

按钮，调入的零件模型，如图 6-24 所示。

图 6-24　零件模型

（2）创建固定轴曲面轮廓铣。在【加工创建】工具条中，单击【创建操作】按钮 ，系统弹出【创建操作】对话框，设置如图 6-25 所示的参数，输入操作名称：SRIRAL，单击【确定】按钮，此时系统弹出【固定轴轮廓】对话框。

（3）指定驱动方式。在【固定轴轮廓】对话框【方法】下拉列表中，选择【螺旋式】选项，系统弹出的【螺旋式驱动方式】对话框。选择零件的圆心作为螺旋中心点，设置的参数，如图 6-26 所示。单击【显示】按钮 ，显示生成的驱动点，如图 6-27 所示。单击【确定】按钮。

图 6-25　【创建操作】对话框

图 6-26　【螺旋式驱动方式】对话框

（4）生成刀具轨迹。在【固定轴轮廓】对话框中，单击【生成刀轨】按钮 ，生成的刀具轨迹,如图 6-28 所示。单击【确定】按钮,完成操作的创建。

(5)保存文件。在主菜单栏中依次选择【文件】|【保存】命令,保存已加工文件。

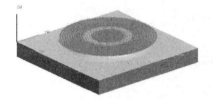 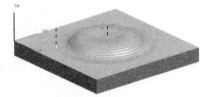

图 6-27　生成的驱动点　　　　　　　　　　图 6-28　　刀具轨迹

6.3.5　【边界】驱动

【边界】驱动方式,如图 6-29 所示,通过指定边界和内环来定义切削区域。切削区域由边界、内环或二者的组合定义。边界可以由一系列曲线、现有的永久边界、点或面创建。它们可以定义切削区域外部,如岛和腔体。可以为每个边界成员指定【对中】、【相切】或【接触】刀具位置属性。系统将已定义的切削区域的"驱动点"按照指定的"投影矢量"的方向投影到工件表面,从而生成刀具轨迹。【边界】驱动方式在加工部件表面时很有用,它需要最少的"刀轴"和"投影矢量"控制。

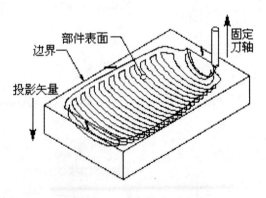

图 6-29　【边界】驱动方式

【边界】驱动方式与平面铣的工作方式大致上相同。但是,与平面铣不同的是,【边界】驱动方法可用来创建允许刀具沿着复杂表面轮廓移动的精加工操作。与曲面区域驱动方法相同的是,【边界】驱动方式可创建包含在某一区域内的"驱动点"阵列。在边界内定义"驱动点"一般比选择"驱动曲面"更为快捷和方便。但是,使用【边界驱动方式】时,不能控制刀轴或相对于驱动曲面的投影矢量。

在【固定轴轮廓】对话框的【方法】下拉列表中,选择【边界】选项,系统弹出【边界驱动方式】对话框，如图 6-30 所示。此对话框中包含了：驱动几何体、边界公差、边界偏置、图样、切削类型、图样中心、切削角和切削区域等参数。

图 6-30　【边界驱动方式】对话框

1．驱动几何体

驱动几何体用于定义和编辑驱动几何体边界。在【边界驱动方式】对话框中，单击【驱动几何体】按钮，系统将弹出如图 6-31 所示的【边界几何体】对话框。该对话框和平面铣中的【边界几何体】对话框基本一样，读者可以参照平面铣边界的选择和编辑部分，在此就不再重复介绍了。

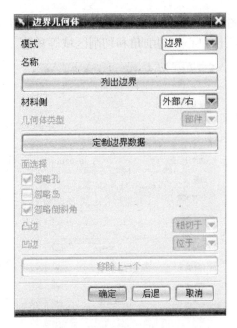

图 6-31　【边界几何体】对话框

2. 边界公差和边界偏置

（1）边界公差。边界内公差和外公差用于指定刀具偏离实际边界的最大距离。公差的值越小，刀具路径偏离边界的距离越小，其精度越高，但系统的计算时间也会越长。

（2）边界偏置。边界偏置，即边界余量，用于设置边界上预留材料的多少。其通常用于粗加工中控制材料的预留量，以便在后续的精加工中切除。

3. 部件空间范围

部件空间范围通过沿着所选部件表面和表面区域的外部边缘创建环来定义切削区域。"环"类似于边界，因为它们都可定义切削区域。但环与边界不同的是，环是在部件表面上直接生成且无需投影。可以通过【部件工件范围】下拉列表选择 3 种方式来定义切削区域。

（1）【关】方式：关闭空间范围包容功能。

（2）【最大的环】方式：系统将使用工件中最大的封闭区域的环来定义切削区域。

（3）【所有的环】方式：系统将使用工件中所有的封闭区域的环来定义切削区域。

4. 图样

图样用于定义刀轨的形状。某些图样可切削整个区域，而其他图样仅围绕区域的周界进行切削。可以在如图 6-32 所示的【图样】下拉列表中指定某种图样。其中有：【跟随周边】、【配置文件】、【平行线】、【径向线】、【同心圆弧】和【标准驱动】6 种图样。其中，【跟随周边】、【配置文件】和【标准驱动】与平面铣切削方式中的一样，在此只对【平行线】、【径向线】和【同心圆弧】三种图样进行说明。

（1）平行线。平行线将生成一系列平行线形式的刀路，如图 6-33 所示。选择该图样模式，可以在【切削类型】下拉列表中，指定【往复】、【单向】、【单向带轮廓铣】或【单向步进铣】4 种切削类型，另外还可以设置【切削角】的大小。

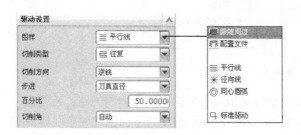
图 6-32　图样类型

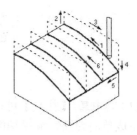
图 6-33　平行线图样

（2）径向线。径向线可创建线性切削模式，这种切削模式将从指定的中心点或系统计算的最优中心点，沿径向产生辐射状的刀具路径，如图 6-34 所示。在该图样模式中，可以指定【切削类型】、【模式中心】、【向内】、【向外】等参数。当选择【径向线】模式时，可在【步进】列表中选择切削角进给。此切削模式的"步距"是在距中心最远的边界点处沿着圆弧测量的。

（3）同心圆弧。同心圆弧可从用户指定的或系统计算的最优中心点创建逐渐增大的或逐渐减小的圆形切削模式，如图 6-35 所示。在该图样模式中，可以指定【切削类型】、【模式中心】、【向内】、【向外】等参数。在完整的圆形模式无法延伸到的区域，如拐角处，系统在刀具运动至下一个拐角以继续切削之前会生成同心圆弧，且这些圆弧由指定的【切削类型】进行连接。

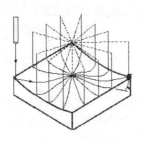
图 6-34　径向线图样

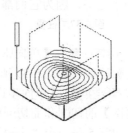
图 6-35　同心圆弧图样

5. 切削类型

切削类型用于定义刀具从一个切削刀路运动到下一个切削刀路的方式。可以在如图 6-36 所示的【边界驱动方式】对话框的【切削类型】下拉列表中指定具体的切削类型。其中有:【往复】、【单向】、【单向带轮廓铣】和【单向步进铣】4 种选项。

图 6-36　切削类型

（1）≣ 往复。【往复】可在刀具以一个方向步进时创建相反方向的刀路。系统在一个方向上生成单向刀路，继续切削时进入下一个刀路，并按相反的方向创建一个回转刀路，如图 6-37 所示。这种切削类型可以通过允许刀具在步距间保持连续的进刀来最大化切削运动。在相反方向切削的结果是生成一系列的交替"顺铣"和"逆铣"。

（2）≣ 单向。【单向】是一个单方向的切削类型，它通过退刀使刀具从一个切削刀路转换到下一个切削刀路，转向下一个刀路的起点，然后再以同一方向继续切削。如图 6-38 所示。

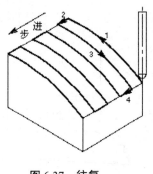

图 6-37　往复

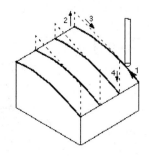

图 6-38　单向

（3）⇶ 单向带轮廓铣。【单向带轮廓铣】是一个单方向切削类型，切削过程中刀具沿着步距的边界轮廓移动，如图 6-39 所示。

（4）⊔ 单向步进铣。【单向步进铣】创建带有切削"步距"的单向模式。图 6-40 说明了【单向步进铣】的切削和非切削移动序列。刀路 1 是一个切削运动，刀路 2、3 和 4 是非切削移动，刀路 5 是一个"步距"和切削运动，刀路 6 重复序列。

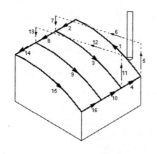

图 6-39　单向带轮廓铣

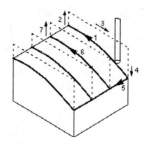

图 6-40　单向步进铣

6. 图样中心

图样中心用于指定圆弧和径向的中心点。只有选择【径向线】、【同心圆弧】模式时才能激活该下拉列表。其中有【自动】和【指定】两个选项。

（1）【自动】选项：系统根据切削区域的形状和大小决定最有效的模式中心位置。

（2）【指定】选项：系统将通过【点构造器】来交互式地定义中心点。

7. 切削角

切削角只能确定【平行线】切削模式的旋转角度。旋转角是相对于工作坐标系（WCS）的 XC 轴测量的，如图 6-41 所示。选择此选项后，可以通过选择【用户定义】从键盘输入一个角度；择【自动】以使系统确定每个切削区域的切削角度，或者选择【最长的线】以使系统建立与周边边界中最长的线段平行的切削角。【最长的线】选项仅可用于包含可区分线段的边界。如果周边边界不包含线段，则系统搜索最长的内部边界线段。

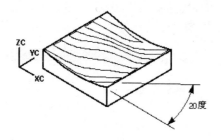

图 6-41　切削角

8. 更多驱动参数

（1）【区域连接】选项：系统将最小化发生在一个部件的不同切削区域之间的进刀、退刀和移刀运动数。系统针对以下情况建立了不同的切削区域：只有超出边界或余量值，刀具才能到达部件的每个位置。

（2）【边界近似】选项：可以通过转换、弯曲和切削将刀路变为更长的线段来减少系统处理时间。只有在使用【跟随周边】或【配置文件】切削图样时，此选项才可用。

（3）【岛清理】选项：系统将沿着岛插入一个附加刀路以移除可能遗留下来的所有多余材料，如图 6-42 所示。只有在使用【跟随周边】切削图样时，此选项才可用。

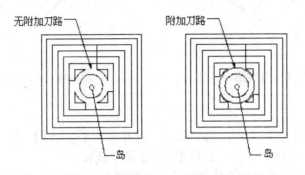

图 6-42　岛清理

（4）【拐角】按钮 ：用于设置在绕角切削时避免刀具过切部件。对于凹角，通过自动生成稍大于刀半径的拐角几何体（圆角），可以让刀在部件内壁之间光顺过渡；当刀具遇到壁时，在一个或多个步骤中使用减速的进给率也能确保壁之间的光顺过渡。当刀离开拐角时，它加速恢复到"切削进给率"。单击该按钮，系统将弹出【拐角和进给率控制】对话框。

9．切削区域

切削区域用于定义切削区域的起点和显示切削区域。单击切削区域【选项】按钮 ，系统将弹出【切削区域选项】对话框，如图 6-43 所示。该对话框可以定义【切削区域起点】和【切削区域显示选项】等参数。

图 6-43　【切削区域选项】对话框

（1）【切削区域起点】

【切削区域起点】是指刀具切削工件的起始点，可以通过【定制】和【自动】2 种方式来设置切削区域的起始点。

① 【定制】选项：需要用户手工定义切削区域的起点。

② 【自动】选项：系统将自动为切削区域定义一个起始点。

（2）【切削区域显示选项】

【切削区域显示选项】用于定义切削区域的显示方式和内容，其中包括：【刀具末端】、【接触点】、【接触法向】和【投影上的刀具端点】四个选项，如图 6-43 所示。

① 【刀具末端】选项：刀具末端在由追踪刀尖定义的"部件表面"上创建临时的显示曲线，如图 6-44 所示。

② 【接触点】选项：在由刀具的接触点定义的"部件表面"上创建一系列的临时显示点，如图 6-44 所示。

③ 【接触法向】选项：在"部件表面"上创建一系列的临时显示矢量。这些矢量由刀具接触点定义，它们垂直于"部件表面"，如图 6-44 所示。

④ 【投影上的刀具端点】选项：投影上的刀具端点创建投影到边界平面上的临时显示曲线。如果没有边界，则临时显示曲线投影到与 WCS 原点处的投影矢量垂直的平面上，如图 6-44 所示。

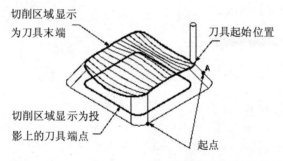

图 6-44 切削区域显示

6.3.6 课堂练习三：【边界】驱动实例

（参考用时：15 分钟）

在本小节中，将通过一个具体的实例来说明【边界】驱动方式的固定轴轮廓铣的创建。

（1）调入模型文件。启动 NX 5.0，在【标准】工具栏中，单击【打开】按钮 ，系统弹出【打开部件文件】对话框，选择 sample \ch06\6.3 目录中的 Boundary.prt 文件，单击【OK】按钮，调入的零件模型，如图 6-45 所示。

图 6-45　零件模型

（2）创建固定轴曲面轮廓铣。在【加工创建】工具条中，单击【创建操作】按钮 ，
系统弹出【创建操作】对话框，设置如图 6-46 所示的参数，输入操作名称：BOUNDARYT，
单击【确定】按钮，此时系统弹出【固定轴轮廓】对话框。

（3）指定驱动方式和驱动几何体。在【固定轴轮廓】对话框【方法】下拉列表中，选
择【边界】选项，系统弹出的【边界驱动方式】对话框。单击其中的【指定几何体】 按
钮，在弹出的【边界几何体】对话框的【模式】下拉列表中，选择【曲线/边】选项，此时
系统将弹出【创建边界】对话框，在【平面】下拉列表中，选择【用户定义】选项，单击
【对象平面】按钮 。在绘图区选择如图 6-47 所示的平面，然后按照顺序选择如图 6-48
所示的曲线。单击【确定】按钮。

图 6-46　【创建操作】对话框

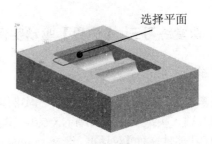

图 6-47　选择的平面

（4）选择第二条边界。在【边界几何体】对话框的【模式】下拉列表中，选择【曲线/边】选项，此时系统将弹出【创建边界】对话框，在绘图区按照顺序选择如图 6-49 所示的曲线。单击【确定】按钮，再单击【确定】按钮。

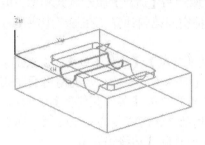

图 6-48　选择的曲线

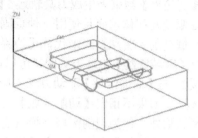

图 6-49　选择的曲线

（5）设置边界驱动参数。在【边界驱动方式】对话框的【切削类型】下拉列表中，选择【单向带轮廓铣】选项；选择【岛清理】选项；在【壁清理】下拉列表中，选择【在起点】选项，其他采用系统默认值，如图 6-50 所示。单击【确定】按钮。

（6）生成刀具轨迹。在【固定轴轮廓】对话框中，单击【生成刀轨】按钮，生成的刀具轨迹，如图 6-51 所示。单击【确定】按钮，完成操作的创建。

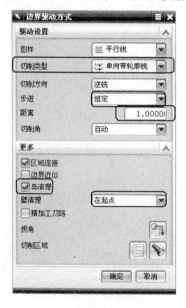

图 6-50　【边界驱动方式】对话框

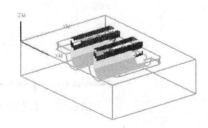

图 6-51　生成的刀轨

（7）保存文件。在主菜单栏中依次选择【文件】|【保存】命令，保存已加工文件。

6.3.7 【区域铣削】驱动

【区域铣削】驱动方式通过指定切削区域并且在需要的情况下添加【陡峭空间范围】和【修剪边界】约束来生成刀具轨迹。【区域削铣】驱动与【边界】驱动方式相似，但是它不需要驱动几何体，而且使用一种稳固的自动免碰撞空间范围计算。在加工中应尽可能使用【区域铣削】驱动方式来代替【边界】驱动方式。

在【区域铣削】驱动方式中，可以通过选择【曲面区域】、【片体】或【面】来定义【切削区域】。与【曲面区域】驱动方法不同，切削区域几何体不需要按一定的栅格行序或列序进行选择。如果不指定【切削区域】，系统将使用完整定义的【部件几何体】（刀具无法接近的区域除外）作为切削区域。换言之，系统将使用部件轮廓线作为切削区域。如果使用整个【部件几何体】而没有定义【切削区域】，则不能移除【边缘追踪】。

在【固定轴轮廓】对话框的【方法】下拉列表中，选择【区域铣削】选项，系统弹出如图 6-52 所示的【区域铣削驱动方式】对话框。该对话框中包含有：【陡峭空间范围】、【切削类型】、【步距已应用列表】、【切削角】等参数。

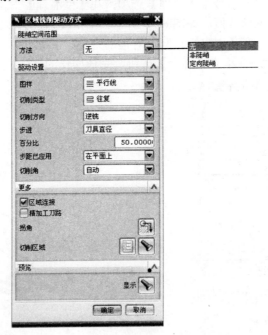

图 6-52 【区域铣削驱动方式】对话框

1. 陡峭空间范围

陡峭空间范围用于根据刀轨的陡峭度限制切削区域。其可用于控制残余高度和避免将刀具插入到陡峭曲面上的材料中。系统将根据刀具的陡峭角度将切削区域分为陡峭区域和非陡峭区域。工件的陡峭度是指刀轴与工件几何体表面的法线方向之间的夹角。可以在【区域铣削驱动方式】对话框的【方法】下拉列表来定义陡峭空间范围。列表中有：【无】、【非陡峭】和【定向陡峭】三个选项。

（1）【无】选项：系统将不使用陡峭约束，在指定的整个切削区域进行切削。

（2）【非陡峭】选项：系统将只对非陡峭区域进行加工。该选项一般用于切削比较平缓的工件表面。选择该选项后，可以在【陡角】文本框中输入陡峭角度值。

（3）【定向陡峭】选项：只允许切削指定方向上的陡峭区域。其方向由切削角来确定，即从工作坐标系（WSC）的 XC 轴开始，绕 ZC 轴旋转指定的切削角度的大小就是指定的切削方向。

2. 切削类型

在【区域铣削】驱动方式中，除了添加往复上升外，使用的切削类型与【边界】驱动方式中使用的一样。往复上升切削类型基本是往复走刀方式，但其可以根据指定的局部"进刀"、"退刀"和"移刀"运动，在刀路之间抬刀，如图 6-53 所示。

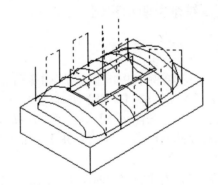

图 6-53　往复提升走刀切削

3. 步距已应用列表

步距已应用列表用于定义步距的测量方式。其中有【在平面上】和【在部件上】两个选项。

（1）【在平面上】选项：系统生成用于操作的刀轨时，步距是在垂直于刀轴的平面上测量的。如图 6-54 所示。该方式适用于非陡峭区域。

（2）【在部件上】选项：当系统生成用于操作的刀轨时，沿着部件测量步距，如图 6-55 所示。适用于具有陡峭壁的工件。这样可以对工件几何体较陡峭的部分维持更紧密的步距，以实现对残余高度的附加控制。

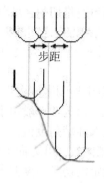

图 6-54　在平面上

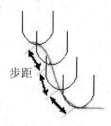

图 6-55　在部件上

4. 切削角

切削角用于确定切削模式相对于 XC 轴绕 ZC 轴的旋转角度。有关其他详细信息，请读者参阅【边界驱动方式】中关于【切削角】的说明。

6.3.8　课堂练习四：【区域铣削】驱动实例

（参考用时：15 分钟）

在本小节中，将通过一个具体的实例来说明【区域铣削】驱动方式的固定轴轮廓铣的创建。

（1）调入模型文件。启动 NX 5.0，在【标准】工具栏中，单击【打开】按钮，系统弹出【打开部件文件】对话框，选择 sample \ch06\6.3 目录中的 Area_mill.prt 文件，单击【OK】按钮，调入的零件模型，如图 6-56 所示。

图 6-56　零件模型

（2）创建固定轴曲面轮廓铣。在【加工创建】工具条中，单击【创建操作】按钮，系统弹出【创建操作】对话框，设置如图 6-57 所示的参数，输入操作名称：AREA_MILL，单击【确定】按钮，此时系统弹出【固定轴轮廓】对话框。

（3）指定驱动方式和切削区域。在【固定轴轮廓】对话框【方法】下拉列表中，选择【区域铣削】选项，在系统弹出的【区域铣削驱动方式】对话框中，单击【确定】按钮，系统返回到【固定轴轮廓】对话框。单击【切削区域】按钮，在绘图区选择如图 6-58 所示的曲面，单击【确定】按钮。

（4）编辑铣削驱动参数。在【固定轴轮廓】对话框中，单击【编辑】按钮，在弹出的【区域铣削驱动方式】对话框中，设置如图 6-59 所示的参数，其他参数采用系统的默认设置，单击【显示】按钮，显示的驱动点如图 6-60 所示，单击【确定】按钮。

图 6-57　【创建操作】对话框

图 6-58　选择的曲面

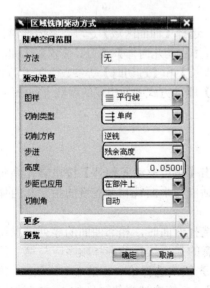

图 6-59　【区域铣削驱动方式】对话框

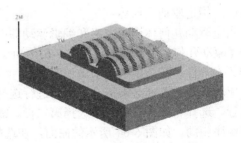

图 6-60　驱动几何体

（5）生成刀具轨迹。在【固定轴轮廓】对话框中，单击【生成刀轨】按钮，生成的刀具轨迹，如图 6-61 所示。单击【确定】按钮，完成操作的创建。

图 6-61　生成的刀轨

（6）保存文件。在主菜单栏中依次选择【文件】|【保存】命令，保存已加工文件。

6.3.9　【曲面区域】驱动

　　【曲面区域】驱动方式通过指定曲面作为驱动几何体，系统将在曲面驱动几何体内创建网状的驱动点阵列，再将这些驱动点按指定的"投影矢量"方向投影，在部件表面生成刀具轨迹。该驱动方式可以对刀轴和投影矢量进行灵活的控制，适合加工表面形状复杂的工件。所选的驱动表面既可以是曲面也可以是平面。当选择曲面时，必须按照行列网格的顺序来选择，且相邻的曲面必须共享一条公共边。

　　在【固定轴轮廓】对话框的【方法】下拉列表中，选择【曲面区域】选项，系统弹出如图6-62 所示的【曲面区域驱动方式】对话框。其中包含：【驱动几何体】、【刀具位置】、【曲面偏置】、【图样】、【切削类型】、【步进】、【步数】、【切削步长】和【过切时】等参数。由于部分参数和其他的驱动方式中的一样，在此仅对【曲面区域】驱动方式中新出现的参数进行介绍。

　　1.　驱动几何体

　　（1）指定驱动几何体

　　指定驱动几何体用于定义和编辑驱动曲面。单击【指定驱动几何体】按钮 ，系统将弹出【驱动几何体】对话框，如图 6-63 所示。该对话框与平面铣和型腔铣的指定几何体对话框基本一样，在此就不再多做说明。

　　驱动曲面的选择必须按有序序列进行选择。在选择曲面时，相邻曲面的序列可以用来定义行。选择完第一行后，再选择第二行。需要注意的是后续行的选择顺序应与第一行的选择顺序相同。如图 6-64 所示的曲面，在选择时，先依次选择第一行的 1～4 曲面，然后在【驱动几何体】对话框中单击【选择下一行】按钮，再依次选择第二行的 5～8 曲面，依次类推，直至选择好整个曲面。

图 6-62　【曲面区域驱动方式】对话框

图 6-63　【驱动几何体】对话框

（2）切削区域

切削区域用于定义要在操作中利用整个"驱动曲面"区域中的多少。在指定好驱动几何体后，【曲面区域驱动方式】对话框的【驱动几何体】面板变成如图 6-65 所示的形式，其中增加了【切削区域】、【切削方向】和【翻转材料】三个参数。

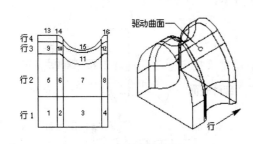

图 6-64　驱动曲面选择序列

图 6-65　【驱动几何体】面板

如图 6-65 所示，可以在【切削区域】下拉列表中，选择【曲面%】或【对角点】选项来定义要在操作中利用整个"驱动曲面"区域中的多少。

①　【曲面%】选项：选择该选项，系统将弹出如图 6-66 所示的【曲面百分比方式】

对话框。可以通过设置第一个刀路的起点和终点、最后一个刀路的起点和终点、起始步长以及结束步长的百分比值或值来确定要利用的"驱动曲面"区域的大小。

②【对角点】选项：该方式通过选择作为"驱动曲面"的面并在这些面上指定用来定义区域的对角点来定义区域的大小。其具体的操作步骤如下：首先在绘图区选择作为"驱动曲面"的面，然后在系统弹出的【指定点】对话框中，单击【一般点】按钮，如图 6-67 所示。在驱动曲面内指定第一个对角点，重复以上操作定义第二个对角点，即可完成切削区域的定义。

图 6-66 【曲面百分比方式】对话框

图 6-67 【指定点】对话框

（3）刀具位置

刀具位置用于确定系统如何计算部件表面上的接触点。【刀具位置】中有【开】和【相切于】两个选项，如图 6-65 所示。

①【开】选项：系统首先将刀尖直接定位到"驱动点"，然后沿着"投影矢量"将其投影到"部件表面"上，如图 6-68 所示。

②【相切于】选项：系统首先将刀具放置到与"驱动曲面"相切的位置，然后沿着"投影矢量"将其投影到"工件表面"上，如图 6-68 所示。

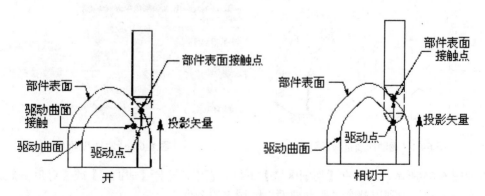

图 6-68 刀具位置

（4）切削方向

切削方向用于指定切削方向和第一刀将开始的象限。可以通过选择在每个曲面拐角处成对出现的矢量箭头之一来指定切削方向。单击【切削方向】按钮，系统将显示矢量箭头，可以选择其中的一个箭头矢量作为第一刀的切削方向。如图 6-69 所示的选定矢量和切削方向。

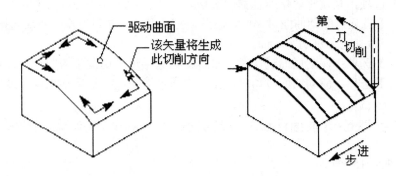

图 6-69　所选矢量指定切削方向

（5）翻转材料

翻转材料用于改变"驱动曲面"材料侧法矢的方向。此矢量确定刀具沿着"驱动轨迹"移动时接触的"驱动曲面"的哪一侧。

2．其他参数

（1）切削步长

切削步长用于设置在驱动曲面的切削方向上驱动点之间的距离。【切削步长】下拉列表中有【公差】和【数量】两个选项。

①【公差】选项：通过设置内外公差来控制两个连续驱动点间延伸的直线之间允许的最大法向距离，如图 6-70 所示。

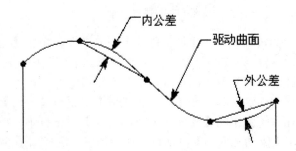

图 6-70　由内/外公差定义的切削步长

②【数量】选项：通过设置在刀轨生成过程中要沿着切削刀路创建的"驱动点"的最小数目来控制切削步长。

（2）过切时

过切时用于指定驱动轨迹中的刀具过切驱动曲面时系统如何响应。【过切时】下拉列表中有：【无】、【警告】、【跳过】和【退刀】四个选项。

①【无】选项：系统将忽略驱动曲面过切。

②【警告】选项：驱动曲面过切时，系统向刀轨和 CLSF 只发出一条警告消息。它并不会通过改变刀轨来避免过切驱动曲面。

③【跳过】选项：驱动曲面过切时，系统将移除导致过切发生的驱动点来避免过切。

④【退刀】选项：驱动曲面过切时，系统将通过退刀或跨越运动来避免过切。

6.3.10　课堂练习五：【曲面区域】驱动实例

（参考用时：15 分钟）

在本小节中，将通过一个具体的实例来说明曲面区域驱动方式的固定轴轮廓铣的创建。

（1）调入模型文件。启动 NX 5.0，在【标准】工具栏中，单击【打开】按钮，系统弹出【打开部件文件】对话框，选择 sample \ch06\6.3 目录中的 Surface_area.prt 文件，单击【OK】按钮，调入的零件模型，如图 6-71 所示。

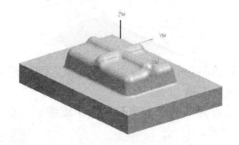

图 6-71　零件模型

（2）创建固定轴曲面轮廓铣。在【加工创建】工具条中，单击【创建操作】按钮，系统弹出【创建操作】对话框，设置如图 6-72 所示的参数，输入操作名称：SURFACE_AREA，单击【确定】按钮，此时系统弹出【固定轴轮廓】对话框。

（3）指定驱动方式和切削区域。在【固定轴轮廓】对话框【方法】下拉列表中，选择【区域铣削】选项，在系统弹出的【曲面区域驱动方式】对话框中，单击【指定驱动几何体】按钮，系统弹出【驱动几何体】对话框，在绘图区，选择如图 6-73 所示的曲面，单击【确定】按钮。

图 6-72　【创建操作】对话框

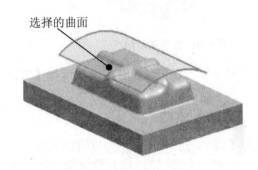

图 6-73　选择的曲面

（4）指定切削方向。在【固定轴轮廓】对话框中，单击【切削方向】按钮，系统将在驱动曲面上显示 8 个箭头，选择如图 6-74 所示的箭头为切削方向。

（5）设置驱动参数。在【曲面区域驱动方式】对话框中，设置如图 6-75 所示的参数，其他参数采用系统的默认设置，单击【显示】按钮，显示的驱动点如图 6-76 所示，单击【确定】按钮。

（6）生成刀具轨迹。在【固定轴轮廓】对话框中，单击【生成刀轨】按钮，生成的刀具轨迹，如图 6-77 所示。单击【确定】按钮，完成操作的创建。

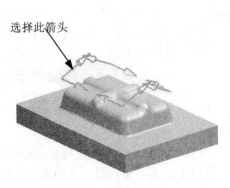

图 6-74　选择切削方向

图 6-75　选择切削方向

 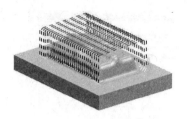

图 6-76　生成的驱动点　　　　　　　　图 6-77　生成的刀轨

（7）保存文件。在主菜单栏中依次选择【文件】|【保存】命令，保存加工文件。

6.3.11　【刀轨】驱动

【刀轨】驱动方式将沿着"刀位置源文件"（CLSF）的"刀轨"定义"驱动点"，以在当前操作中创建一个类似的"曲面轮廓铣刀轨"，如图 6-78 所示。"驱动点"沿着现有的"刀轨"生成，然后投影到所选的"部件表面"上以创建新的刀轨，新的刀轨是沿着曲面轮廓形成的。"驱动点"投影到"部件表面"上时所遵循的方向由"投影矢量"确定。

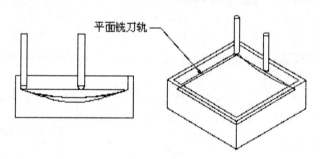

平面铣刀轨

图 6-78　刀轨驱动方式

在【固定轴轮廓】对话框的【方法】下拉列表中，选择【刀轨】选项，弹出如图 6-79 所示的【指定 CLSF】对话框。在对话框中选择一个刀位置源文件，单击【OK】按钮，系统弹出【刀轨驱动方式】对话框，如图 6-80 所示。该对话框的上部列表用于选择驱动刀具路径，中部用于指定需要的运动类型，下部用于定义刀轨与投影矢量。下面对该对话框中常用的参数进行说明。

（1）刀轨。刀轨中列出了与所选的 CLSF 相关联的刀轨。可以在列表中选择希望投影的刀轨。此列表只允许一个选择。取消选择，可以按住 Shift 键。

（2）重播。重播用于查看所选的刀轨。这样可以显示验证是否已经选择了正确的刀轨。

（3）列表。列表显示了一个"信息窗口"，此窗口中以文本格式显示了所选的刀轨，如它将出现在 CLSF 中一样。

（4）按进给率划分的运动类型。按进给率划分的运动类型列表窗口用于列出与所选刀轨中的各种切削和非切削移动相关联的进给率。通过该列表窗口，可以根据关联的进给率指定刀轨的哪一段将投影到"驱动几何体"上。

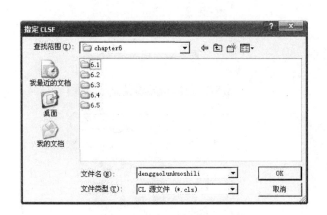

图 6-79 【指定 CLSF】对话框

图 6-80 【刀轨驱动方式】对话框

6.3.12 课堂练习六：【刀轨】驱动实例

 （参考用时：15 分钟）

在本小节中，将通过一个具体的实例来说明【刀轨】驱动方式的固定轴轮廓铣的创建。

（1）调入模型文件。启动 NX 5.0，在【标准】工具栏中，单击【打开】按钮，系统弹出【打开部件文件】对话框，选择 sample \ch06\6.3 目录中的 Tool_path.prt 文件，单击【OK】按钮，如图 6-81 所示。

（2）生成刀具位置源文件。打开操作导航器并将操作导航器切换到程序顺序视图，选择其中的【SEMI_FINISH_MILL】节点，如图 6-82 所示，在【加工操作】工具条中，单击【输出 CLSF】按钮，系统弹出【CLSF 输出】对话框，设置 CLSF 格式、输出路径等参数，如图 6-83 所示。单击【确定】按钮。然后关闭系统弹出的【信息】窗口。

（3）创建固定轴曲面轮廓铣。在【加工创建】工具条中，单击【创建操作】按钮，系统弹出【创建操作】对话框，设置如图 6-84 所示的参数，输入操作名称：TOOL_PATH，单击【确定】按钮，此时系统弹出【固定轴轮廓】对话框。

图 6-81 　零件模型

图 6-82 　程序顺序视图

图 6-83 　【CLSF 输出】对话框

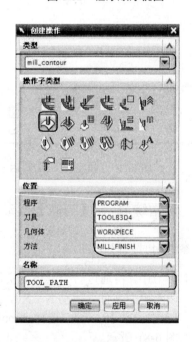

图 6-84 　【创建操作】对话框

（4）指定驱动方式。在【固定轴轮廓】对话框【方法】下拉列表中，选择【刀轨】选项，在弹出【指定 CLSF】对话框中，选择尚不创建的刀具位置源文件"Tool_path.cls"，单击【OK】按钮。

（5）设置刀轨驱动的相关参数。在系统弹出的【刀轨驱动方式】对话框中的【刀轨】列表中选择【SEMI_FINISH_MILL】选项，如图 6-85 所示，单击【确定】按钮。

（6）生成刀具轨迹。在【固定轴轮廓】对话框中，单击【生成刀轨】按钮，生成的刀具轨迹，如图 6-86 所示。单击【确定】按钮，完成操作的创建。

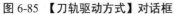

图 6-85　【刀轨驱动方式】对话框

图 6-86　生成的刀具轨迹

（7）保存文件。在主菜单栏中依次选择【文件】|【保存】命令，保存已加工文件。

6.3.13　【径向】驱动

　　【径向】切削驱动方法允许用户使用指定的"步距"、"带宽"和"切削类型"生成沿着并垂直于给定边界的"驱动轨迹"，如图 6-87 所示。此驱动方法可用于创建清理操作。

　　在【固定轴轮廓】对话框的【方法】下拉列表中，选择【径向切削】选项，系统弹出【径向切削驱动方式】对话框，如图 6-88 所示。下面对该对话框进行部分说明。

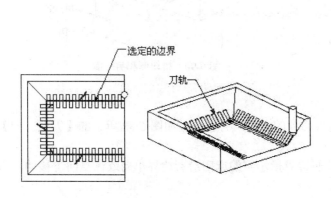

图 6-87　【径向】驱动

图 6-88　【径向切削驱动方式】对话框

1. 驱动几何体

驱动几何体用于选择径向边界或临时边界。如果在零件中没有定义永久边界，单击【驱动几何体】按钮 ，系统弹出【临时边界】对话框，如图 6-89 所示。该对话框与【平面铣】操作中的【边界选择】对话框基本一样，此处的创建临时边界与平面铣中的创建方法相类似，在此就不再说明，请读者参见平面铣的相关内容。

2. 条带

条带定义在边界平面上测量的加工区域的总宽度。条带是【材料侧的条带】和【另一侧的条带】偏置值的总和。【材料侧的条带】是从按照边界指示符的方向看过去的边界右手侧，如图 6-90 所示。【另一侧的条带】是左手侧。【材料侧的条带】和【另一侧的条带】的总和不能等于零。

图 6-89　【临时边界】对话框

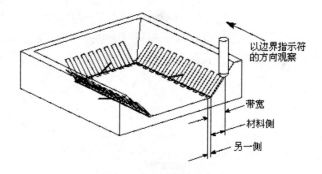

图 6-90　材料侧和另一侧

3. 刀轨方向

刀轨方向用于确定刀具沿着边界移动的方向。可以通过如图 6-88 所示的【刀轨方向】下拉列表来指定刀轨的方向。

（1）【跟随边界】选项：刀具按照边界指示符的方向沿着边界单向或往复向下移动，如图 6-91 所示。

（2）【边界反向】选项：刀具按照边界指示符的相反方向沿着边界单向或往复向下移动，如图 6-91 所示。

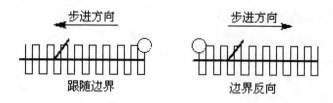

图 6-91　刀轨方向

6.3.14　课堂练习七：【径向】驱动实例

（参考用时：15 分钟）

在本小节中，将通过一个具体的实例来说明【径向】驱动方式的固定轴轮廓铣的创建。

（1）调入模型文件。启动 NX 5.0，在【标准】工具栏中，单击【打开】按钮，系统弹出【打开部件文件】对话框，选择 sample \ch06\6.3 目录中的 Radial_cut.prt 文件，单击【OK】按钮，如图 6-92 所示。

图 6-92　零件模型

（2）创建固定轴曲面轮廓铣。在【加工创建】工具条中，单击【创建操作】按钮，系统弹出【创建操作】对话框，设置如图 6-93 所示的参数，输入操作名称：RADIAL_CUT，单击【确定】按钮，此时系统弹出【固定轴轮廓】对话框。

（3）指定驱动方式。在【固定轴轮廓】对话框【方法】下拉列表中，选择【径向切削】选项，系统弹出【径向切削驱动方式】对话框。

（4）选择驱动几何体。单击【指定驱动几何体】按钮，弹出【径向边界】对话框。在【平面】下拉列表中，选择【用户定义】选项，在弹出的【平面】对话框中，单击【对象平面】按钮，在绘图区选择如图 6-94 所示的平面，然后选择如图 6-95 所示的曲线链，单击【确定】按钮，再单击【确定】按钮。单击【径向切削驱动方式】对话框中的【显示】按钮，选择的径向边界，如图 6-96 所示。

图 6-93　【创建操作】对话框

选择此平面

图 6-94　选择的平面

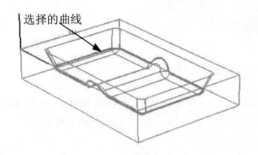

选择的曲线

图 6-95　选择的曲线

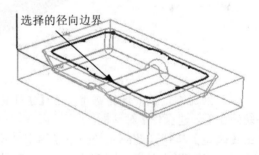

选择的径向边界

图 6-96　选择的径向边界

（5）设置径向切削驱动参数。在【径向切削驱动方式】对话框中，设置如图 6-97 所示的参数。在预览面板中，单击【显示】 按钮，显示生成的驱动点，如图 6-98 所示。单击【确定】按钮。

（6）生成刀具轨迹。在【固定轴轮廓】对话框中，单击【生成刀轨】按钮 ，生成的刀具轨迹，如图 6-99 所示。单击【确定】按钮，完成操作的创建。

图 6-97　【径向切削驱动方式】对话框

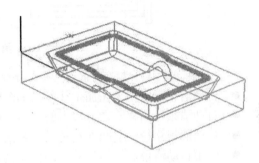

图 6-98　生成的驱动点

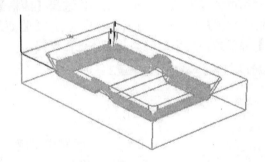

图 6-99　刀具轨迹

（7）保存文件。在主菜单栏中依次选择【文件】|【保存】命令，保存已加工文件。

6.3.15　【清根】驱动

【清根】驱动方式用于在零件表面的凹角和凹谷处生成刀轨，如图 6-100 所示。该驱动方式是固定轴曲面轮廓铣操作中特有的驱动方式。系统可以自动查找前一步操作中刀具没有达到的区域，并按照加工最佳方法的一些规则自动决定自动清根的方向和顺序。清根操作常常用于清除凹角处在前一步加工时留下的残余材料。一般系统自动生成的清根刀轨可以满足加工的要求，但用户也可以进行手工的设置。

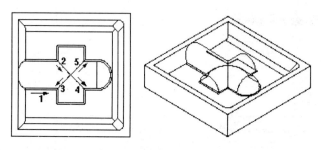

图 6-100   清根驱动方式

在加工中，使用自动清根驱动具有如下优点：

● 自动清根可以用来在加工往复切削图样之前减缓角度；
● 自动清根可以移除之前较大的球刀遗留下来的未切削的材料；
● 自动清根路径沿着凹谷和角而不是固定的切削角或 UV 方向；
● 使用自动清根后，刀具从一侧移动到另一侧时，刀具不会嵌入；
● 自动清根可使刀具在步距间保持连续的进刀来最大化切削运动。

在【固定轴轮廓】对话框的【方法】下拉列表中，选择【清根】选项，系统将弹出如图 6-101 所示的【清根驱动方式】对话框。该对话框中包含：【驱动几何体】、【陡峭】、【驱动设置】和【参考刀具】等参数，用于对驱动几何体进行设置。

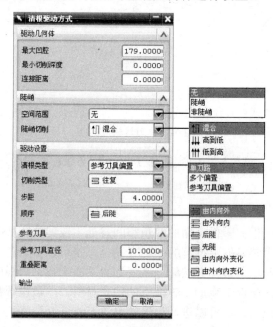

图 6-101   【清根区方式】对话框

1．驱动几何体

（1）最大凹腔。【最大凸腔】文本框用于输入最大清根操作的最大凹角值。系统将在凹角小于等于指定的最大凹角值的区域生成刀轨，进行自动清根操作。系统的默认值为 179 度，此时系统几乎在所有的凹角处都生成清根刀具路径。当最大凹角值设置为 0 度时，系统将不生成清根刀具路径。

（2）最小切削深度。【最小切削深度】文本框用于输入刀具路径的的最小切削长度。最小切削深度能够控制除去可能发生在部件的隔离区内的短刀轨段，不会生成小于此值的切削运动。只有切削长度大于或等于指定的最小切削深度时，系统才生成刀具轨迹。

（3）连接距离。【连接距离】文本框用于输入连接刀具路径的不连续运动的最小距离。连接距离能够通过连接不连贯的切削运动来除去刀轨中小而不连续的或不需要的缝隙。这种缝隙有时可由曲面之间的间隙造成或者超出指定的“最大凹角”的“凹角”变化引起。可以在【连接距离】文本中输入值以确定连接切削运动的端点时刀具要通过的距离。系统将通过线性延伸这两条路径来连接两端，这不会过切部件。

2．陡峭

陡峭用于设置陡峭的空间范围和陡峭切削方式，其中有【空间范围】和【陡峭切削】两个参数，如图 6-101 所示。

（1）空间范围

【空间范围】下拉列表用于设置陡峭包含的方式。其中有：【无】、【陡峭】和【非陡峭】三个选项，如图 6-101 所示。

① 【无】选项：系统将输出陡峭部分和非陡峭部分的刀轨。其将对整个切削区域进行清根加工。

② 【陡峭】选项：系统仅在陡峭部分输出刀轨。其只对大于指定的陡峭角的陡峭区域部分进行自动清根加工。

③ 【非陡峭】选项：系统仅在非陡峭部分输出刀轨。其只对小于等于指定的陡峭角的非陡峭区域部分进行自动清根加工。

（2）陡峭切削

【陡峭切削】下拉列表用于指定陡峭区域的切削方式。其中有：【混合】、【高到低】和【低到高】3 个选项，如图 6-101 所示。

① 【混合】选项：系统生成由高到低和由低到高的交替刀具路径，且自动计算路径，并使生成的刀具路径最短。

② 【高到低】选项：系统生成由高端到低端的刀具路径，刀具由高到低进行自动清根加工。

③ 【低到高】选项：系统生成由低端到高端的刀具路径，刀具由低到高进行自动清根

加工。

　3.　驱动设置

　（1）清根类型。【清根类型】下拉列表用于控制刀具路径的输出形式。其中有【单刀路】、【多各偏置】和【参考刀具偏置】三个选项，如图 6-101 所示。

　①　【单刀路】选项：系统将沿着凹角和凹谷产生一个切削刀路。

　②　【多个偏置】选项：系统可在中心清根的任一侧产生多个切削刀路。选择该选项将激活【步距】、【偏置数】和【顺序】等参数，用于进一步对刀具路径进行控制。

　③　【参考刀具偏置】选项：该方式可以指定一个参考刀具直径从而定义所加工区域的整个宽度，如图 6-102。另外还可以指定【步距】来定义内部刀路。

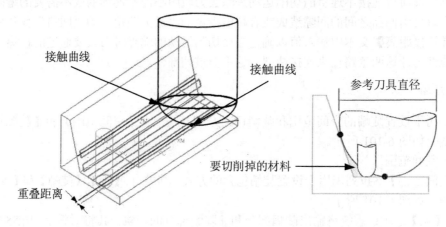

图 6-102　参考刀具

　（2）切削类型。【切削类型】下拉列表用于定义刀具从一个切削刀路移动到下一个切削刀路的方式。其可用于【多个偏置】和【参考刀具偏置】模式。其中有：【往复】、【单向】和【往复上升】三个选项。

　（3）偏置数。【偏置数】文本框用于输入在中心"自动清根"每一侧生成的刀路的数目。该文本框在【多个偏置】模式下才可用。

　（4）顺序。【顺序】下拉列表用于定义【往复】和【往复上升】切削模式的刀路顺序。该列表只有在【多个偏置】或【参考刀具偏置】模式下才可以使用。该列表中有：【由内向外】、【由外向内】、【后陡】、【前陡】、【由内向外变化】和【由外向内变化】六个选项，如图 6-101 所示。

　①　【由内向外】选项：刀具由内向外从中心"清根"开始向某个外部刀路运动。然后刀具移回中心切削，接着再向另一侧运动。

　②　【由外向内】选项：刀具由外向内从某个外侧刀路开始向中心"清根"运动。然后

刀具选取另一侧的外部切削，接着再向中心切削移动。

③【后陡】选项：刀具从非陡峭区域开始切削直到完成所有的非陡峭区域的切削后，再切削陡峭区域，并完成所有陡峭区域的切削。

④【先陡】选项：刀具从陡峭区域开始切削直到完成所有的陡峭区域的切削后，再切削非陡峭区域，并完成所有非陡峭区域的切削。

⑤【由内向外变化】选项：刀具从中间"清根"开始加工"清根"凹谷。选择该选项后，刀具从中心刀路开始，然后运动至一个内侧刀路，接着向另一侧的另一个内侧刀路运动。然后刀具运动至第一侧的下一对刀路，接着运动至第二侧的同一对刀路。

⑥【由外向内变化】选项：该方式也可以用来控制是要交替加工两侧之间的刀路，还是先完成一侧后再切换至另外一侧。

4. 参考刀具

（1）参考刀具直径。【参考刀具直径】文本框用于输入参考刀具的直径。系统将根据输入的参考刀具直径来指定精加工切削区域的宽度。参考刀具通常是用来先对区域进行粗加工的刀具。系统根据指定的【参考刀具直径】计算双切点，然后用这些点来定义精加工操作的切削区域，如图 6-101 所示。

（2）重叠距离。【重叠距离】文本框用于定义能够沿着相切曲面延伸由【参考刀具直径】定义的区域宽度。该文本框只有在【参考刀具偏置】模式下才可使用。

6.3.16　课堂练习八：【清根】驱动实例

（参考用时：15 分钟）

在本小节中，将通过一个具体的实例来说明【清根】驱动方式的固定轴轮廓铣的创建。

（1）调入模型文件。启动 NX 5.0，在【标准】工具栏中，单击【打开】按钮 🖱️，系统弹出【打开部件文件】对话框，选择 sample \ch06\6.3 目录中的 Flow_cut.prt 文件，单击【OK】按钮，打开的模型，如图 6-103 所示。

图 6-103　零件模型

（2）创建固定轴曲面轮廓铣。在【加工创建】工具条中，单击【创建操作】按钮，系统弹出【创建操作】对话框，设置如图 6-104 所示的参数，输入操作名称：FLOW_CUT，单击【确定】按钮，此时系统弹出【固定轴轮廓】对话框。

（3）指定驱动方式。在【固定轴轮廓】对话框【方法】下拉列表中，选择【清根】选项，系统弹出的【清根驱动方式】对话框。设置如图 6-105 所示的参数，其他参数采用系统的默认参数，单击【确定】按钮，完成清根驱动方式的设置。

图 6-104 【创建操作】对话框

图 6-105 【清根驱动方式】对话框

（4）生成刀具轨迹。在【固定轴轮廓】对话框中，单击【生成刀轨】按钮，生成的刀具轨迹，如图 6-106 所示。单击【确定】按钮，完成操作的创建。

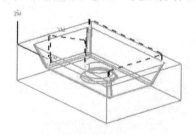

图 6-106 生成的刀具轨迹

（5）保存文件。在主菜单栏中依次选择【文件】|【保存】命令，保存已加工文件。

6.3.17 【文本】驱动

【文本】驱动固定轴曲面轮廓铣，如图 6-107 所示，其用于加工雕刻工件上的制图文字。比如雕刻零件号、模具型腔 ID 号以及其他的文字标识。在加工环境中可以依次选择【插入】|【注释】命令来创建文本。

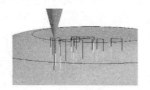 

图 6-107 【文本】驱动方式

可以按照以下步骤来创建文本驱动固定轴曲面轮廓铣：

（1）在【固定轴轮廓】对话框的【方法】下拉列表中，选择【文本】选项，系统弹出【文本驱动方式】对话框，如图 6-108 所示，单击【确定】按钮，关闭【文本驱动方式】对话框。

（2）选择制图文本几何体。在系统返回【固定轴轮廓】对话框后，单击【制图文本几何体】按钮**A**，系统弹出【文本几何体】对话框，如图 6-109 所示。然后在绘图区选择文本。

图 6-108 【文本驱动方式】对话框 图 6-109 【文本几何体】对话框

（3）设置文本深度。单击【切削参数】按钮，在【切削参数】对话框中的【策略】选项卡的【文本深度】文本框中，输入文本深度值。

6.3.18 课堂练习九：【文本】驱动实例

（参考用时：15 分钟）

在本小节中，将通过一个具体的实例来说明【文本】驱动方式的固定轴轮廓铣的创建。

（1）调入模型文件。启动 NX 5.0，在【标准】工具栏中，单击【打开】按钮，系统

图 6-110　零件模型

弹出【打开部件文件】对话框，选择 sample \ch06\6.3 目录中的 Text_cut.prt 文件，单击【OK】按钮，如图 6-110 所示。

（2）创建固定轴曲面轮廓铣。在【加工创建】工具条中，单击【创建操作】按钮，系统弹出【创建操作】对话框，设置如图 6-111 所示的参数，输入操作名称：TEXT，单击【确定】按钮，此时系统弹出【固定轴轮廓】对话框。

（3）指定驱动方式。在【固定轴轮廓】对话框【方法】下拉列表中，选择【文本】选项，系统弹出的【文本驱动方式】对话框，单击【确定】按钮。

（4）指定文本几何体。在【固定轴轮廓】对话框中，单击【制图文本几何体】按钮 A，弹出【文本几何体】对话框。在绘图区，选择如图 6-112 所示的文本注释，单击【确定】按钮，完成文本几何体的选择。

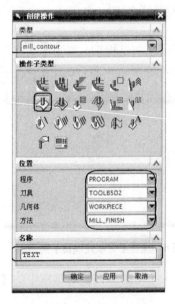

图 6-111　【创建操作】对话框

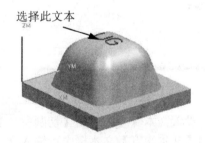

选择此文本

图 6-112　选择的文本几何体

（5）设置文本深度。在【固定轴轮廓】对话框中，单击【切削参数】按钮，在【切削参数】对话框中的【策略】选项卡的【文本深度】文本框中，输入值 0.5，单击【确定】按钮，完成文本深度的设置。

（6）生成刀具轨迹。在【固定轴轮廓】对话框中，单击【生成刀轨】按钮，生成的刀具轨迹，如图 6-113 所示。单击【确定】按钮，完成操作的创建。

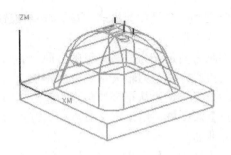

图 6-113　生成的刀轨

（7）保存文件。在主菜单栏中依次选择【文件】|【保存】命令，保存已加工文件。

6.4　投　影　矢　量

投影矢量用于定义驱动点投影到部件表面的方式和刀具要接触的工件表面侧。投影矢量的方向决定刀具要接触部件的表面侧。刀具总是从投影矢量逼近的一侧定位到部件表面上。在固定轴曲面轮廓铣操作中，除了【清根】驱动方式外，其余的驱动方式对话框中都有【投影矢量】参数，如图 6-114 所示。

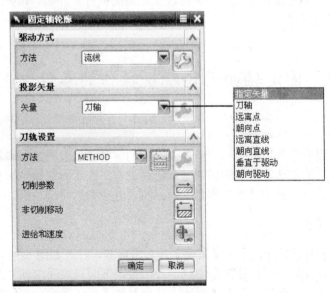

图 6-114　投影矢量

（1）指定矢量。通过定义某一矢量作为投影矢量。选择该选项，系统将弹出【矢量】对话框，通过该对话框来定义矢量。

（2）刀轴。该选项将刀轴方向定义为投影矢量的方向。着系统的默认的投影方式。当驱动点向几何体投影时，其投影方式与刀轴矢量的方向相反。

（3）远离点。该方式的投影矢量为从指定的焦点为起点指向部件表面的矢量方向。选择该选项，系统将弹出【点】对话框，用于定义焦点。该方式适合加工焦点在球面中心处的内侧球形（或类似球形）曲面。

（4）朝向点。该方式与【远离点】方式相似，通过指定的焦点来定义投影矢量，只是投影矢量由部件表面指向定义的焦点。该方式适合加工焦点在球面中心处的外侧球形（或类似球形）曲面。

（5）远离直线。该方式的投影矢量为从指定的直线为起点指向部件表面的矢量方向。选择该选项，系统将弹出【直线】对话框，用于定义起始直线。该方式适合加工内部圆柱面。

（6）朝向直线。该方式与【远离直线】方式相似，通过指定的直线来定义投影矢量，只是投影矢量由部件表面指向定义的直线。该方式适合于加工外部圆柱面。

（7）垂直于驱动。该方式将驱动曲面法线方向定义为投影矢量的方向。该方式只有在【曲面区域驱动】方式下可用。投影矢量方向为驱动曲面材料侧垂直法向矢量的反方向。

（8）朝向驱动。该方式与【垂直于驱动】投影方式类似。【垂直于驱动】投影从无穷远处开始，而【朝向驱动】投影从距驱动曲面较短距离的位置处开始。该方式在加工工件的内表面时该选项尤为有效。

6.5 固定轴曲面轮廓铣操作的参数设置

6.5.1 切削参数

切削参数用于设置刀具切削运动的参数。不同的驱动方式下的切削参数将有所不同。下面将以【区域】切削驱动方式下的切削参数进行说明。在【固定轴轮廓】对话框中，单击【切削参数】按钮，弹出【切削参数】对话框，其中有六个选项卡。

1．【策略】选项卡

在【切削参数】对话框中，单击【策略】选项卡标签，打开如图 6-115 所示的【策略】选项卡。其中的部分参数在型腔铣操作中已经介绍过，下面只对固定轴曲面轮廓铣特有的【在凸角上延伸】、【最大拐角角度】、【在边上延伸】和【在边缘滚动刀具】等参数进行说明。

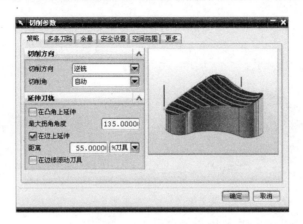

图 6-115　【策略】选项卡

（1）【在凸角上延伸】选项。该选项用于进一步控制刀具的路径，防止刀具通过部件凸缘时停留在凸角上。选择该选项，刀具路径从部件几何体抬起一段距离至凸角顶点的高度，直接移动到凸角的另一侧，如图 6-116 所示。这样刀具无需执行退刀、跨越和进刀等非切削运动。

（2）【最大拐角角度】选项。该文本框用于定义拐角的最大值，从而进一步对刀具在跨过内凸边时的切削运动进行控制。当工件的凸角角度小于指定的【最大拐角角度】时，系统将刀具路径延伸至凸角的顶点高度，反之则不延伸。

（3）【在边上延伸】选项。该选项用于控制刀路将以相切的方式在切削区域的所有外部边缘上向外延伸，如图 6-117 和 6-118 所示。选择该选项后，可以在【距离】文本框中输入延伸的距离，如图 6-119 所示。

拐角角度

图 6-116　在凸角上延伸

图 6-117　在边上延伸"关"

图 6-118　在边上延伸"开"

图 6-119　距离

（4）【在边缘滚动刀具】选项。该选项用于定义是否删除边缘滚动（在驱动路径的延伸超出工件表面的边缘），如图 6-120 和 6-121 所示。边缘滚动通常是一种不利的情况，可以选择该选项来删除边缘滚动。

图 6-120　在边缘滚动刀具"关"　　　　图 6-121　在边缘滚动刀具"开"

2.【多条刀路】选项卡

在【切削参数】对话框中，单击【多条刀路】选项卡标签，切换到【多条刀路】选项卡，如图 6-122 所示。该选项卡是固定轴轮廓铣所特有的，用于设置多层切削时的相关参数。下面分别介绍各个参数。

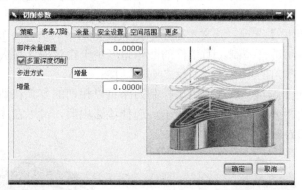

图 6-122　【多条刀路】选项卡

（1）【部件余量偏置】文本框。该文本框用于输入部件余量偏置的值。部件余量偏置是增加到工件余量的额外余量，部件最初余量 = 部件余量+部件余量偏置。该值必须大于或等于零。

（2）【多重切削深度】选项。该选项用于启动多重切削深度功能，系统将分层次地逐层切削材料。选择该选项将激活【步进方式】下拉列表，用来对多重切削进行设置。

（3）【步进方式】下拉列表。该下拉列表用于指定切削层数量的定义方式，其中有【增量】和【刀路】两个选项。

①　【增量】选项：选择该选项，将通过指定切削层之间的距离来设置切削层，如图 6-123 所示。

② 【刀路】选项：选择该选项，可以在【刀路数】文本框中输入切削层的数目。定义的切削层数如图 6-124 所示。

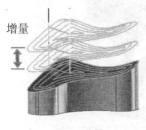

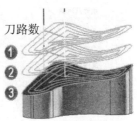

图 6-123 增量　　　　　　　　　　　　图 6-124 刀路

3．【余量】选项卡

在【切削参数】对话框中，单击【余量】选项卡标签，切换到【余量】选项卡，如图 6-125 所示。该选项卡用于对加工余量和加工公差进行设定。其和型腔铣的【余量】选项卡基本一样，只是增加了【边界内公差/边界外公差】。【边界内公差/边界外公差】用于指定边界的内部和外部公差值，用以控制刀具偏移边界的范围。其中具体的用法和部件内公差/外公差类似，就不多做说明。

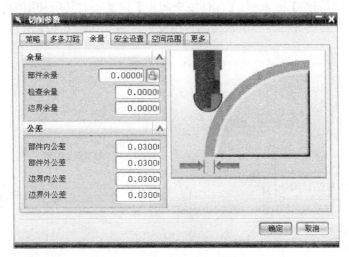

图 6-125 【余量】选项卡

4．【安全设置】选项卡

在【切削参数】对话框中，单击【安全设置】选项卡标签，切换到【安全设置】选项卡，如图 6-126 所示。该选项卡用于对【部件安全间距】和【检查安全间距】进行设置。

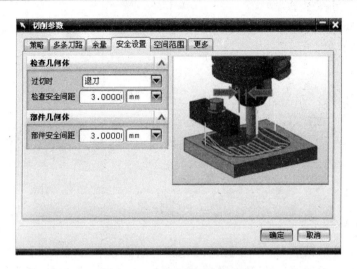

图 6-126 【安全设置】选项卡

（1）【检查安全间距】文本框。【检查安全间距】为检查几何体定义了刀具或刀具夹持器不能触碰的扩展安全区域，如图 6-127 所示。

（2）【部件安全间距】文本框。【部件安全间距】定义了刀具所使用的自动进刀/退刀距离。它为部件定义刀具夹持器不能触碰的扩展安全区域，如图 6-127 所示。

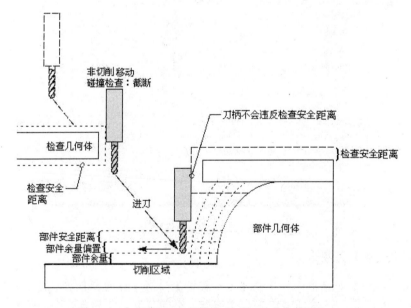

图 6-127 【检查安全间距】和【部件安全间距】

5. 【空间范围】选项卡

在【切削参数】对话框中，单击【空间范围】选项卡标签，切换到【空间范围】选项卡，如图 6-128 所示。该选项卡用于设置检查【使用刀具夹持器】和是否【使用 2D 工件】。其具体的参数和型腔铣的参数一样，在此不多做说明，请参阅型腔铣的相关部分。

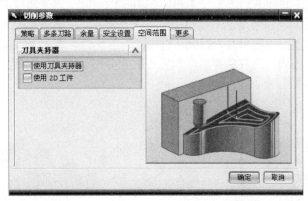

图 6-128　【空间范围】选项卡

6. 【更多】选项卡

在【切削参数】对话框中，单击【更多】选项卡标签，切换到【更多】选项卡，如图 6-129 所示。该选项卡用于对切削中的细节特征进行补充设置。下面对其中的各参数进行说明。

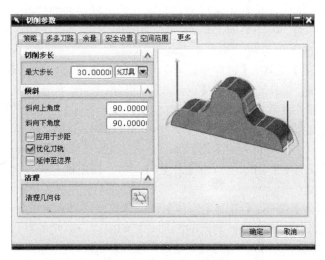

图 6-129　【更多】选项卡

（1）【最大步长】文本框。【最大步长】用于设置最大的切削步长的值，用于可控制壁几何体上的刀具位置点之间沿切削方向的最大线性距离。步长越小，刀轨沿部件几何体轮廓的移动就越精确。只要步长不违反指定的【部件内公差/部件外公差】值，系统就会应用设置的【最大步长】的值。

（2）【斜向上角度/斜向下角度】文本框。【斜向上角度/斜向下角度】用于指定刀具的向上和向下角度运动限制。角度是从垂直于刀轴的平面测量的。在【斜向上角度】范围内，刀具从零度（垂直于固定刀轴的平面）到指定值范围内的任何位置向上倾斜，如图 6-130 所示；在【斜向下角度】范围内，刀具从零度（垂直于固定刀轴的平面）到指定值范围内的任何位置向下倾斜，如图 6-131 所示。

图 6-130　斜向上角度

图 6-131　斜向下角度

（3）【应用于步距】选项。【应用于步距】选项用于确定是否将指定的【斜向上角度/斜向下角度】应用于步距中。选择该选项，指定的【斜向上角度/斜向下角度】将应用于步距。

（4）【优化刀轨】选项。【优化刀轨】可使系统在将斜向上和斜向下角与单向或往复结合使用时优化刀轨。优化意味着在保持刀具与部件尽可能接触的情况下计算刀轨并最小化刀路之间的非切削移动。仅当斜向上角为 90°且斜向下角为 0°～10°时，或当斜向上角为 0°～10°度且斜向下角为 90°时，此功能才可用。

（5）【延伸至边界】选项。【延伸至边界】可在创建【仅向上】或【仅向下】切削时将切削刀路的末端延伸至部件边界。将【仅向上】（例如：斜向下角＝0）切削切换为【关】时，每个刀路都在部件顶部停止切削（如图 6-132（a）所示）；将【仅向上】切削切换为【开】时，每个刀路都沿切削方向延伸至部件边界（如图 6-132（c）所示）。将【仅向下】（例如：斜向上角＝0）切削切换为【关】时，每个刀路都在部件顶部开始切削（如图 6-132（b）所示）；将【仅向下】切削切换为【开】时，每个刀路都在每次切削的开始时延伸至边界（如图 6-132（d）所示）。

（6）【清理几何体】按钮。【清理几何体】可创建点或边界和曲线（以下称作边界），它们用于确定加工后仍有未切削材料剩余的凹部和陡峭曲面。后续的精加工操作可使用【清理几何体】来清除剩余的材料。当刀具无法进入某个区域时会出现双接触点，并使未切削材料残留在刀具下；或由于指定的斜向上角和斜向下角，工件的角和小的腔体内也会有切削材料残留，如图 6-133 所示。

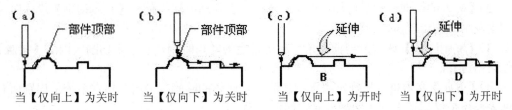

图 6-132　延伸至边界

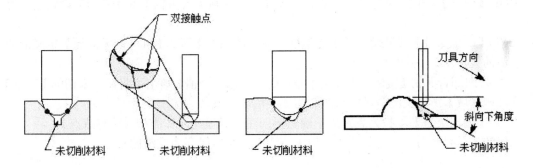

图 6-133　未切除的材料

在【更多】选项卡中，单击【清理几何体】按钮 ，弹出【清理几何体】对话框，如图 6-134 所示。下面对其中的参数进行简单的说明。

图 6-134　【清理几何体】对话框

（1）【凹部】选项：用于创建表示未切削区域的【接触】条件封闭边界。

（2）【另外的横向驱动】选项：用于在【边界】驱动方法中使用【往复切削】模式时为凹部生成附加的清理实体。

（3）【陡峭区域】选项：当曲面角度超出指定的陡角时创建表示未切削区域的【接触】条件封闭边界。

（4）【方向】文本框：当确定用于创建清理几何体的陡峭区域时，指定系统是识别所有部件表面还是仅识别平行于切削方向的部件表面。

（5）【陡角】文本框：当变得陡峭时，确定系统何时识别部件表面。

（6）【分析】按钮：创建边界，以便根据【陡峭区域】、【方向】和【陡角】设置进行评估。

（7）【凹部重叠】、【陡峭重叠】文本框：用于增加由【凹部】和【陡峭区域】定义的清理区域的大小。

（8）【凹部合并】、【陡峭合并】文本框：用于指定一个值，该值可将邻近未切削【凹部】和【陡峭区域】所定义的清理区域组合为单个清理区域。

（9）【输出类型】下拉列表：用于确定要创建的清理几何体类型（边界或点）。

（10）【保存时自动清理】选项：用于将清理几何体保存为成组的实体。

6.5.2　非切削参数

非切削参数用于定义和控制刀具的非切削移动。非切削移动在切削运动之前、之后和之间定位刀具。非切削移动可以简单到单个的进刀和退刀，或复杂到一系列定制的进刀、退刀和移刀（分离、移刀、逼近）运动。

在固定轴曲面轮廓铣中，不同的驱动方式下的非切削参数将有所不同。下面将以【区域】切削驱动方式下的非切削参数进行说明。在【固定轴轮廓】对话框中，单击【非切削参数】按钮，弹出【非切削运动】对话框。其中包含【进刀】、【退刀】、【传递/快速】、【避让】和【更多】五个选项卡。

1.【进刀】选项卡

在【非切削运动】对话框中，单击【进刀】选项卡标签，切换到【进刀】选项卡，如图 6-135 所示。该选项卡主要用于对非切削运动中的进刀运动参数进行设置。其中包含：【开放区域】、【相对部件/检查】和【初始】三个参数面板。

（1）【开放区域】进刀类型。其主要用于控制开放区域的进刀运动的方式。可以通过【进刀类型】下拉列表来对开放区域的进刀类型进行设置。其中的选项如图 6-135 所示，下面只对固定轴曲面轮廓铣中新出现的选项进行介绍。

① 【圆弧−与刀轴平行】选项：系统将在由进刀或退刀矢量和刀轴定义的平面中创建

圆弧运动，如图 6-136 所示。

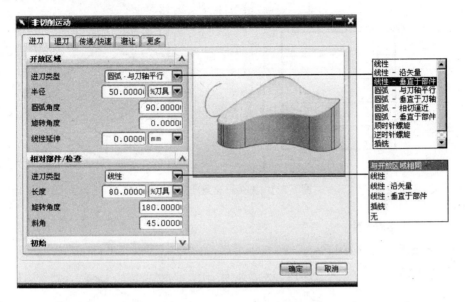

图 6-135 【进刀】选项卡

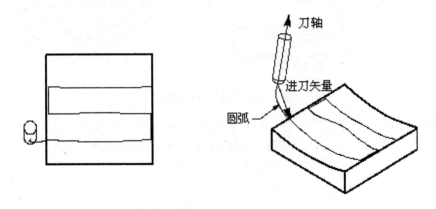

图 6-136 圆弧－与刀轴平行

② 【圆弧－垂直于刀轴】选项：系统将在与刀轴垂直的平面内创建圆弧运动，如图 6-137 所示。圆弧的末端垂直于刀轴，但是不必与切削矢量相切。

③ 【圆弧－相切逼进】选项：系统将在由切削矢量和相切矢量定义的平面中，在逼近运动的末端创建圆弧运动，如图 6-138 所示。其中圆弧运动与切削矢量和逼近运动都相切。

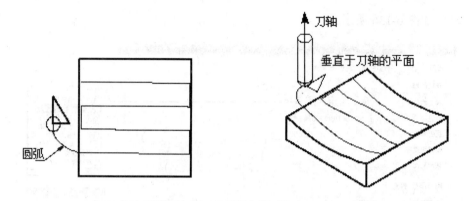

图 6-137　圆弧－垂直于刀轴

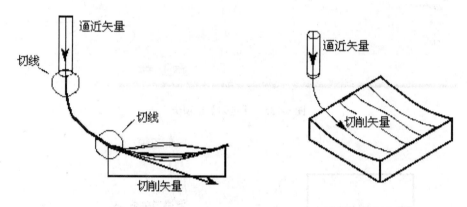

图 6-138　圆弧－相切逼进

④【圆弧－垂直于部件】选项：系统将使用进刀或退刀矢量以及切削矢量来定义包含圆弧刀具运动的平面，如图 6-139 所示。弧的末端始终与切削矢量相切。

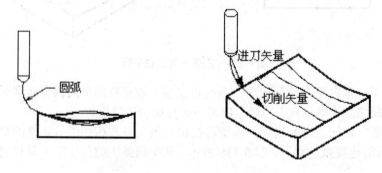

图 6-139　圆弧－垂直于部件

（2）【相对部件/检查】进刀类型。其以部件几何体和检查几何体为参考几何来指定进刀的类型。当进刀点或退刀点延伸相切可能会出现过切或碰撞时，则在该处应用相对部件/检查。可以通过【进刀类型】下拉列表来指定【相对部件/检查】进刀类型，其进刀类型可以参考开放区域进刀类型的选择。

（3）【初始】进刀类型。刀具的非切削运动由初始运动、检查运动、局部运动、重定位运动、最终运动和默认运动等运动组成。初始进刀类型用于为切削运动之前的第一个进刀运动指定参数。其进刀类型可以参考开放区域进刀类型的选择。

2. 【退刀】选项卡

在【非切削运动】对话框中，单击【退刀】选项卡标签，切换到【退刀】选项卡，如图 6-140 所示。该选项卡主要用于对非切削运动中的退刀运动参数进行设置。其中参数和【进刀】选项卡中的参数基本一样，可以参照【进刀】参数的设置。

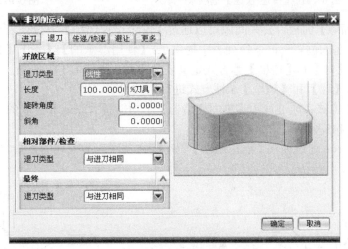

图 6-140　【退刀】选项卡

3. 【传递/快速】选项卡

在【非切削运动】对话框中，单击【传递/快速】选项卡标签，切换到【传递/快速】选项卡，如图 6-141 所示。该选项卡主要用于设置安全平面，控制刀具在切削区域内或切削区域之间的移刀运动。下面对其中的参数进行说明。

（1）【区域距离】面板。区域距离，如图 6-142 所示，用于控制两个切削区域之间的间距，确定是向刀轨应用区域之间设置还是在区域内设置。如果当前退刀运动的结束点与以下进刀运动的起点之间的距离小于区域距离值，则应用区域之间设置；反之则应用在区域内设置。可以通过刀具直径百分比或输入距离值方式来定义区域距离的大小。

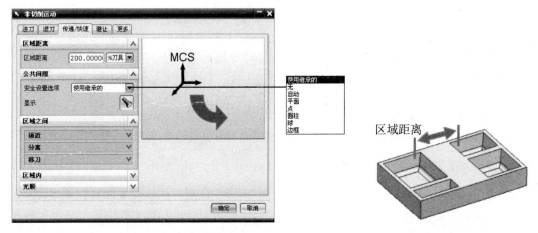

图 6-141 【传递/快速】选项卡   图 6-142 区域距离

（2）【公共间隙】面板。公共间隙可以通过【安全设置选项】下拉列表来设置安全平面的类型和安全平面的位置。该下拉列表中提供了：【使用继承的】、【无】、【自动】、【平面】、【点】、【圆柱】、【球】和【边框】等方式定义安全平面，如图 6-141 所示。下面对【平面】、【点】、【圆柱】、【球】和【边框】5 种方式进行比较说明。

① 【平面】方式：通过使用【平面构造器】子功能将关联或非关联的平面指定为安全几何体，如图 6-143 所示。

② 【点】方式：通过使用【点构造器】子功能将关联或非关联的点指定为安全几何体，如图 6-144 所示。

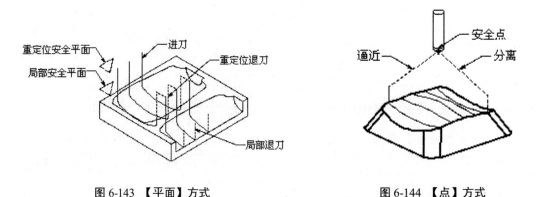

图 6-143 【平面】方式   图 6-144 【点】方式

③ 【圆柱】方式：通过使用【点构造器子功能】输入半径值和指定中心，并使用【矢量子功能】指定轴，从而将圆柱指定为安全几何体。此圆柱的长度是无限的，如图 6-145 所示。

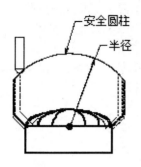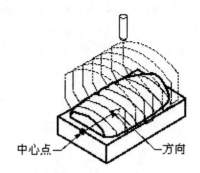

图 6-145　【圆柱】方式

④【球】方式：球允许通过使用【点构造器子功能】输入半径值和指定球心来将球指定为安全几何体，如图 6-146 所示。

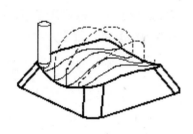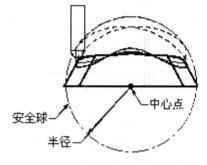

图 6-146　【球】方式

⑤【边框】方式：该方式通过输入【安全距离】值，来得到一个矩形作为安全几何体，如图 6-147 所示。

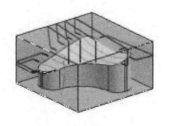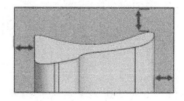

图 6-147　【边框】方式

（3）【逼进/分离】子面板。逼进/分离方法用于控制刀具在切削区域之间或切削区域内的逼进、分离和移刀等运动方式。固定轴曲面轮廓铣的逼进/分离方法有：【无】、【沿刀轴】、

【沿矢量】、【从间隙开始的刀轴】、【到间隙的最短距离】、【从间隙开始的矢量】和【从间隙开始相切】等方式，如图 6-148 所示。下面对其中常用的方式进行说明。

① 【无】选项：系统将默认逼进方向为平行于刀轴的方向。

② 【沿刀轴】选项：逼近或分离矢量的方向与刀轴一致，如图 6-149 所示。

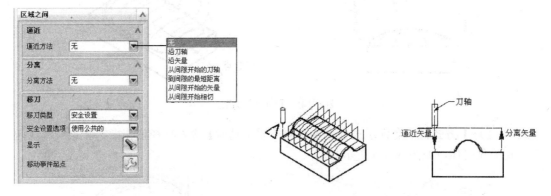

图 6-148 【区域之间】面板　　　　　　　　　图 6-149 【沿刀轴】方式

③ 【沿矢量】选项：通过【矢量构造器】对话框来自定义一个矢量方向作为逼进矢量或分离矢量，如图 6-150 所示。

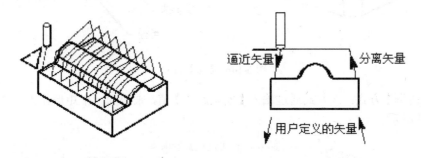

图 6-150 【沿矢量】方式

（4）【移刀】子面板。【移刀】用于指定刀具从【分离】终点（如果【分离】设置为【无】，则为【退刀】终点；或者是初始进刀的出发点）到【逼近】起点（如果【逼近】设置为【无】，则为【进刀】起点；或者是最终退刀的回零点）的移动方式。通常，移刀发生在进刀和退刀之间或分离和逼近之间。

（5）【光顺】面板。【光顺】用于指定是否对刀具轨迹进行光顺处理。当选择【开】选项时，在进刀运动的开始处和退刀运动的结束点添加一个圆弧，并跟随它们之间的安全几何体。如图 6-151 所示；当选择【关】选项时，则不对刀具轨迹进行光顺处理，如图 6-152 所示。

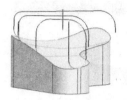

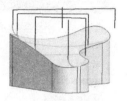

图 6-151　【光顺】开　　　　　　　　图 6-152　【光顺】关

4. 【避让】选项卡

在【非切削运动】对话框中，单击【避让】选项卡标签，切换到【避让】选项卡，如图 6-153 所示。该选项卡主要用于定义刀具在切削前和切削后的非切削运动的位置和方向。通过定义【出发点】、【起点】、【返回点】和【回零点】的位置来控制非切削运动。其中参数的设置和平面铣中的完全一样，请读者参照平面铣中【避让】选项卡参数的设置。

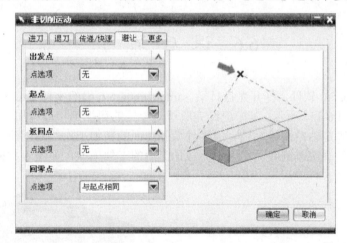

图 6-153　【避让】选项卡

5. 【更多】选项卡

在【非切削运动】对话框中，单击【更多】选项卡标签，切换到【更多】选项卡，如图 6-154 所示。其中有【碰撞检查】和【输出接触数据】两个选项，下面仅对在固定轴曲面轮廓铣中新出现的【输出接触数据】选项进行说明。

【输出接触数据】选项用于定义是否在刀轨中输出【3D 接触点】、【接触法向】和【接触中心】等接触数据。选择该选项，将会输出接触数据，这样进行后处理时，系统会设置这些变量，以便后处理器可输出 3D 刀具补偿或需要此信息的其他特殊特征。

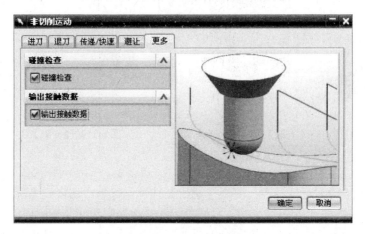

图 6-154 【更多】选项卡

6.6 课后练习

（1）启动 NX 5.0 软件，打开光盘目录 sample\ch06\6.6 中的文件 Exercise1.prt，调入后的零件模型，如图 6-155 所示。其中已经完成了对零件的粗加工和半精加工。首先创建【螺旋】驱动方式的固定轴曲面轮廓铣完成零件型腔曲面的精加工，然后创建【文本】驱动方式的固定轴曲面轮廓铣雕刻底面文字。完成加工后的工件模型，如图 6-156 所示。

图 6-155 零件模型

图 6-156 加工后的模型

（2）启动 NX 5.0 软件，打开光盘目录 sample\ch06\6.6 中的文件 Exercise2.prt，调入后的零件模型，如图 6-157 所示。其中已经完成了对零件的粗加工和半精加工。首先创建【区域铣削】方式的固定轴曲面轮廓铣完成零件型腔曲面的精加工，然后创建【清根】方式的固定轴曲面轮廓铣去除残余的材料。完成加工后的工件模型，如图 6-158 所示。

图 6-157　零件模型

图 6-158　加工后的模型

（3）启动 NX 5.0 软件，打开光盘目录 sample\ch06\6.6 中的文件 Exercise3.prt，调入后的零件模型，如图 6-159 所示。其中已经完成了对零件的粗加工和半精加工。首先创建【边界】方式的固定轴曲面轮廓铣完成零件型腔曲面的精加工，然后创建【径向】驱动方式的固定轴曲面轮廓铣去除残余的材料。完成加工后的工件模型，如图 6-160 所示。

图 6-159　零件模型

图 6-160　加工后的模型

6.7　本 章 小 结

本章介绍了 NX 5.0 数控模块的固定轴曲面轮廓铣操作特点及应用场合。然后分驱动方式介绍了各种驱动方式的固定轴曲面轮廓铣操作的特点、创建和应用。每一种驱动方式都有具体的加工实例，读者应用充分地领会各种驱动方式的固定轴曲面轮廓铣的实际应用。在本章的最后详细地介绍了固定轴曲面轮廓铣的切削参数和非切削参数的设置。

希望读者通过对本章的学习，掌握固定轴曲面轮廓铣操作的相关知识，达到举一反三的目的，并在实际的数控编程加工中，能够灵活地运用各种驱动方式的固定轴曲面轮廓铣操作完成对各种复杂曲面的精加工。

第7章 点位加工

【本章导读】

本章将详细介绍 NX 5.0 数控加工的点位加工操作。所谓点位加工操作就是系统控制刀具完成【定位到几何体，插入部件，退刀"一系列动作类型的操作。其主要来完成对工件的中孔的加工，包括钻孔、镗孔、攻丝等加工方式，其他用途还包括点焊和铆接。本章首先对点位加工的特点和创建的一般步骤进行详细地介绍，并通过具体的训练实例使读者熟悉其功能和应用；然后讲解了点位加工中各参数的设置；最后通过课堂练习和综合实例使读者灵活应用点位加工操作完成对不同类型的孔的加工。

希望读者通过 4 个小时的学习，熟练掌握 NX 5.0 数控加工中，点位加工操作的创建和各参数的设置，并能够熟练的运用点位加工操作完成对工件上不同类型孔的加工。

序号	名　　称	基础知识参考学时（分钟）	课堂练习参考学时（分钟）	课后练习参考学时（分钟）
7.1	点位加工概述	10	0	0
7.2	创建点位加工	20	20	15
7.3	点位加工几何体	20	0	0
7.4	循环控制和切削参数	35	0	0
7.5	课堂练习	0	20	25
7.6	综合实例	0	40	35
总计	240 分钟	85	80	75

7.1　点位加工概述

7.1.1　点位加工的特点

点位加工一般由"定位到几何体"、"插入部件"、"退刀"三个动作组合而成。具体加工过程：刀具将以快速或进刀进给率移动到所需加工的位置上，然后以进给速度切入工件，加工完成后快速退回到安全平面，完成一个加工循环。在 NX 数控加工模块中，点位加工主要用于创建钻孔、镗孔、攻丝、铰孔、镗孔等加工操作。

相比平面铣、型腔铣等加工操作，点位加工操作具有以下特点：

（1）点位加工的几何体设定相对简单，只需指定要加工的孔的位置和孔的深度（部件表面和底面）；

（2）当工件中有许多相同直径相同的孔要加工时，可将这些孔按照加工工艺分成组，并为不同的组设定不同的循环参数，从而一次性完成这些孔的加工，这样可以节省了加工时间，提高了加工效率，同时也提高了各个孔的相对定位精度；

（3）点位加工的刀具的轨迹往往相对简单，也可以在机床上直接输入程序语句进行加工。

7.1.2 点位加工的应用

鉴于点位加工刀具的运动特点，其主要用来创建钻孔、扩孔、镗孔、锪孔、攻丝、点焊和铆接加工等。在 NX 数控加工中，点位加工主要用来完成各种类型的孔的加工。这些孔可以是通孔，也可以是盲孔，或各种沉头孔等。当工件形状复杂、孔或孔的类型比较多时，人工编程难以计算时，也常常应用点位加工操作来对工件进行加工。

7.2 创建点位加工

7.2.1 创建点位加工的一般步骤

1. 初始化加工环境和操作前准备

（1）进入加工模块。在【起始】菜单选择【加工】命令，或使用快捷键 Ctrl+Alt+M 进入加工模块。系统弹出【加工环境】对话框，在【CAM 设置】列表框中选择 drill 模板。单击【初始化】按钮，完成加工的初始化。

（2）指定加工坐标系和安全平面。

（3）指定工件几何体和毛坯几何体。

（4）创建加工刀具。

2. 创建点位加工操作

（1）选择创建的操作类型。单击【创建操作】按钮 ，或在【插入】下拉菜单中选择命令，弹出如图 7-1 所示的【创建操作】对话框。

（2）在【创建操作】对话框的【类型】下拉列表中选择【drill】选项，在【操作子类型】面板中，单击【钻孔】按钮 。

（3）设置父节点组和名称。设置【程序】、【几何体】、【刀具】和【方法】等父节点组，在【名称】文本框中，输入操作的名称。单击【确定】按钮。

3．设置点位操作的相关参数

（1）创建加工几何体。在系统弹出的【钻】对话框的【几何体】面板中，设定相关的几何体，比如：【指定孔】按钮 、【指定部件表面】按钮 、【指定底面】按钮 ，如图7-2所示。

图 7-1 【创建操作】对话框

图 7-2 【钻】对话框

（2）设置基本的操作参数。选择【刀轴方向】、【循环】、【最小安全距离】等参数。

（3）设置其他的参数。设置【Depth Offsets】、【刀轨设置】和【机床控制】等相关参数。

4．生成刀具轨迹

（1）生成刀具轨迹。在【点】对话框中，单击【生成刀轨】按钮 ，系统生成刀具轨迹。

（2）检验刀轨，进行加工仿真。在【点】对话框中，单击【确认刀轨】按钮🔲，系统弹出【刀轨可视化】对话框，进行可视化刀轨的检查。

7.2.2 点位加工子类型

在如图 7-1 所示的【创建操作】对话框的【类型】下拉列表中选项【drill】选项时，【操作子类型】面板中，将会出现点位加工的 13 种加工子类型。通过选择不同的加工子类型可以完成对不同类型的孔的加工。在【drill】模板集中可以使用的操作子类型见表 7-1。这些加工子类型的实质是相同的，其中利用【钻孔】操作可以创建除螺纹铣之外的所有钻的操作。不同的加工子类型只不过在形式上表现为操作对话框中某些参数的不同。希望读者通过本章的学习，能够体会各种加工子类型的应用。

表 7-1 点位加工子类型

图标	英文名称	中文含义	说　　明
🔧	SPOT_FACING	扩孔	使用铣刀对零件表面进行扩孔加工。
🔧	SPOT_DRILLING	中心钻	用于加工定位孔。
🔧	DRILLING	钻孔	普通的钻孔操作，是最基本的点位加工操作。用于加工直径在 100mm 以内的孔。
🔧	PEAK_DRILLING	啄钻	采用啄食方式来加工比较深的孔。
🔧	BREAKCHIP_DRILLING	断屑钻	该加工方式用于对韧性材料进行钻孔加工，加工产生的铁屑被撕裂成碎片。
🔧	BORING	镗孔	使用镗刀进行孔镗加工。可加工出尺寸、形状和位置精度均较高的孔。
🔧	REAMING	铰孔	使用铰刀将孔铰大。
🔧	COUNTERBORING	沉孔	沉孔加工方式能够将沉孔锪平。
🔧	COUNTERSINKING	埋头孔	用于加工埋头孔的埋头部分。
🔧	ATPPING	攻丝	攻丝操作使用丝锥攻螺纹，用于加工螺纹。
🔧	THEAD_MILLING	铣螺纹	使用铣刀来铣螺纹。

7.2.3 课堂练习一：点位加工引导实例

☀（参考用时：20 分钟）

本小节将通过如图 7-3 所示零件上的孔的加工应用实例来说明创建点位加工的一般步骤，使读者对点位加工的创建步骤和参数设置有大体了解。加工后的模型，如图 7-4 所示。

图 7-3　零件模型

图 7-4　加工后模型

1. 打开文件模型初始加工环境

（1）调入模型文件。启动 NX 5.0，在【标准】工具栏中，单击【打开】按钮 ，系统弹出【打开部件文件】对话框，选择 sample \ch07\7.2 目录中的 Induction.prt 文件，单击【OK】按钮。

（2）进入加工模块。在【起始】菜单中选择【加工】命令，或使用快捷键 Ctrl+Alt+M 进入加工模块。系统弹出【加工环境】对话框，在【CAM 设置】列表框中选择 drill 模板。单击【初始化】按钮，完成加工的初始化。

2. 创建父节点组

（1）创建刀具节点组。在【操作导航器】工具条中，单击【机床视图】按钮 ，，将操作导航器切换到机床视图。单击【加工创建】工具条中的【创建刀具】按钮 ，弹出【创建刀具】对话框，如图 7-5 所示。在【类型】下拉列表中，选择【drill】选项；在【刀具】下拉列表中，选择【GENERIC_MACHINE】选项；在【名称】文本框中，输入：TOOL1D10；单击【确定】按钮。

（2）设置刀具参数。在弹出的【钻刀】对话框中设置刀具参数，如图 7-6 所示，单击【确定】按钮，完成加工刀具的创建。

（3）创建第二把钻刀具。刀具名称：TOOL2D10，直径 10，长度 60，顶角 118，刃口长度 35，刀具号 2。

（4）设置加工坐标系。在【操作导航器】工具条中，单击【几何体视图】按钮 ，将操作导航器切换到几何体视图。双击 MCS_MILL ，系统弹出【Mill Orient】对话框，单击【CSYS】按钮 ，系统将弹出【CSYS】对话框，在绘图区选择如图 7-7 所示的点，单击【确定】按钮。

（5）设置安全平面。在【Mill Orient】对话框中的【安全设置选项】下拉列表中，选择【平面】选项，单击【选择安全平面】按钮 ，在弹出的【平面构造器】对话框的【偏置】文本框中，输入值 8，选择如图 7-8 所示的平面，单击【确定】按钮，再单击【确定】按钮，安全平面的设置。

图 7-5 【创建刀具】对话框

图 7-6 【钻刀】对话框

图 7-7 选择点

图 7-8 选择偏置面

（6）创建工件几何体。在【操作导航器－几何体】对话框中，双击 WORKPIECE 节点，弹出系统【Mill Geom】对话框。单击【部件几何体】按钮 ，弹出【工件几何体】对话框，单击【全选】按钮，单击【确定】按钮，完成工件几何体的创建。

（7）创建毛坯几何体。在【Mill Geom】对话框中，单击【毛坯几何体】按钮 ，系统弹出【毛坯几何体】对话框，选择【部件的偏置】单选项，输入偏置值 0，单击【确定】按钮，再次单击【确定】按钮，完成毛坯几何体的创建。

3. 加工底面的四个通孔

（1）在【加工创建】工具条，单击【创建操作】按钮 ，系统弹出【创建操作】对话框，在【类型】下拉列表中选择【drill】选项，在【操作子类型】选项组中，单击【钻孔】按钮 ，在【程序】下拉列表中选择【PROGRAM】选项，在【几何体】下拉列表中选择

【WORKPIECE】选项，在【刀具】下拉列表中选择【TOOL1D20】，在【方法】下拉列表中选择【DRILL_METHOD】选项，输入名称：DRILLING_1，如图 7-9 所示，单击【确定】按钮。

　　（2）指定孔。在系统弹出的【钻】对话框中，单击【指定孔】按钮，在弹出的【点到点几何体】对话框中，单击【选择】按钮，在绘图区选择如图 7-10 所示的四个圆。单击【确定】按钮。

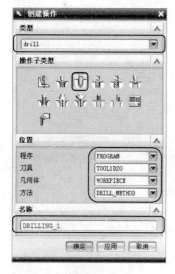

图 7-9　【创建操作】对话框

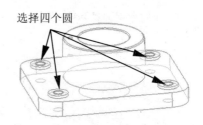

选择四个圆

图 7-10　选择四个圆

　　（3）优化刀具轨迹。在【点到点几何体】对话框中，单击【优化】按钮，在弹出的对话框中，单击【shotest path】按钮，再依次单击【level-标准】按钮、【优化】按钮、【接受】按钮，接受优化结果，最后单击【确定】按钮，完成刀具轨迹的优化。

　　（4）设置部件表面。在【钻】对话框中，单击【部件表面】按钮，在弹出的【部件表面】对话框中，单击【一般面】按钮，选择如图 7-11 所示的平面，在弹出的【平面构造器】对话框的【偏置】文本框中，输入值 5，单击【确定】按钮。

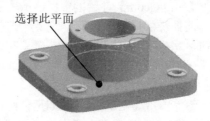

选择此平面

图 7-11　选择平面

（5）设置底面。在【钻】对话框中，单击【指定底面】按钮 🔶，系统弹出的【底面】对话框，选择工件的底面，单击【确定】按钮。

（6）设置钻孔加工的最小安全距离。在【钻】对话框中的【最小安全距离】文本框中，输入值 100，其他加工参数采用默认的值。

（7）生成刀具轨迹。在【钻】对话框中单击【生成刀轨】按钮 🔳，系统生成的刀具轨迹，如图 7-12 所示。

（8）钻孔操作仿真。在【钻】对话框中单击【确认刀轨】按钮 🔳，系统弹出【刀轨可视化】对话框，选择【2D 动态】选项卡。单击【选项】按钮，在弹出的【IPW 干涉检查】对话框，选择【干涉暂停】复选项，单击 确定 按钮。在【刀轨可视化】对话框中，单击【播放】按钮 ▶，系统进入加工仿真环境。仿真结果如图 7-13 所示。

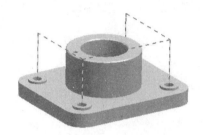

图 7-12　生成的刀具轨迹　　　　　　图 7-13　加工仿真结果

4．加工工件的顶部的定位孔

（1）在【加工创建】工具条，单击【创建操作】按钮 🖳，系统弹出【创建操作】对话框，在【类型】下拉列表中选择【drill】选项，在【操作子类型】选项组中，单击【钻孔】按钮 📌，在【程序】下拉列表中选择【PROGRAM】选项，在【几何体】下拉列表中选择【WORKPIECE】选项，在【刀具】下拉列表中选择【TOOL2D10】，在【方法】下拉列表中选择【DRILL_METHOD】选项，输入名称：DRILLING_2，单击【确定】按钮。

（2）指定孔。在系统弹出的【钻】对话框中，单击【指定孔】按钮 🔶，在弹出的【点到点几何体】对话框中，单击【选择】按钮，在绘图区选择工件顶面的定位孔，单击【确定】按钮。

（3）设置部件表面。在【钻】对话框中，单击【指定孔】按钮 🔶，系统弹出【部件表面】对话框，在绘图区选择工件顶面，如图 7-14 所示，单击【确定】按钮。

（4）设置底面。在【钻】对话框中，单击【指定底面】按钮 🔶，系统弹出的【底面】对话框，选择定位孔的底面，如图 7-15 所示，单击【确定】按钮。

（5）生成刀具轨迹。加工参数采用默认的值。在【钻】对话框中单击【生成刀轨】按钮 🔳，系统生成的刀具轨迹，如图 7-16 所示。

（6）钻孔操作仿真。在【钻】对话框中单击【确认刀轨】按钮 🔳，系统弹出【刀轨可视化】对话框，选择【2D 动态】选项卡。单击【选项】按钮，在弹出的【IPW 干涉检查】对话框，选择【干涉暂停】复选项，单击 确定 按钮。在【刀轨可视化】对话框中，单击【播放】按钮 ▶，系统进入加工仿真环境。仿真结果如图 7-17 所示。

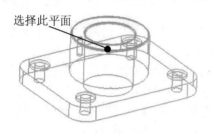

图 7-14　选择此平面

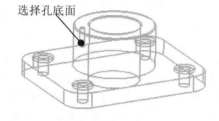

图 7-15　选择底面

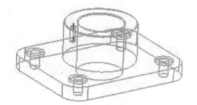

图 7-16　生成的刀具轨迹

图 7-17　加工仿真结果

7.3　点位加工几何体

点位加工几何体用来定义所要加工的点位的位置和深度。点位加工几何体主要包含【指定孔】、【指定部件表面】和【指定底面】等三个加工几何体，如图 7-18 所示，分别用来指定加工孔、孔的上表面和孔的下表面。

图 7-18　点位加工几何体

7.3.1 指定孔

【指定孔】用来指定要加工的孔的位置，在【钻】对话框中，单击【指定孔】按钮 ，
系统将弹出【点到点几何体】对话框，如图 7-19 所示。通过该对话框可以完成对加工孔的
选择。下面分别对【点到点几何体】对话框的按钮进行说明。

图 7-19 【点到点几何体】对话框

1. 选择

在【点到点几何体】对话框中，单击【选择】按钮，系统弹出如图 7-20 所示的对话框。
在该对话框中，提供了几种选择加工孔的方式。可以根据模型中要加工孔的具体形状和位
置来选择合适的指定方式来定义孔。

图 7-20 【选择】对话框

（1）【Cycle 参数组-1】按钮：用于指定当前循环参数组与要指定的加工位置相关联。

（2）【一般点】按钮：单击该按钮，系统将弹出【点构造器】，通过【点构造器】来定义关联的或非关联的 P 具位置点（CL 点）。

（3）【组】按钮：用于选择任何先前成组的点和/或圆弧。可以选择组或输入先前命名的组的名称来选择组。

（4）【类选择】按钮：单击该按钮，系统将弹出【类选择】对话框，通过该对话框来选择几何对象。

（5）【面上所有孔】按钮：通过选择一个面以及该面上和指定直径范围之内的所有完整的圆柱形孔。

（6）【预钻点】按钮：用于定义钻孔预进刀点。

（7）【最小直径】、【最大直径】按钮：用于设定【面上所有的孔】选项选择的孔的最小直径和最大直径范围。

（8）【选择结束】按钮：单击该按钮，系统将结束选择，返回到【点到点几何体】对话框。

（9）【可选的】按钮：该按钮用来控制所选对象的类型。其中有【仅点】、【仅圆弧】、【仅孔】、【点和圆弧】和【全部】五种对象类型。

2．附加

【附加】用于将新选择的加工位置添加到先前选定的加工位置几何体中，单击【附加】按钮，系统将弹出【点位加工几何体】对话框。

3．忽略

【忽略】用于先前选定的不需要的加工点位。在生成刀轨时，系统将不考虑在【忽略】选项中选定的点。单击【忽略】按钮，系统将弹出【点位加工几何体】对话框。

4．优化

【优化】用于对于选定的加工位置进行优化。通过直接指定的加工位置可能不满足要求，需要重新安排所选加工位置在刀轨中的顺序，以达到缩短辅助加工时间、提高加工效率的目的。在【点到点几何体】对话框中，单击【优化】按钮，弹出如图 7-21 所示对话框。其中有四种优化方式，下面分别进行说明。

（1）最短路径（Shortest Path）：系统以加工时间最短为主要优化目标，对加工位置进行重新排序，完成点位加工刀轨优化。该方法通常被用作首选方法，尤其是当点的数量很大（即：多于 30 个点）且需要使用可变刀轴时。但是，与其他优化方法相比，最短刀轨方法可能需要更多的处理时间。如图 7-22 所示的为某零件刀轨优化前的刀路；刀轨优化后结果，如图 7-23 所示。

图 7-21 【优化】对话框

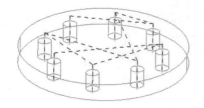 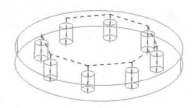

图 7-22 刀轨优化前 图 7-23 刀轨优化后

在【优化】对话框中，单击【Shortest Path】按钮，会弹出如图 7-24 所示的对话框。

图 7-24 【Shortest Path】

① 【Level-高级】按钮：用于指定系统在确定最短刀轨时应使用的时间级别，其中有【高级】和【标准】两种方式。

② 【Based on-距离】按钮：该按钮用于设置刀轨优化时出发点的参数。

③ 【Start Poin-自动】按钮：该按钮用于指定最短路径优化时刀轨的起点。

④ 【End Point-自动】按钮：该按钮用于指定最短路径优化时刀轨的终点。

⑤ 【Start Tool Axis-不可用】按钮：该按钮用于指定在变轴点位加工中刀轨起始点处的刀轴方向。

⑥ 【End Tool Axis-不可用】按钮：该按钮用于指定在变轴点位加工中刀轨终点处的刀轴方向。

⑦ 【优化】按钮：单击该按钮，系统将按照最短路径方式对刀轨进行优化，并弹出已对话框，显示优化后的结果，如图 7-25 所示。

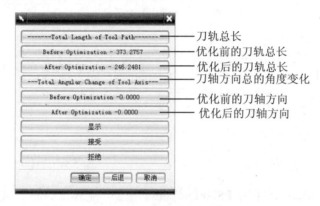

图 7-25 优化结果对话框

（2）水平路径（Horizontal Bands）：系统按照指定的水平带状区域来优化刀轨，刀具的运动方向与工作坐标系的 *XC* 轴大致平行。水平路径带由成对的水平直线组成，每对水平直线之间的加工位置按照指定的顺序排序，可以选择升序和降序两种方式。具体的优化方式，如图 7-26 所示。

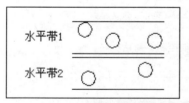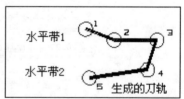

图 7-26 水平路径优化

（3）垂直路径（Vertical Bands）：垂直路径与通过水平路径优化类似，区别只是条带与工作坐标 *YC* 轴平行，且每个条带中的点根据 *YC* 坐标进行排序。

（4）重新绘制加工位置（Repaint Points-是）：可以控制每次优化后所有选定点的重新绘制。重新绘制点可在【是】和【否】之间切换。将重新绘制点设为【是】后，系统将重新显示每个点的顺序编号。

5. 显示点

【显示点】可以显示在使用【选择】、【省略】、避让或优化选项后刀轨点的选择情况。选择此选项将使系统显示这些点的新顺序，以方便检查加工位置的正确性与否。

6. 避让

【避让】用于指定可越过部件中夹具或障碍的【刀具间距】。必须定义【起点】、【终点】和【避让距离】。【距离】表示【部件表面】和【刀尖】之间的距离，该距离必须足够大，以便刀具可以越过【起点】和【终点】之间的障碍。单击该按钮，弹出一对话框，在绘图区指定两点分别作为避让的起点和终点后，可以通过【安全平面】和【距离】两种方式来定义避让区域。

7. 反向

【反向】用于颠倒先前选定的加工位置的顺序。

8. 圆弧轴控制

【圆弧轴控制】用来控制圆弧或片体上孔的轴线方向。单击该按钮，系统弹出如图 7-27 所示的对话框，其中有【显示】和【反向】两个按钮。

图 7-27　【圆弧轴控制】对话框

（1）【显示】按钮：单击该按钮，可以选择圆弧。选择的圆弧的轴线方向将以箭头的形式高亮度显示在图形窗口中。

（2）【反向】按钮：单击该按钮，可以选择圆弧。选择的圆弧的轴线方向将与先前的方向相反，同样也以箭头的形式高亮度显示在图形窗口中。

9. Rapto 偏置

【Rapto 偏置】可以为每个选定的点、圆弧或孔指定一个 Rapto 值。在该点处进给率从快速变为切削。该值可正可负。指定负的 Rapto 值可使刀具从孔中退出至指定的安全距离值处，然后再将刀具定位至后续的孔位置处。

10. 规划完成

【规划完成】用来完成加工位置的指定，返回到加工操作对话框。

11. 显示/校核 循环 参数组

【显示/校核 循环 参数组】用来显示和校核循环参数组，但不能修改循环参数组。单击该按钮，将弹出如图 7-28 所示的对话框。

图 7-28 　【显示校核】对话框

7.3.2 指定部件表面

部件表面用来指定点位加工时的起始位置，即刀具切入材料的部位，也就是孔的入口的高度位置。部件表面可以是一个现有的面，也可以是一个一般平面。如果没有定义部件表面，或已将其取消，那么每个点处隐含的部件表面将是垂直于刀轴且通过该点的平面。

在【钻】对话框中，单击【指定部件表面】按钮●，系统将弹出【部件表面】对话框，如图 7-29 所示。通过该对话框可以完成部件表面的定义。

图 7-29 　【部件表面】对话框

（1）【面】按钮▦：单击该按钮，可以通过在文本框中输入面的名称，或在绘图区选择一个面来定义部件表面。

（2）【一般面】按钮：单击该按钮，系统将弹出【平面构造器】对话框，可以通过【平面构造器】来定义部件表面。

（3）【ZC 平面】按钮：选择一个垂直于 WCS 的 ZC 轴的部件表面平面为部件表面。

（4）【不使用平面】按钮：该按钮的作用是不使用平面，即按照选择点所在的高度位置作为部件表面。

7.3.3　指定底面

底面用来定义刀轨的切削下限。加工底面可以是一个已有的面，也可以是一个一般平面。在【钻】对话框中，单击【指定底面】按钮，系统将弹出【底面】对话框，如图 7-30 所示。通过该对话框可以完成加工底面的定义。加工底面的设置方法和部件表面的设置方法类似。

图 7-30　【底面】对话框

7.4　循环控制和切削参数控制

7.4.1　循环方式的选择

在点位加工中，针对不同类型的孔，需要使用不同的加工方式才能满足加工工艺的要求。在 NX 5.0 数控加工模块中，一共有 14 种循环类型，有【无循环】、【啄钻…】、【断屑…】、【标准文本…】、【标准钻…】、【标准沉孔钻…】、【标准钻，深度…】、【标准断屑钻…】、【标准攻丝…】、【标准镗…】、【标准镗，快退…】、【标准镗，横向偏置后快退…】、【标准背镗…】和【标准镗，手工退刀…】，如图 7-31 所示，其中只显示出前 10 种循环方式。根据实际加工零件的孔的类型、尺寸和工艺要求，在循环类型下拉列表中选择一种合适的循环类型。

（1）无循环。【无循环】将取消任何活动的循环。当没有活动的循环时，只生成一个刀轨。系统将生成以下序列的运动：

　　① 以进刀进给率将刀具移动到第一个操作安全点处；

　　② 以切削进给率沿刀轴将刀具移动至允许刀肩越过【底面】（如果有一个处于活动状态）的点处；

　　③ 以退刀进给率将刀具退至操作安全点处；

　　④ 以快速进给率将刀具移至每一个后续操作安全点处（如果底面不处于活动状态，刀具将以切削进给率送到每一个后续操作安全点处）。

图 7-31　循环方式

　　（2）啄钻。【啄钻】用来指定系统在每个加工位置生成一个模拟的啄钻循环。此方式适合钻深孔。啄钻循环方式不是一次切削到指定的加工深度，而是先钻削到一个中间深度，然后退刀，移动到该加工孔上方的安全点，这样可以将钻屑排出，同时使冷却液进入加工孔内，然后再次进行该孔的钻削，钻削到下一个中间深度，再退刀，直到完成整个孔的加工。刀具以快进速度运动到下一个加工位置上方的安全点上，开始下一个孔的加工。

　　（3）断屑。【断屑】用来指定系统在每个加工位置生成一个模拟的【断屑】钻孔循环。【断屑】钻孔循环与【啄钻】循环基本相同，但有以下区别：完成每次的增量钻孔深度后，系统并不使刀具从钻孔中完全退出然后返回至距上一深度一定"距离"的位置处，而是生成一个退刀运动使刀具退到距当前深度之上一定"距离"的点处。

　　（4）标准文本。【标准文本】用来指定系统在每个选择的加工位置上产生一个标准循环。选择该循方式，系统弹出如图 7-32 所示的对话框。可以在其中的文本框中，输入的循环文本必须是 APT 语言的关键字和数字，而且中间用逗号隔开，长度在 1～20 个字符之间。

图 7-32　【标准文本】对话框

（5）标准钻。【标准钻】用来指定系统在每个选择的加工位置上产生一个【标准钻】循环。选择该选项后，弹出【指定参数组】对话框，可以对循环参数组进行设置。

（6）标准沉孔钻。【标准沉孔钻】用来指定系统在每个选择的加工位置上产生一个【标准沉孔钻】循环。【标准沉孔钻】循环的指定方法和【标准钻】循环的指定方法基本相同。

（7）标准钻，深度。【标准钻，深度】用来指定系统在每个选择的加工位置上产生一个标准孔钻循环。其中循环参数的设置和【标准钻】循环的指定方法基本相同。

（8）标准断屑钻。【标准断屑钻】用来指定系统在每个选择的加工位置上产生一个【标准断屑钻】循环。

（9）标准攻丝。【标准攻丝】用来指定系统在每个选择的加工位置上产生一个【标准攻丝】循环。一个典型的【标准攻丝】循环包含将刀具进给到指定深度，主轴反向，然后从孔中退出。

（10）标准镗。【标准镗】用来指定系统在每个选择的加工位置上产生一个【标准镗】循环。一个典型的【标准镗】循环包含将刀具进给到指定深度，然后从孔中退出。

（11）标准镗，快退。【标准镗，快退】用来指定系统在每个选择的加工位置上产生一个【标准镗，快退】循环。其与标准镗循环相似，不同之出在于，在退刀时主轴停止转动。因此【标准镗，快退】循环方式时进行粗镗加工。

（12）标准镗，横向偏置后快退。【标准镗，横向偏置后快退】用来指定系统在每个选择的加工位置上产生一个【标准镗，横向偏置后快退】循环。其主要特点是刀具退刀前主轴先停在指定的方位上，主轴横向偏置一定距离后再退刀。此种方式适合于精镗。

（13）标准背镗。【标准背镗】用来指定系统在每个选择的加工位置上产生一个【标准背镗】循环。一个典型的【标准背镗】循环包含主轴的停止和定向、垂直于刀轴的偏置运动、沿主轴定位方向的偏置运动、静止主轴送入孔中、返回孔中心的偏置运动、主轴启动和退出孔外。

（14）标准镗，手工退刀。【标准镗，手工退刀】用来指定系统在每个选择的加工位置上产生一个【标准镗，手工退刀】循环。一个典型的【标准镗，手工退】循环包含进给到指定深度，主轴停止和程序停止，退刀过程由操作人员手工完成。

7.4.2　循环参数组的设置

1．循环参数组概述

循环参数组用于精确定义刀具运动和状态的加工特征，其中包括钻削深度、进给率、驻留时间、退刀时间等参数。在点位加工中，可以为相同类型、加工工艺不同的孔指定不同的循环参数组并设置其中的循环参数来满足加工要求。在每一个循环参数中可以根据具体的加工工艺来设置不同的循环参数。

在【钻】对话框的【循环】下拉列表中，选择某种循环类型后，单击【编辑参数】按钮，系统弹出【指定参数组】对话框，如图 7-33 所示。可以在该对话框的【Number of Sets】文本框中输入 1～5 之间的整数，来指定循环参数组的数目。指定完参数组数目后，单击【确定】按钮，弹出【Cycle 参数】对话框，如图 7-34 所示，可以设置每个循环参数的具体参数。

图 7-33 【指定参数组】对话框　　　　　　图 7-34 【Cycle 参数】对话框

2. 循环参数的设置

对于不同地循环类型，所需要设置的循环参数也不同。下面仅对【Cycle 参数】对话框中出现的常用循环参数进行说明。

（1）钻削深度（Depth）。钻削深度用于定义加工孔的总深度，即从部件表面到刀尖的距离。在【Cycle 参数】对话框中，单击【Depth-模型深度】按钮，系统弹出【Cycle 深度】对话框，如图 7-35 所示。其中可以选择六种方式来定义钻削深度，下面分别对各种方式进行说明。

① 【模型深度】按钮：单击该按钮，系统将采用模型中的孔的深度作为钻削的深度。该方法是系统默认的方法。

② 【刀尖深度】按钮：单击该按钮，系统将把加工部件表面与刀尖之间在刀轴方向的距离作为钻削的深度，可以在弹出的对话框的【深度】文本框中输入深度的大小，如图 7-36 所示。

图 7-35 【Cycle 深度】对话框　　　　　　图 7-36 【深度】对话框

③ 【刀肩深度】按钮：单击该按钮，系统将把加工表部件面到刀具刀肩之间在刀轴方向的距离作为钻削深度。具体的刀肩深度值如图 7-37 所示。

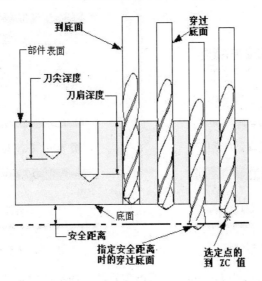

图 7-37 钻削深度（Depth）

④ 【到底面】按钮：单击该按钮，系统将把刀尖刚好接触加工底面时，刀尖到加工部件表面的距离作为钻削深度，具体的距离如图 7-37 所示。

⑤ 【穿过底面】按钮：单击该按钮，系统将把刀肩刚好接触加工底面时，刀肩到加工部件表面的距离作为钻削深度，具体的距离如图 7-37 所示。

⑥ 【到所选的点】按钮：单击该按钮，系统将把加工部件表面到所指定点之间的距离定义为钻削深度，如图 7-37 所示。

（2）进给率。进给率用于定义点位加工切削时刀具的运动速率。在【Cycle 参数】对话框中，单击【进给率】按钮，弹出【Cycle 进给率】对话框，如图 7-38 所示。可以在【毫米每分钟】文本框中输入进给率的值，也可以单击【切换单位至毫米每转】按钮，将进给率的单位切换到毫米每转。

（3）驻留（Dwell）。驻留（Dwell）用于定义刀具在到达切削深度后的停留时间。在【Cycle 参数】对话框中，单击【Dwell】按钮，系统将弹出如图 7-39 所示的【Cycle Dwell】对话框。通过该对话框可以对驻留方式进行定义。下面分别对其中的 4 个按钮进行说明。

① 【关】按钮：单击该按钮，刀具切削到指定深度后不发生驻留。

② 【开】按钮：单击该按钮，刀具切削到指定深度后驻留指定的时间。

③ 【秒】按钮：单击该按钮，系统将弹出如图 7-40 所示的对话框，可以在【秒】文本框中输入驻留的时间。

④【旋转】按钮：单击该按钮，系统将弹出如图 7-41 所示的对话框，可以在【旋转】文本框中输入驻留主轴转数。

图 7-38 【Cycle 进给率】对话框

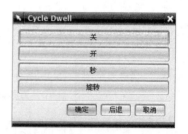

图 7-39 【Cycle Dwell】对话框

图 7-40 【秒】对话框

图 7-41 【旋转】对话框

（4）选项（Option）。选项（Option）用于指定系统生成的中循环语句中是否包含 Option 关键字。当【选项】状态为【开】时，系统在循环语句中包含 Option 关键字；当【选项】状态为【关】时，则不包含 Option 关键字。

（5）CAM。CAM 用于设置 CAM 值。CAM 值为没有可编程 Z 轴的机床预设置刀具的停止位置。切削时，刀具将运动到 CAM 停止位置。单击该按钮，系统弹出如图 7-42 所示的对话框，可以通过其中的【CAM】文本框指定 CAM 值。

（6）退刀距离（Rtrcto）。退刀距离（Rtrcto）用于指定点位加工时的退刀距离。退刀距离是指部件表面与退刀点之间在刀轴方向的距离。单击【Rtrcto】按钮，弹出如图 7-43 所示的对话框，其中有三种方式来定义退刀距离。

①【距离】按钮：单击该按钮，可以直接输入退刀距离的值。

②【自动】按钮：单击该按钮，系统自动确定退刀距离。

③【设置为空】按钮：单击按钮，系统将不使用退刀距离。

图 7-42 【CAM】对话框

图 7-43 【Rtrcto-无】对话框

7.4.3 切削参数

1. 最小安全距离

最小安全距离用于定义了每个操作的安全距离。通常，在指定的高度处，刀具运动从【快速进给率】或【进刀进给率】变为【切削进给率】。最小安全距离的示意图，如图7-44所示。可以在【钻】对话框的【最小安全距离】文本框中输入数值来定义最小安全距离。

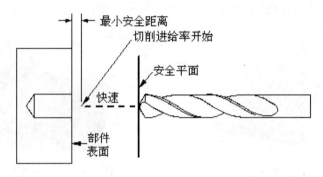

图 7-44 最小安全距离

2. 孔深度偏置量（Depth Offsets）

孔深度偏置量（Depth Offsets）用于指定盲孔底部以上的剩余材料量（例如，用于精加工操作），或指定多于通孔应切除材料的材料量（例如，确保打通该孔）。对于盲孔，孔深度偏置量是指钻盲孔时孔底部要保留的用于精加工的材料余量，为以后进行精加工做必要的准备；对于通孔来说，孔深度偏置量是指钻通孔时刀具穿过加工底面的穿透量，为的是确保孔被钻穿。孔深度偏置的盲孔余量和通孔安全距离，如图7-45所示。

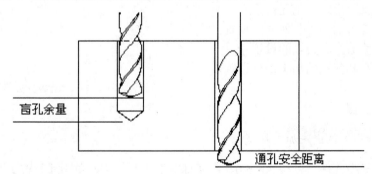

图 7-45 孔深度偏置量

7.5　综合实例一：支座的钻孔加工

光盘链接：录像演示——见光盘中的"\avi\ch07\7.5\ Drill01.avi"文件。

（参考用时：25 分钟）

7.5.1　加工预览

应用点位加工完成如图 7-46 所示的支座零件底座的沉头孔和斜孔的加工，加工后的效果如图 7-47 所示。

图 7-46　加工的零件模型

图 7-47　加工仿真结果

7.5.2　案例分析

本案例为点位加工操作，从模型分析可知，该支座零件底部有 4 个沉头孔，其尺寸为：沉头直径为 12 mm，沉头深 2 mm，孔径为 8 mm。顶部由一个起支撑作用的斜孔组成，斜孔的直径为 16 mm。本节重点要掌握用点位加工操作完成对沉头孔和斜孔的加工。

7.5.3　主要参数设置

（1）各个父节点组的创建；
（2）点位加工的加工几何体的设置；
（3）循环参数组和刀轴的设置；
（4）沉头孔和斜孔的加工操作设置。

7.5.4　操作步骤

1. 打开模型文件进入加工环境

（1）调入模型文件。启动 NX 5.0，在【标准】工具栏中，单击【打开】按钮，系统弹出【打开部件文件】对话框，选择 sample \ch07\7.5 目录中的 Drill.prt 文件，单击【OK】按钮。

（2）进入加工模块。在【起始】菜单选择【加工】命令，（或使用快捷键 Ctrl+Alt+M）进入加工模块。系统弹出【加工环境】对话框，在【CAM 会话配置】列表框中选择配置文件【cam_general】，在【CAM 设置】列表框中选择【drill】模板。单击【初始化】按钮，完成加工的初始化。

2. 创建父节点组

（1）创建第一把刀具。在【操作导航器】工具条中，单击【机床视图】按钮，将操作导航器切换到机床视图。单击【加工创建】工具条中的按钮，弹出【创建刀具】对话框，如图 7-48 所示。选择加工类型为【drill】选项，刀具组为【GENERIC_MACHINE】，输入刀具名称：COUNTERBORING_TOOLD12，单击【确定】按钮。

（2）设置刀具参数。在弹出的【Milling Tool-5 Parameters】对话框中设置刀具参数，如图 7-49 所示，单击【确定】按钮。

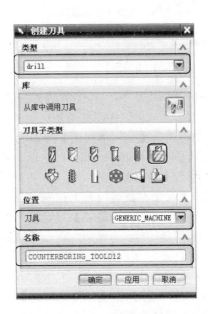

图 7-48　【创建刀具】对话框

图 7-49　【Milling Tool-5 Parameters】对话框

（3）创建一把钻削刀具。在【加工创建】工具条中，单击【创建刀具】按钮，弹出【创建刀具】对话框，如图 7-50 所示。选择加工类型为【drill】选项，刀具组为

【GENERIC_MACHINE】，输入刀具名称：DRILLING_TOOL2D8，单击【确定】按钮。

（4）设置刀具参数。在弹出的【钻刀】对话框中设置刀具参数，如图 7-51 所示，单击【确定】按钮。

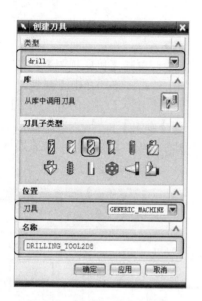

图 7-50 【创建刀具】对话框

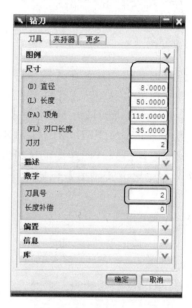

图 7-51 【钻刀】对话框

（5）创建第二把钻削刀具。刀具名称：DRILLING_TOOL2D16，具体参数如图 7-52 所示。

（6）设置加工坐标系。在【操作导航器】工具条中，单击【几何体视图】按钮，将操作导航器切换到几何体视图。双击 MCS_MILL，系统弹出【Mill_Orient】对话框，单击【偏置 CSYS】按钮，设置如图 7-53 所示的参数，单击【确定】按钮。

（7）设置安全平面。在【Mill_Orient】对话框中的【安全设置选项】下拉列表中，选择【平面】选项，单击【选择安全平面】按钮，系统弹出【平面构造器】对话框，如图 7-54 所示，在【偏置】文本框中，输入值 50，选择如图 7-55 所示的平面，单击【确定】按钮，再单击【确定】按钮，完成安全平面的设置。

（8）创建工件几何体。在【操作导航器—几何体】对话框中，双击 WORKPIECE 节点，系统弹出【Mill_Geom】对话框。单击【部件几何体】按钮，弹出【部件几何体】对话框，单击【全选】按钮，单击【确定】按钮，完成工件几何体的创建。

（9）创建毛坯几何体。在【Mill_Geom】对话框中，单击【毛坯几何体】按钮，系统弹出【毛坯几何体】对话框，选择【部件的偏置】单选项，单击【确定】按钮，再次单击【确定】按钮，完成毛坯几何体的创建。

图 7-52 刀具【DRILLING_TOOL2D16】参数

图 7-53 【CSYS】对话框

图 7-54 【平面构造器】对话框

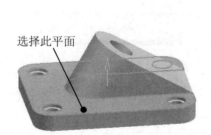

图 7-55 选择偏置面

3. 加工沉头

（1）创建沉孔钻操作。在【加工创建】工具条中单击【创建操作】按钮 ，系统弹出 【创建操作】对话框，在【类型】下拉列表中选择【drill】选项，在【操作子类型】选项组中，单击【沉孔钻】 按钮，在【程序】下拉列表中选择【PROGRAM】，在【几何体】下 拉 列 表 中 选 择 【WORKPIECE】 选 项， 在【刀 具】下 拉 列 表 中 选 择【COUNTERBORING_TOOLD12】选项，在【方法】下拉列表中选择【DRILL_METHOD】选项，采用默认的名称：COUNTERBORING，如图 7-56 所示，单击【确定】按钮，系统弹出【Counterboring】对话框，如图 7-57 所示。

图 7-56 【创建操作】对话框

图 7-57 【Counterboring】对话框

（2）指定加工位置。在系统弹出【Counterboring】对话框中，单击【指定孔】按钮 ，在弹出的【点到点几何体】对话框中，单击【选择】按钮，单击【面上所有孔】按钮，在绘图区选择如图 7-58 所示的平面。单击【确定】按钮，再单击【确定】按钮。

（3）优化刀具轨迹。在【点到点几何体】对话框中，单击【优化】按钮，在弹出的对话框中，单击【shotest path】按钮，再单击【level-标准】按钮，单击【优化】按钮，单击【接受】按钮，接受优化结果，最后单击【确定】按钮，完成刀具轨迹的优化。优化的结果，如图 7-59 所示。

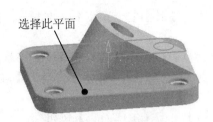

图 7-58 选择此平面

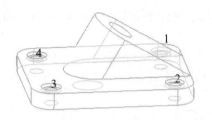

图 7-59 优化结果

（4）设置部件表面。在【Counterboring】对话框中，单击【指定部件表面】按钮，在弹出的【部件表面】对话框中，如图 7-60 所示，单击【一般面】按钮，系统弹出【平面构造器】对话框，在绘图区选择如图 7-61 所示的平面，单击【确定】按钮。

图 7-60 【部件表面】对话框

图 7-61 选择平面

（5）选择循环方式。在【Counterboring】对话框的【循环】下拉列表中，选择【标准钻】选项，单击【编辑参数】按钮，系统弹出【指定参数组】对话框，在【Number of Sest】文本框中输入数字 1，如图 7-62 所示，单击【确定】按钮。系统弹出【Cycle 参数】对话框，如图 7-63 所示。单击【Depth（Tip）-0.0000】按钮，在弹出的【Cycle 深度】对话框中，单击【模型深度】按钮。单击【确定】按钮，再单击【确定】按钮。完成选择循环方式的设置。

图 7-62 【指定参数组】对话框

图 7-63 【Cycle 参数】对话框

（6）设置安全距离。在【Counterboring】对话框的【最小安全距离】文本框中，输入值 40。

（7）设置进给和速度。在【Counterboring】对话框中，单击【进给和速度】按钮，弹出【进给】对话框，设置主轴速度和切削速度。其具体值如图 7-64 所示，单击【确定】按钮。

（8）生成刀具轨迹。在【Counterboring】对话框中单击【生成刀轨】按钮，系统生成的刀具轨迹，如图 7-65 所示。

图 7-64　【进给】对话框

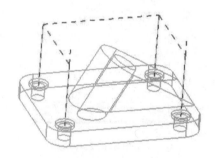

图 7-65　生成的刀具轨迹

4. 加工沉头孔

（1）创建钻操作。在【加工创建】工具条中单击【创建操作】按钮，系统弹出【创建操作】对话框，在【类型】下拉列表中选择【drill】选项，在【操作子类型】选项组中，单击【钻】按钮，在【程序】下拉列表中选择【PROGRAM】，在【几何体】下拉列表中选择【WORKPIECE】选项，在【刀具】下拉列表中选择【DRILLING_TOOL2D8】选项，在【方法】下拉列表中选择【DRILL_METHOD】选项，采用默认的名称：DRILLING_1，如图 7-66 所示，单击【确定】按钮。系统弹出【钻】对话框，如图 7-67 所示。

（2）指定加工位置。在系统弹出的【钻】对话框中，单击【指定孔】按钮，在弹出的【点到点几何体】对话框中，单击【选择】按钮，在绘图区选择如图 7-68 所示的四个圆。单击【确定】按钮。

（3）优化刀具轨迹。在【点到点几何体】对话框中，单击【优化】按钮，在弹出的对话框中，单击【shotest path】按钮，再单击【level-标准】按钮，单击【优化】按钮，单击【接受】按钮，接受优化结果，最后单击【确定】按钮，完成刀具轨迹的优化。

（4）设置部件表面。在【钻】对话框中，单击【指定部件表面】按钮，在弹出的【部件表面】对话框中，单击【一般面】按钮，弹出的【平面构造器】对话框，在绘图区选择如图 7-69 所示的平面，单击【确定】按钮。

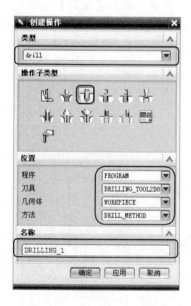

图 7-66 【创建操作】对话框

图 7-67 【钻】对话框

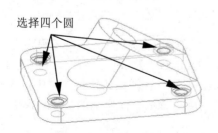

图 7-68 选择四个圆

图 7-69 选择平面

（5）设置底面。在【钻】对话框中，单击【指定底面】按钮 ，系统弹出【底面】对话框，选择工件的底面，单击【确定】按钮。

（6）选择循环方式。在【钻】对话框的【循环】下拉列表中，选择【标准钻】选项，单击【编辑参数】按钮 ，系统弹出【指定参数组】对话框，单击【确定】按钮。在弹出的【Cycle 参数】对话框中，单击【Depth（Tip）-0.0000】按钮，系统弹出【Cycle 深度】对话框，单击【穿过底面】按钮。单击【确定】按钮，再单击【确定】按钮。完成选择循环方式的设置。

（7）设置安全距离。在【钻】对话框的【最小安全距离】文本框中，输入值 40。

（8）设置进给和速度。在【钻】对话框中，单击【进给和速度】按钮 ，弹出【进给】对话框，设置主轴速度和切削速度。其具体值如图 7-70 所示，单击【确定】按钮。

（9）生成刀具轨迹。在【钻】对话框中单击【生成刀轨】按钮 ，系统生成的刀具轨迹，如图 7-71 所示。

图 7-70　【进给】对话框

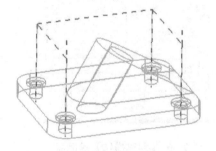

图 7-71　生成的刀具轨迹

5. 加工直径为 16 mm 斜孔

（1）复制【DRILLING_1】节点。在【操作导航器】工具条中，单击【程序视图】按钮 ，将操作导航器切换到程序视图。选择【DRILLING_1】节点，右击，在弹出的快捷菜单中，选择【复制】命令；选择 PROGRAM 节点，右击，在弹出的快捷菜单中，选择【内部粘贴】命令。重新命名复制的节点，选择复制节点，右击，在弹出的快捷菜单中，选择【重命名】命令，输入名称：DRILLING_2。

（2）指定加工位置。在操作导航器程序视图中，双击【DRILLING_2】节点，系统弹出【钻】对话框,单击【指定孔】按钮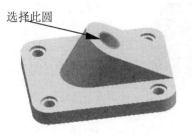,在弹出的【点到点几何体】对话框中,单击【选择】按钮,在弹出的对话框中,单击【是】按钮,在绘图区选择如图 7-72 所示的圆。单击【确定】按钮,再单击【确定】按钮。

(3)设置部件表面。在【钻】对话框中,单击【指定部件表面】按钮,在弹出的【部件表面】对话框中,单击【一般面】按钮,弹出【平面构造器】对话框,在绘图区选择如图 7-73 所示的平面,单击【确定】按钮。

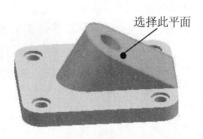

图 7-72 选择此圆   图 7-73 选择平面

(4)设置底面。在【钻】对话框中,单击【指定底面】按钮,系统弹出的【底面】对话框,选择工件的底面,单击【确定】按钮。

(5)设置刀具和刀轴。在【钻】对话框的【刀具】下拉列表中,选择【DRILLING_TOOL-3D16】选项;在【轴】下拉列表中,选择【垂直于部件表面】选项。

(6)设置安全距离并生成刀具轨迹。在【钻】对话框的【最小安全距离】文本框中,输入值 10。单击【生成刀轨】按钮,系统生成的刀具轨迹,如图 7-74 所示。

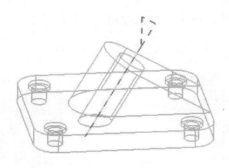

图 7-74 生成的刀具轨迹

6. 加工仿真

(1)在操作导航器的程序视图中,选择【PROGRAM】节点,右击,在弹出的快捷菜单的【刀轨】子菜单中,选择【确认】命令,系统弹出【刀轨可视化】对话框。

（2）在弹出的【刀轨可视化】对话框中，选择【2D 动态】选项卡，单击【选项】按钮，在弹出的【IPW 干涉检查】对话框中，选择【干涉暂停】复选项，单击【确定】按钮。在【刀轨可视化】对话框中，单击【播放】按钮▶，系统进入加工仿真环境。仿真结果如图 7-75 所示。

图 7-75　加工仿真结果

7.6　综合实例二：减速器下箱体的孔加工

光盘链接：录像演示——见光盘中的 "\avi\ch07\7.6\ Syntheses.avi" 文件。

（参考用时：40 分钟）

7.6.1　加工预览

应用点位加工完成如图 7-76 所示的减速器下箱体的孔加工和攻丝加工，加工后的效果如图 7-77 所示。

图 7-76　加工的零件模型

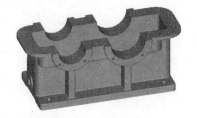

图 7-77　加工仿真结果

7.6.2　案例分析

本案例为减速器下箱体的钻孔加工操作。从模型分析可知，该箱体零件底座有 4 个直径

30 mm 的通孔，上部边缘有 10 个直径 20 mm 的孔，侧壁的孔直径为 45 mm，轴承座两端面有 8 个直径 16 mm 的螺纹盲孔。本节重点要掌握用点位加工操作完成各种类型孔的加工。

7.6.3 主要参数设置

（1）点位加工刀具组和几何体组的创建；

（2）多循环参数组的创建和相关参数的设置；

（3）镗孔和攻丝加工的创建。

7.6.4 操作步骤

1. 打开模型文件进入加工环境

（1）调入模型文件。启动 NX 5.0，在【标准】工具栏中，单击【打开】按钮，系统弹出【打开部件文件】对话框，选择 sample \ch07\7.6 目录中的 Syntheses.prt 文件，单击【OK】按钮。

（2）进入加工模块。在【起始】菜单选择【加工】命令，（或使用快捷键 Ctrl+Alt+M）进入加工模块。系统弹出【加工环境】对话框，在【CAM 会话配置】列表框中选择配置文件【cam_general】，在【CAM 设置】列表框中选择【drill】模板。单击【初始化】按钮，完成加工的初始化。

2. 创建父节点组

（1）创建第一把钻刀具。在【操作导航器】工具条中，单击【机床视图】按钮，将操作导航器切换到机床视图。单击【加工创建】工具条中的按钮，弹出【创建刀具】对话框，如图 7-78 所示。选择加工类型为【drill】选项，刀具组为【GENERIC_MACHINE】，输入刀具名称：COUNTERBORING_TOOLD30，单击【确定】按钮。

（2）设置刀具参数。在弹出的【钻刀】对话框中设置刀具参数，如图 7-79 所示，单击【确定】按钮。

（3）创建第二把钻削刀具。刀具名称：【DRILLING_TOOLD20】，具体参数如图 7-80 所示。

（4）创建第三把钻削刀具。刀具名称：【DRILLING_TOOLD16】，具体参数如图 7-81 所示。

（5）创建镗孔刀具。单击【加工创建】工具条中的【创建刀具】按钮，弹出【创建刀具】对话框，如图 7-82 所示。选择加工类型为【drill】选项，在【刀具子类型】面板中，单击【镗刀】按钮，刀具组为【GENERIC_MACHINE】，输入刀具名称：BORING_BARD45，单击【确定】按钮。

（6）设置刀具参数。在弹出的【钻刀】对话框中设置刀具参数，如图 7-83 所示，单击
【确定】按钮。

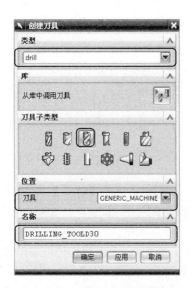

图 7-78　【创建刀具】对话框

图 7-79　【钻刀】对话框

图 7-80　【DRILLING_TOOLD20】参数

图 7-81　【DRILLING_TOOLD16】参数

图 7-82　【创建刀具】对话框　　　　图 7-83　【钻刀】对话框

（7）创建丝刀具。单击【加工创建】工具条中的【创建刀具】按钮，弹出【创建刀具】对话框，如图 7-84 所示。选择加工类型为【drill】选项，在【刀具子类型】面板中，单击【丝刀】按钮，刀具组为【GENERIC_MACHINE】，输入刀具名称：TAPD16，单击【确定】按钮。

（8）设置刀具参数。在弹出的【钻刀】对话框中设置刀具参数，如图 7-85 所示，单击【确定】按钮。

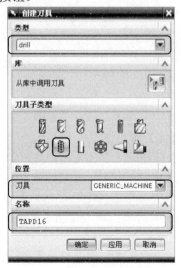

图 7-84　【创建刀具】对话框　　　　图 7-85　【钻刀】对话框

（9）设置加工坐标系。在【操作导航器】工具条中，单击【几何体视图】按钮 ，将操作导航器切换到几何体视图。双击 <svg>⊞ MCS_MILL</svg>，系统弹出【Mill Orient】对话框，单击【偏置 CSYS】按钮 <svg></svg>，设置如图 7-86 所示的参数，单击【确定】按钮。

（10）设置安全平面。在【Mill Orient】对话框中的【安全设置选项】下拉列表中，选择【平面】选项，单击【选择安全平面】按钮 <svg></svg>，系统弹出【平面构造器】对话框，在【偏置】文本框中，输入值 10，选择如图 7-87 所示的平面，单击【确定】按钮，再单击【确定】按钮，完成安全平面的设置。

图 7-86　【CSYS】对话框

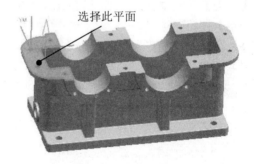

选择此平面

图 7-87　选择偏置面

（11）指定工件几何体。在【操作导航器－几何体】对话框中，双击 <svg>WORKPIECE</svg> 节点，弹出系统【Mill Geom】对话框。单击【部件几何体】按钮 <svg></svg>，弹出【部件几何体】对话框，单击【全选】按钮，单击【确定】按钮，完成工件几何体的创建。

（12）指定毛坯几何体。在【Mill Geom】对话框中，单击【毛坯几何体】按钮 <svg></svg>，系统弹出【毛坯几何体】对话框，选择【部件的偏置】单选项，单击【确定】按钮，再次单击【确定】按钮，完成毛坯几何体的创建。

（13）创建几何体组。在【加工创建】工具条中，单击【创建几何体】 <svg></svg>按钮，弹出【创建几何体】对话框。选择类型为【drill】选项，在【几何体子类型】面板中，单击【加工坐标系】按钮 ，几何体组为【GEOMETRY】，输入名称：MCS_MILL1，如图 7-88 所示。单击【确定】按钮。

（14）设置几何体【MCS_MILL1】的加工坐标系。在【操作导航器】工具条中，单击【几何体视图】按钮 ，将操作导航器切换到几何体视图。双击【MCS_MILL1】，系统弹出【Mill Orient】对话框，选择如图 7-89 所示的点，并将加工坐标调整到如图 7-89 所示的方位，单击 确定 按钮。

图 7-88　【创建几何体】对话框

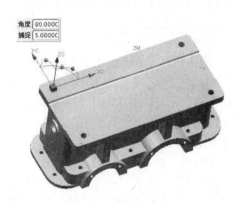

图 7-89　创建加工坐标系

（15）设置安全平面。在【Mill Orient】对话框中的【安全设置选项】下拉列表中，选择【平面】选项，单击【选择安全平面】按钮 ，系统弹出【平面构造器】对话框，如图 7-90 所示，在【偏置】文本框中，输入值 10，选择如图 7-91 所示的平面，单击【确定】按钮，再单击【确定】按钮，完成安全平面的设置。

图 7-90　【平面构造器】对话框

图 7-91　选择偏置面

（16）创建几何体组。在【加工创建】工具条中，单击【创建几何体】 按钮，弹出【创建几何体】对话框。选择类型为【drill】选项，在【几何体子类型】面板中，单击【工件几何体】按钮 ，几何体组为【MCS_MILL1】，输入名称：WORKPIECE_1，单击【确定】按钮。

（17）指定工件几何体和毛坯几何体。在系统弹出的【工件】对话框中，单击【部件几何体】按钮 ，弹出【部件几何体】对话框，单击【全选】按钮，单击【确定】按钮。再单击【毛坯几何体】按钮 ，系统弹出【毛坯几何体】对话框，选择【部件的偏置】单选项，单击【确定】按钮，再次单击【确定】按钮。

3．加工底面四个孔

（1）创建钻孔操作。在【加工创建】工具条，单击【创建操作】按钮 ，系统弹出【创建操作】对话框，在【类型】下拉列表中选择【drill】选项，在【操作子类型】选项组中，单击【钻】按钮 ，在【程序】下拉列表中选择【PROGRAM】，在【几何体】下拉列表中选择【WORKPIECE_1】选项，在【刀具】下拉列表中选择【DRILLING_TOOLD30】选项，在【方法】下拉列表中选择【DRILL_METHOD】选项，采用默认的名称：DRILLINGD30，如图7-92所示，单击【确定】按钮。

（2）指定加工位置。在系统弹出的【钻】对话框中，单击【指定孔】按钮 ，在弹出的【点到点几何体】对话框中，单击【选择】按钮，在绘图区选择如图7-93所示的四个圆。单击【确定】按钮。

图7-92　【创建操作】对话框

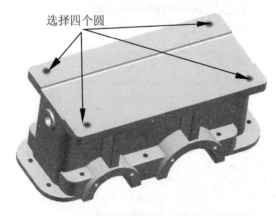

图7-93　【钻】对话框

（3）优化刀具轨迹。在【点到点几何体】对话框中，单击【优化】按钮，在弹出的对话框中，单击【shotest path】按钮，再单击【level-标准】按钮，单击【优化】按钮，单击【接受】按钮，接受优化结果，最后单击【确定】按钮，完成刀具轨迹的优化。

（4）设置部件表面。在【钻】对话框中，单击【指定部件表面】按钮，在弹出的【部件表面】对话框中，单击【一般面】按钮，弹出【平面构造器】对话框，在绘图区选择箱体的底面，单击【确定】按钮。

（5）设置底面。在【钻】对话框中，单击【指定底面】按钮，系统弹出【底面】对话框，单击【一般面】按钮，在绘图区选择如图 7-94 所示的平面，单击【确定】按钮。

（6）选择循环方式。在【钻】对话框的【循环】下拉列表中，选择【标准钻】选项，单击【编辑参数】按钮，系统弹出【指定参数组】对话框，单击【确定】按钮。在弹出的【Cycle 参数】对话框中，单击【Depth（Tip）-0.0000】按钮。系统弹出【Cycle 深度】对话框，单击【穿过底面】按钮。单击【确定】按钮，再单击【确定】按钮。完成选择循环方式的设置。

（7）设置刀轴和安全距离。在【钻】对话框的【轴】下拉列表中，选择【垂直于部件表面】选项。在【最小安全距离】文本框中，输入值 10。

（8）生成刀具轨迹。在【钻】对话框中单击【生成刀轨】按钮，系统生成的刀具轨迹，如图 7-95 所示。

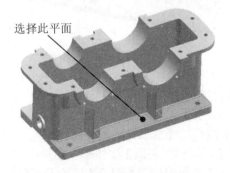

选择此平面

图 7-94 选择此平面

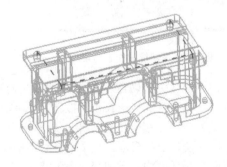

图 7-95 生成的刀具轨迹

4. 加工上沿部的孔

（1）创建钻孔操作。在【加工创建】工具条，单击【创建操作】按钮，系统弹出【创建操作】对话框，在【类型】下拉列表中选择【drill】选项，在【操作子类型】选项组中，单击【钻】按钮，在【程序】下拉列表中选择【PROGRAM】，在【几何体】下拉列表中选择【WORKPIECE】选项，在【刀具】下拉列表中选择【DRILLING_TOOLD20】选项，在【方法】下拉列表中选择【DRILL_METHOD】选项，采用默认的名称：DRILLINGD20，如图 7-96 所示，单击【确定】按钮。

（2）指定加工位置。在系统弹出【钻】对话框中，单击【指定孔】按钮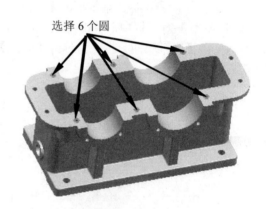，在弹出的【点到点几何体】对话框中，单击【选择】按钮，在绘图区选择如图 7-97 所示的 6 个圆。单击【Cycle 参数组 1】按钮，在弹出的对话框中，单击【参数组 2】按钮，在绘图区，选择上部边缘的其余 4 个孔，单击【确定】按钮。

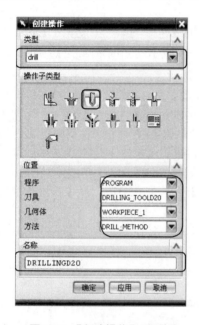

图 7-96 【创建操作】对话框

选择 6 个圆

图 7-97 选择 6 个圆

（3）优化刀具轨迹。在【点到点几何体】对话框中，单击【优化】按钮，在弹出的对话框中，单击【shotest path】按钮，再单击【level-标准】按钮，单击【优化】按钮，单击【接受】按钮，接受优化结果，最后单击【确定】按钮，完成刀具轨迹的优化。

（4）设置部件表面。在【钻】对话框中，单击【指定部件表面】按钮，在弹出的【部件表面】对话框中，单击【一般面】按钮，弹出【平面构造器】对话框，在绘图区选择如图 7-98 所示的平面，单击【确定】按钮。

（5）设置底面。在【钻】对话框中，单击【指定底面】按钮，系统弹出的【底面】对话框，单击【一般面】按钮，在绘图区选择如图 7-99 所示的平面，单击【确定】按钮。

（6）选择循环方式。在【钻】对话框的【循环】下拉列表中，选择【标准钻】选项，单击【编辑参数】按钮，系统弹出【指定参数组】对话框，单击【确定】按钮。在弹出【Cycle 参数】对话框中，单击【Depth】按钮。系统弹出的【Cycle 深度】对话框，单击

【穿过底面】按钮。单击【Depth】按钮，再单击【刀尖深度】按钮，在【深度】文本框中，输入值 20，单击【确定】按钮，再单击【确定】按钮，完成选择循环方式的设置。

（7）设置安全距离。在【钻】对话框的【最小安全距离】文本框中，输入值 10。

（8）生成刀具轨迹。在【钻】对话框中单击【生成刀轨】按钮 ，系统生成的刀具轨迹，如图 7-100 所示。

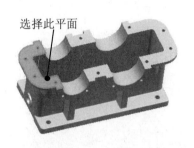

图 7-98　选择此平面

图 7-99　选择此平面

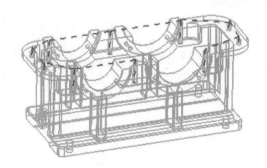

图 7-100　生成的刀具轨迹

5．加工侧壁的孔

（1）创建钻孔操作。在【加工创建】工具条，单击【创建操作】按钮 ，系统弹出【创建操作】对话框，在【类型】下拉列表中选择【drill】选项，在【操作子类型】选项组中，单击【镗孔】 按钮，在【程序】下拉列表中选择【PROGRAM】，在【几何体】下拉列表中选择【WORKPIECE】选项，在【刀具】下拉列表中选择【BORING_BARD45】选项，在【方法】下拉列表中选择【DRILL_METHOD】选项，输入名称：BORINGD45，如图 7-101 所示，单击【确定】按钮。

（2）指定加工位置。在系统弹出的【Broing】对话框中，单击【指定孔】按钮 ，在弹出的【点到点几何体】对话框中，单击【选择】按钮，在绘图区选择如图 7-102 所示的圆，单击【确定】按钮。

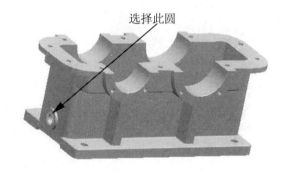

选择此圆

图 7-101　【创建操作】对话框　　　　　图 7-102　选择圆

（3）设置部件表面。在【Broing】对话框中，单击【指定部件表面】按钮，在弹出的【部件表面】对话框中，单击【一般面】按钮，弹出的【平面构造器】对话框，在绘图区选择如图 7-103 所示的平面，单击【确定】按钮。

（4）设置底面。在【Broing】对话框中，单击【指定底面】按钮，系统弹出【底面】对话框，单击【一般面】按钮，在绘图区选择如图 7-104 所示的平面，单击【确定】按钮。

选择此平面

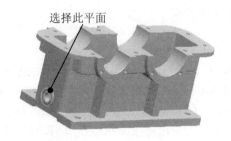

选择此平面

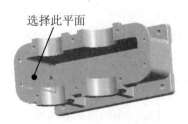

图 7-103　选择此平面　　　　　图 7-104　选择此平面

（5）选择循环方式。在【Broing】对话框的【循环】下拉列表中，选择【标准钻】选项，单击【编辑参数】按钮，系统弹出【指定参数组】对话框，单击【确定】按钮。在弹出的【Cycle 参数】对话框中，单击【Depth（Tip）-0.0000】按钮。在系统弹出的【Cycle 深度】对话框中单击【穿过底面】按钮。单击【确定】按钮，再单击【确定】按钮。完成选择循环方式的设置。

（6）设置刀轴和安全距离。在【Broing】对话框的【轴】下拉列表中，选择【垂直于部件表面】选项，在【最小安全距离】文本框中，输入值 80。

（7）生成刀具轨迹。在【Broing】对话框中单击【生成刀轨】按钮，系统生成的刀具轨迹，如图 7-105 所示。

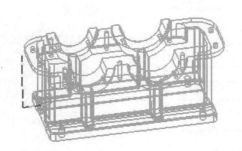

图 7-105　生成的刀具轨迹

6.　加工端面的孔

（1）创建钻孔操作。在【加工创建】工具条上单击【创建操作】按钮，系统弹出【创建操作】对话框，在【类型】下拉列表中选择【drill】选项，在【操作子类型】选项组中，单击【钻】按钮，在【程序】下拉列表中选择【PROGRAM】，在【几何体】下拉列表中选择【WORKPIECE】选项，在【刀具】下拉列表中选择【DRILLING_TOOLD16】选项，在【方法】下拉列表中选择【DRILL_METHOD】选项，采用默认的名称：DRILLINGD16_1，如图 7-106 所示，单击【确定】按钮。

（2）指定加工位置。在系统弹出的【Broing】对话框中，单击【指定孔】按钮，在弹出的【点到点几何体】对话框中，单击【选择】按钮，在绘图区选择一端端面的 4 个圆，单击【确定】按钮。

（3）优化刀具轨迹。在【点到点几何体】对话框中，单击【优化】按钮，在弹出的对话框中，单击【shotest path】按钮，再单击【level-标准】按钮，单击【优化】按钮，单击【接受】按钮，接受优化结果，最后单击【确定】按钮，完成刀具轨迹的优化。

（4）设置部件表面。在【钻】对话框中，单击【部件表面】按钮，在弹出的【部件表面】对话框中，单击【一般面】按钮，弹出【平面构造器】对话框，在绘图区选择如图 7-107 所示的平面，单击【确定】按钮。

图 7-106 【创建操作】对话框

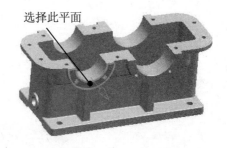

选择此平面

图 7-107 选择此平面

（5）选择循环方式。在【钻】对话框的【循环】下拉列表中，选择【标准钻】选项，单击【编辑参数】按钮，系统弹出【指定参数组】对话框，单击【确定】按钮。在弹出的【Cycle 参数】对话框中，单击【Depth】按钮。在系统弹出的【Cycle 深度】对话框，单击【模型深度】按钮。单击【确定】按钮，再单击【确定】按钮。完成选择循环方式的设置。

（6）设置刀轴和安全距离。在【钻】对话框的【轴】下拉列表中，选择【垂直于部件表面】选项，在【最小安全距离】文本框中，输入值 10。

（7）生成刀具轨迹。在【钻】对话框中单击【生成刀轨】按钮，系统生成的刀具轨迹，如图 7-108 所示。

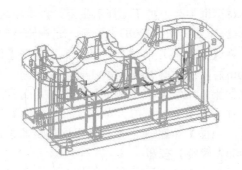

图 7-108 生成的刀具轨迹

7. 加工另一端面的孔

（1）复制【DRILLINGD16_1】节点。在【操作导航器】工具条中，单击【程序视图】按钮，将操作导航器切换到程序视图。选择【DRILLINGD16_1】节点，右击，在弹出的快捷菜单中，选择【复制】命令；选择 PROGRAM 节点，右击，在弹出的快捷菜单中，选择【内部粘贴】命令。重新命名复制的节点，选择复制节点，右击，在弹出的快捷菜单中，选择【重命名】命令，输入名称：DRILLINGD16_2，创建完成的节点。

（2）编辑节点参数。在操作导航器程序视图中，双击【DRILLINGD16_2】节点，系统弹出【钻】对话框，单击【指定孔】按钮，选择另一个端面的四个孔。优化刀具的轨迹。单击【指定部件表面】按钮，选择另一个端面。

（3）生成刀具轨迹。在【钻】对话框中单击【生成刀轨】按钮，系统生成的刀具轨迹，如图 7-109 所示。

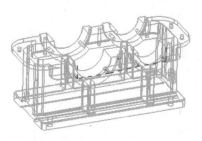

图 7-109　生成的刀具轨迹

8. 对端面的孔攻丝

（1）创建攻丝操作。在【加工创建】工具条中，单击【创建操作】按钮，系统弹出【创建操作】对话框，在【类型】下拉列表中选择【drill】选项，在【操作子类型】选项组中，单击【攻丝】按钮，在【程序】下拉列表中选择【PROGRAM】，在【几何体】下拉列表中选择【WORKPIECE】选项，在【刀具】下拉列表中选择【TAPD16】选项，在【方法】下拉列表中选择【DRILL_METHOD】选项，采用默认的名称：TAPPINGD16_1，如图 7-110 所示，单击【确定】按钮。

（2）指定加工位置。在系统弹出的【Tapping】对话框中，单击【指定孔】按钮，在弹出的【点到点几何体】对话框中，单击【选择】按钮，在绘图区选择一端端面的 4 个圆，单击【确定】按钮。

（3）优化刀具轨迹。在【点到点几何体】对话框中，单击【优化】按钮，在弹出的对话框中，单击【shotest path】按钮，再单击【level-标准】按钮，单击【优化】按钮，单击【接受】按钮，接受优化结果，最后单击【确定】按钮，完成刀具轨迹的优化。

（4）设置部件表面。在【Tapping】对话框中，单击【部件表面】按钮，在弹出的【部件表面】对话框中，单击【一般面】按钮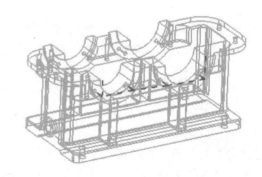，弹出【平面构造器】对话框，在绘图区选择如图 7-107 所示的平面，单击【确定】按钮。

（5）选择循环方式。在【Tapping】对话框的【循环】下拉列表中，选择【标准钻】选项，单击【编辑参数】按钮，系统弹出【指定参数组】对话框，单击【确定】按钮。在弹出的【Cycle 参数】对话框中，单击【Depth】按钮。系统弹出【Cycle 深度】对话框，单击【模型深度】按钮。单击【确定】按钮，再单击【确定】按钮。完成选择循环方式的设置。

（6）设置刀轴和安全距离。在【Tapping】对话框的【轴】下拉列表中，选择【垂直于部件表面】选项，在【最小安全距离】文本框中，输入值 10。

（7）生成刀具轨迹。在【Tapping】对话框中单击【生成刀轨】按钮，系统生成的刀具轨迹，如图 7-111 所示。

图 7-110　【创建操作】对话框

图 7-111　生成的刀具轨迹

9. 对另一端面的孔攻丝

复制【TAPPINGD16_1】节点，并指定加工位置和部件表面，完成对一端面的孔攻丝加工。具体步骤可以参见大步骤 7。在此不做过多说明。

10. 加工仿真

（1）在操作导航器的程序视图中，选择【PROGRAM】节点，右击，在弹出的快捷菜单的【刀轨】子菜单中，选择【确认】命令，系统弹出【刀轨可视化】对话框。

（2）在弹出的【刀轨可视化】对话框中选择【2D 动态】选项卡，单击【选项】按钮，在弹出的【IPW 干涉检查】对话框中选择【干涉暂停】复选项，单击【确定】按钮。在【刀轨可视化】对话框中，单击【播放】按钮 ，系统进入加工仿真环境。仿真结果，如图 7-112 所示。

图 7-112　加工仿真结果

11．保存文件

在【文件】下拉菜单中选择【保存】命令，保存已完成的粗加工和半精加工的模型文件。

7.7　课后练习

（1）启动 NX 5.0，打开光盘目录 sample\ch07\7.7 中的文件 exercise1.prt，打开后的模型，如图 7-113 所示。创建点位加工操作，完成箱盖零件孔的钻孔加工和攻丝加工。加工后完成后的工件模型，如图 7-114 所示。

（参考用时：15 分钟）

图 7-113　零件模型　　　　　　　　　图 7-114　结果模型

（2）启动 NX 5.0，打开光盘目录 sample\ch07\7.7 中的文件 exercise2.prt，打开后的模

型，如图 7-115 所示。创建点位加工操作，完成支架零件上的沉头孔和埋头孔钻削加工。加工后完成后的工件模型，如图 7-116 所示。

（参考用时：25 分钟）

图 7-115　零件模型　　　　　　　　　　图 7-116　结果模型

（3）启动 NX 5.0，打开光盘目录 sample\ch07\7.7 中的文件 exercise3.prt，打开后的模型，如图 7-117 所示。创建点位加工操作，完成减速器上箱盖的孔钻削加工和攻丝加工。加工后完成后的工件模型，如图 7-118 所示。

（参考用时：35 分钟）

图 7-117　零件模型　　　　　　　　　　图 7-118　结果模型

7.8　本章小结

　　本章介绍了 NX 5.0 数控模块的点位加工基本方法和知识，并通过训练实例使读者对点位加工有一定的了解。接下来详细讲解了点位几何体的创建、刀轨的优化、加工循环和循环参数的设置。最后通过课堂练习和综合实例对点位加工各种命令进行了综合应用。

　　望读者通过对本章的学习，掌握点位加工的相关知识，达到举一反三的目的。在实际的数控编程加工中，能够灵活地运用点位加工操作完成对各种类型和工艺的孔的加工。

第8章 后置处理

【本章导读】

本章将详细地介绍 NX 5.0 的后置处理。所谓的后置处理就是将生成刀具路径（或者刀具位置源文件）转化为机床可以识别的 NC 程序的过程。后置处理是 NX 5.0 数控编程的重要组成部分。本章首先对后置处理进行概述，然后分别介绍了图形后置处理器（GPM）、UG NX 后置处理器（UG/Post）和后处理构造器（NX/Post Builder）的参数，并通过具体的实例使读者熟悉其功能和应用。

希望读者通过 2 个小时的学习，熟练掌握图形后置处理器（GPM）、UG NX 后置处理器（UG/Post）和后处理构造器（NX/Post Builder）的参数设置和使用方法。

序号	名　称	基础知识参考学时（分钟）	课堂练习参考学时（分钟）	课后练习参考学时（分钟）
8.1	UG NX 5.0 后置处理概述	5	0	0
8.2	图形后置处理器（GPM）	15	10	10
8.3	UG NX 后置处理器（UG/Post）	20	8	5
8.4	后处理构造器（NX/Post Builder）	30	17	0
总计	120 分钟	70	35	15

8.1　UG NX 5.0 后置处理概述

CAM 的最终目的是通过计算机生成数控机床可以识别的数控程序。手工编程时，操作人员根据零件加工的工艺要求，在特定的数控机床上编写数控代码，并直接输入数控系统。使用 NX 5.0 自动编程时，系统将根据创建的加工操作生成刀具轨迹，并计算刀位源文件（Cutter Location Source File，CLSF），而不是数控机床能直接识别的数控程序。进行后置处理（Post Processing）的目的就是将系统生成的刀位源文件按照实际的加工机床的型号生成数控机床能够执行的数控代码。CLSF 文件经过后置处理后，将生成后缀为 ".ptp" 的数控程序，该程序就是数控机床可以识别的 G 代码。

应用 NX 5.0 进行后置处理具有明显的优点：系统生成刀具位置源文件的过程与数控机床系统无关，在进行数控编程时不需要考虑数控系统的类型；生成的刀具位置源文件具有通用性，可以通过不同形式的后置处理文件，被各种类型的数控机床所接受。

NX 5.0 具有两种后置处理器，即图形后置处理器（Graphics Postprocessor Module，GPM）和 UG 后置处理器（UG/post）。图形后置处理器主要对刀具路径进行正确转换，从而生成数控加工程序，应用于不同类型的机床控制系统。在使用图形后置处理器进行后处理时，首先创建机床数据文件。该文件中包含了对刀具路径进行后处理时所需的机床数据。使用 UG 后置处理器进行后处理时，需要首先创建事件管理器文件和机床定义文件。

8.2　图形后置处理器（GPM）

使用图形后置处理器（GPM）进行后置处理的工作流程，如图 8-1 所示。首先需要生成刀具路径，输出刀具位置源文件 CLSF；利用机床数据文件生成器为特定的机床配置机床数据文件 MDFA；启动图形后置处理器指定进行后处理的刀具位置源文件和机床数据文件；最后，将 NC 代码写入指定的输出文件中。

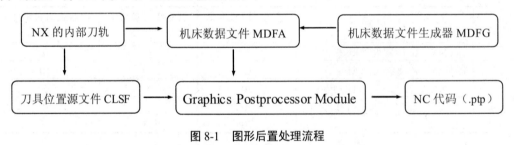

图 8-1　图形后置处理流程

8.2.1　机床数据文件生成器（MDFG）

机床数据文件生成器（Machine Date File Generator，简称 MDFG）是一个菜单驱动程序，用于生成 ASCII 格式的机床数据文件。机床数据文件（Machine Date File，简称 MDFA）是一种包括特定数控机床信息和 NC 程序输出规则的文件，其后缀名为.mdf 或.mdfa。通过机床数据文件生成器可以创建新的机床数据文件,也可以对现有的机床数据文件进行编辑。下面对机床数据文件生成器进行简单的说明。

（1）启动机床数据文件生成器。依次选择【开始】|【所有程序】|【UGS NX 5.0】|【后处理工具】|【mdfg】命令，如图 8-2 所示。打开如图 8-3 所示的【mdfg】窗口。

（2）在如图 8-3 所示的【mdfg】窗口中输入 2，并按回车键，【mdfg】窗口显示如图 8-4 所示，输入文件名称，再按回车键，【mdfg】窗口显示的内容如图 8-5 所示。选择单位输入 2，按回车键，【mdfg】窗口将显示如图 8-6 所示的菜单。

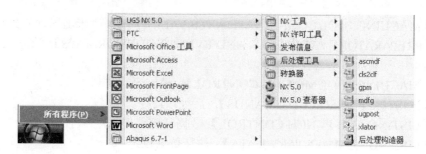

图 8-2　【开始】菜单

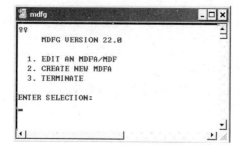

图 8-3　【mdfg】窗口

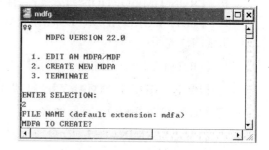

图 8-4　【mdfg】窗口

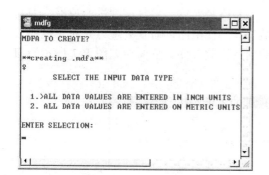

图 8-5　【mdfg】窗口

图 8-6　【mdfg】窗口

下面对如图 8-6 所示的窗口中的菜单命令项进行说明：

① 【MACHINE TOOL TYPE – MILL】：选择机床类型；

② 【MACHINE TOOL COORDINATE AXES VALIDITY】：机床坐标轴常数设定；

③ 【PREPARATORY, AUXILIARY, AND EVENT CODE FORMATS】：准备功能、辅助功能格式；

④ 【MACHINE TOOL MOTION CONTROL】：机床运动控制；

⑤ 【POSTPROCESSOR COMMANDS】：后处理命令；

⑥ 【LISTING AND PUNCH CONTROL】：列示与纸带输出格式控制；

⑦ 【LISTING COMMENTARY DATA】：注释数据设定；

⑧ 【INITIAL CODES】：初始化代码；

⑨ 【RUN TIME OPTIONS】：执行时间选项；

⑩ 【EDIT WORD ADDRESS CHARACTER OUTPUT SEQUENCE】：编辑字符在程序段中出现的优先级；

⑪ 【OUTPUT FILE VALIDATION】：输出文件方法；

⑫ 【PRINT MDF SUMMARY】：打印 MDFA 文件中所设定的参数数据；

⑬ 【RENAME FILE】：重新命名；

⑭ 【FILE/TERMINATE】：存盘或退出；

8.2.2　刀具位置源文件

1．刀具位置源文件概述

刀具位置源文件（CLSF）是一个可用于图形后置处理的独立文件。其是一个标准的 APT（Automatically Programmed Tool，一种自动编程工具）语言的文本本件，扩展名为.cls 可以应用记事本程序打开。其中包含刀具位置、刀具路径名称、刀具切削进给速度、刀具轨迹的显示颜色、GOTO 命令以及辅助说明等信息。当使用图形后置处理方式对生成的刀具路径进行后处理时，必须先输出该刀具路径的刀具位置文件。下面对如图 8-7 所示的刀具位置源文件的部分程序段进行说明。

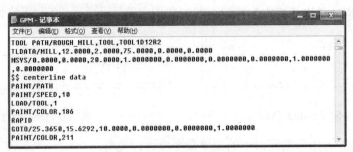

图 8-7　刀具位置源文件

（1）【TOOL PATH/ROUGH_MILL,TOOL,TOOL1D12R2】：该语句是使对刀轨的说明，每个 CLSF 文件的开头均有这一语句。

① 【TOOL PATH/ROUGH_MILL】：表示刀轨名称为【ROUGH_MILL】；

② 【TOOL,TOOL1D12R2】：表示使用刀具，刀具名称为【TOOL1D12R2】。

（2）【TLDATA/MILL,12.0000,2.0000,75.0000,0.0000,0.0000】。该语句为刀具说明。其中的 MILL 表示刀具为立铣刀，其他参数还有 TCUTTER（T 型刀）、DRILL（钻头）等。其中的参数为使用刀具的参数。

（3）【MSYS/0.0000,0.0000,20.0000,1.000000,0.0000000,0.0000000,0.0000000,1.000000, 0.000000】。该语句是对加工坐标系的说明，不参与后置处理。

（4）【PAINT/……】。该语句用于控制在 UG 中刀轨的显示，其不参与后置处理。

（5）【RAPID　　GOTO/25.3650,15.6292,10.0000,0.0000000,0.0000000,1.0000000】。该语句用于刀具的快速定位。

① 【RAPID】：快速定位语句。其会跟一段 GOTO 语句，后置的 NC 代码为【G00】。

② 【GOTO】：定位语句，格式为 GOTO/X,Y,Z,I,J,K。

（6）【END OF PATH】。该语句出现在 CLSF 文件的最后，表示走刀结束。

2. 生成刀具位置源文件

生成刀具位置源文件之前应先生成一个包含刀具路径的操作。在 NX 5.0 中刀具位置源文件的生成可以通过以下两种方式来实现：

（1）在操作导航器中选择操作，然后在【加工操作】工具条中，单击的【输出 CLSF】按钮 ；

（2）在操作导航器中选择操作，在主菜单中依次选择【工具】|【操作导航器】|【输出】|【CLSF】命令。

此时，系统将弹出【CLSF 输出】对话框，如图 8-8 所示。该对话框的上部为【CLSF 格式】列表框，其中列出了 CLSF 文件输出的几种格式。指定 CLSF 文件的格式后，单击【浏览】按钮 ，指定文件的输出路径和名称。最后，在【单位】下拉列表框中选择 CLSF 文件的输出单位。单击【确定】按钮，即可在指定的目录中生成 CLSF 文件。

3. CLSF 管理器

在生成 CLSF 文件后，可以对其进行编辑、重排序、优化、后处理等操作。在下拉菜单中，依次选择【工具】|【CLSF】命令。系统将弹出【指定 CLSF】对话框，选择一个 CLSF 文件，弹出如图 8-9 所示的【CLSF 管理器】对话框。下面对该对话框进行简单说明。

图 8-8 【CLSF 输出】对话框

图 8-9 【CLSF 管理器】对话框

（1）【显示】下拉列表：用于控制显示列表框的显示状态。

（2）【全选】按钮：选择列表框中的所有的刀具位置源文件以进行管理操作。

（3）【切削】按钮：剪切选定的刀具位置源文件。

（4）【粘贴】按钮：在列表框中粘贴刀具位置源文件。

（5）【刀轨操作】组：用于对刀具位置源文件中的刀轨进行各种操作。

（6）【导入】按钮：用于显示导入的 CLSF 文件的信息。

（7）【编辑】按钮：对 CLSF 文件进行编辑。

（8）【优化】按钮：对 CLSF 文件进行优化。

（9）【后处理】按钮：对选定的 CLSF 文件进行后置处理。

8.2.3　图形后处理的方式

在生成刀具位置源文件后，可以通过两种图形后处理方式来对刀具位置源文件进行后处理，以生成使用与特定机床的 NC 代码。下面分别对图形后处理的两种方式进行说明。

1. 在 NX 数控模块中后置处理

在 NX5.0 的加工环境中，依次选择【工具】|【CLSF】命令，系统将弹出【指定 CLSF】对话框，选择一个 CLSF 文件，弹出如图 8-9 所示的【CLSF 管理器】对话框。在【CLSF 管理器】对话框的列表中选择一个或多个刀具位置源文件后，单击【后处理】按钮，弹出【NC 后处理】对话框，如图 8-10 所示。下面对【NC 后处理】对话框进行简单说明。

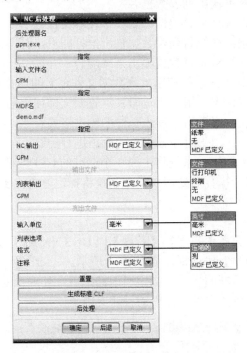

图 8-10 【NC 后处理】对话框

（1）【后处理器名】：用于显示当前适用的后置处理器的名称。单击【指定】按钮可以重新选择新的后处理器。

（2）【输入文件名】：用于显示进行后置处理的刀具位置源文件的名称。单击【指定】按钮可以重新选择要处理的刀具位置源文件。

（3）【MDF 名】：用于显示当前的机床数据文件的名称，系统默认的机床数据文件名称为 demo.mdf，该文件是一个用于练习的文件，不能应用于特定的数控机床。在实际的加工中，用户需要指定实际加工机床的机床数据文件。

（4）【NC 输出】下拉列表：用于指定输出数控程序的名称和形式。其中有【无】、【文件】、【纸带】和【MDF 已定义】四个选项。

① 【无】选项：系统不输出数控程序。

② 【文件】选项：系统将生成数控程序写入一个文本文件。

③ 【纸带】选项：系统会把数控程序输出到纸带打孔机上。

④ 【MDF 已定义】选项：系统使用机床数据文件定义的选择输出方式输出数控程序。

（5）【列表输出】下拉列表：用于指定列表数据输出的形式。其中有【无】、【文件】、【行打印机】、【终端】和【MDF 已定义】选项。

① 【无】选项：系统不输出列表数据。

② 【文件】选项：系统将列表数据写入一个文本文件。

③ 【行打印机】选项：系统将列表数据输出给打印机，打印。

④ 【终端】选项：系统将列表数据输出某终端。

⑤ 【MDF 已定义】选项：系统使用机床数据文件定义的选择输出方式输出列表数据。

（6）【输入单位】下拉列表：用于指定刀具位置源文件使用的单位。

（7）【格式】下拉列表：用于指定列表文件的输出格式。

（8）【注释】下拉列表：用于对注释信息的输出进行控制。

（9）【生成标准 CLF】按钮：系统将生成一个标准的 CLF 文件。

（10）【后处理】按钮：执行后处理操作，系统将指定方式输出数控程序。

2. 在外部后置处理

在操作系统中，依次选择【开始】|【程序】|【UGS NX 5.0】|【后处理工具】|【gpm】命令，系统弹出【Run GPM】对话框，如图 8-11 所示。

设置【Run GPM】对话框的参数。指定当前图形后置处理器的存放路径和名称、刀具位置源文件、使用的机床数据文件、输出的程序文件。

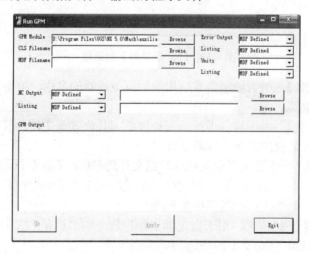

图 8-11 【Run GPM】对话框

8.2.4 课堂练习一：图形后置处理实例

（参考用时：10 分钟）

本小节将通过一个具体的实例来说明应用图形后置处理进行后处理的具体步骤。

1. 调入模型文件并生成刀位源文件

（1）调入模型文件。启动 NX 5.0，在【标准】工具栏中，单击【打开】按钮，系统弹出【打开部件文件】对话框，选择 sample\ch08\8.2 目录中的 GPM.prt 文件，单击【OK】按钮，打开文件。

（2）生成刀位源文件。打开操作导航器，并切换到程序顺序视图，选择【PROGRAM】节点，如图 8-12 所示。然后在【加工操作】工具条中，单击【输出 CLSF】按钮，系统弹出【CLSF 输出】对话框，在【CLSF 格式】列表框中，选择【CLSF_STANDARD】选项，输入文件名称：G:\sample\ch08\8.2\GPM，如图 8-13 所示。单击【确定】按钮，弹出如图 8-14 所示的【信息】窗口，其中显示了刀具位置源文件。关闭【信息】窗口。

图 8-12 程序顺序视图

图 8-13 【CLSF 输出】对话框

2. 在加工环境内进行后置处理

（1）打开【CLSF 管理器】对话框。在主菜单中，选择【工具】|【CLSF】命令，系统弹出【指定 CLSF】对话框，选择上一步生成的 CLSF 文件，如图 8-15 所示，单击【OK】按钮，系统弹出如图 8-16 所示的【CLSF 管理器】对话框。

图 8-14 【信息】对话框

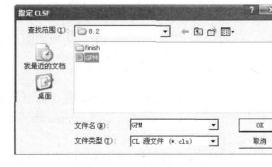

图 8-15 【指定 CLSF】对话框

（2）在【CLSF 管理器】对话框中，单击【后处理】按钮，打开【NC 后处理】对话框，在【NC 输出】下拉列表中，选择【文件】选项，单击【输出文件】按钮，输入名称：GPM_OK。在【列表输出】下拉列表中，选择【文件】选项，单击【列出文件】按钮，输入名称：GPM_OK，如图 8-17 所示。单击【后处理】按钮，弹出【NX 5.0】对话框，如图 8-18 所示，同时生成 GPM_OK.lpt 和 GPM_OK.ptp 文件。

图 8-16 【CLSF 管理器】对话框

图 8-17 【NC 后处理】对话框

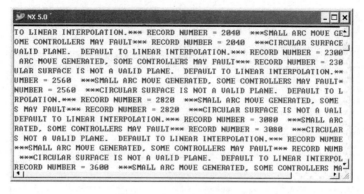

图 8-18　【NX 5.0】对话框

3．在加工环境外进行后置处理

（1）启动图形后置处理器。在 Windows 中依次选择【开始】|【程序】|【UGS NX 5.0】|【后处理工具】|【gpm】命令，系统弹出【Run GPM】对话框。

（2）设置图形后置处理器中的参数。按照图 8-19，分别指定 CLSF、MDFA 文件，然后设置输出文件路径和名称。单击【OK】按钮，生成数控程序文件和列表文件。单击【Exit】按钮，关闭窗口。

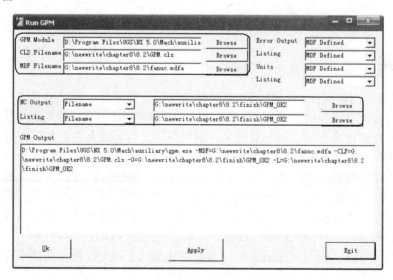

图 8-19　【Run GPM】对话框

（3）查看后置处理结果。在保存目录下，利用记事本方式可以打开 GPM_OK2. ptp 数控程序文件，如图 8-20 所示。关闭窗口。

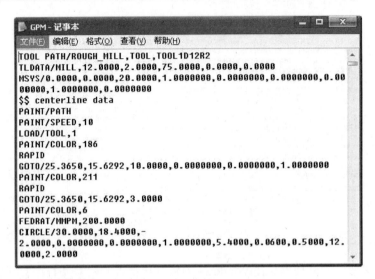

图 8-20 【GPM -记事本】窗口

（4）保存文件。在【标准】工具栏中，单击【保存】按钮，保存已加工文件。

8.3 UG NX 后置处理器（UG/Post）

8.3.1 后置处理器（UG/Post）简介

后置处理器（UG/Post）是 NX 5.0 自带的一款后置处理器。其可以直接从零件的刀具路径中提取路径信息进行后置处理，而不必输出刀具位置源文件。后置处理器（UG/Post）比图形后置处理器使用方便。同时其还允许用户自定义后处理命令，可以为更多的机床提供后处理。下面对 UG/Post 后处理的术语进行说明。

（1）加工输出管理器 MOM（The Manufacturing Output Manager）。加工输出管理器是 NX 提供的一种事件驱动工具。MOM 是 UG/post 后处理器的核，NX CAM 模块的输出均由它来管。在使用 UG/post 进行后处理时，MOM 来启动解释程序，向解释程序提供功能和数据，并加载事件处理器（Event Handler）和定义文件（Definition File）。

（2）事件生成器（Event Generator）。事件生成器用于从 UG Part 文件中提取零件的刀具路径信息，并把它们作为事件和参数传送给 MOM。

（3）事件管理器（Event Handler）。事件管理器是为特定机床及其控制系统开发的一套程序，用来描述机床的配置。其中包含根据机床控制器定义的一系列事件处理指令，这些指令将定义刀轨数据如何被处理，以及每个事件在机床上如何被执行。

（4）机床定义文件。机床定义文件主要包含与特定机床相关的静态信息。其中包含了一般的机床信息、机床支持的地址如输出格式、有效字符等信息，其扩展名为.def。

（5）输出文件。输出文件是在后处理时，用来存储后处理生成的 NC 指令的文件。输出文件的内容由事件处理器来控制，而输出文件中 NC 指令的格式由定义文件来控制。

8.3.2 UG/Post 后处理步骤

使用 UG/Post 后置处理器进行后置处理的工作流程，如图 8-21 所示。首先需要生成刀具路径，事件生成器从刀具轨迹数据中，提取出每一个事件及其相关参数信息并传送给加工输出管理器。加工输出管理器再将信息传送给事件处理器进行处理。在经过事件处理器的数据处理后将数据返回给加工输出管理器。此时，加工输出管理器读取定义文件的内容来决定输出数据如何进行格式化；最后，加工输出管理器把格式化好的输出数据写入指定的输出文件中。

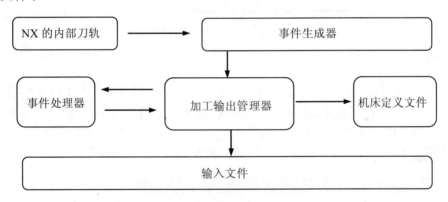

图 8-21 UG 后置处理的工作流程

下面介绍使用 UG/Post 进行后处理具体操作步骤。

1. 在 NX 数控模块中后置处理

（1）打开【后处理】对话框。在 NX 5.0 加工环境的操作对话框中，选择要进行后处理的加工操作，在【加工操作】工具条中，单击【后处理】按钮，或在主菜单中，依次选择【工具】|【操作导航器】|【输出】|【NX 后处理】命令，系统弹出如图 8-22 所示的【后处理】对话框。

（2）设置【后处理】对话框中的参数。指定所使用的机床类型，指定生成的数控程序的路径名称和数控程序的单位。

图 8-22　【后处理】对话框

2. 在外部后置处理

（1）启动 UG/Post 后置处理器。在 Windows 中，依次选择【开始】|【程序】|【UGS NX 5.0】|【后处理工具】|【ugpost】命令，弹出【Run UGPost】对话框，如图 8-23 所示。

（2）设置【Run UGPost】对话框的参数。指定进行后置处理的零件模型文件、所使用的机床类型，指定生成的数控程序的名称和生成数控程序的存放路径。

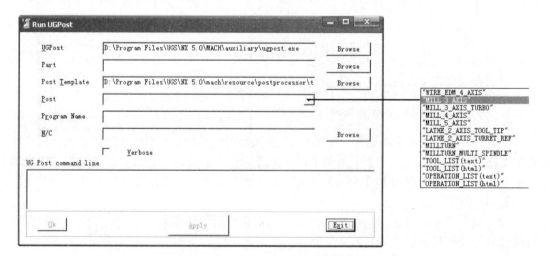

图 8-23　【Run UGPost】话框

8.3.3　课堂练习二：UG/Post 后处理

（参考用时：8 分钟）

本小节将通过一个具体的实例来说明应用 UG/Pos 后处理器进行后处理的具体步骤。

（1）调入模型文件。启动 NX 5.0，在【标准】工具栏中，单击【打开】按钮，系统弹出【打开部件文件】对话框，选择 sample\ch08\8.3 目录中的 Post.prt 文件，单击【OK】按钮，打开文件。

（2）打开操作导航器，并切换到程序顺序视图，选择【PROGRAM】节点。在【加工操作】工具条中，单击【后处理】按钮，弹出【后处理】对话框。

（3）输出 NC 程序代码。在【后处理】对话框的【后处理器】列表中选择【MILL_3_AXIS】选项，指定输出文件的路径和文件名称，如图 8-24 所示，单击【确定】按钮。系统弹出如图 8-25 所示的【信息】窗口。其中显示了生成的 G 代码程序，单击【关闭】按钮，关闭【信息】窗口。

图 8-24　【后处理】对话框

图 8-25　【信息】窗口

（4）保存文件。在【标准】工具栏中，单击【保存】按钮，保存已加工文件。

8.4 后处理构造器（UG/Post Builder）

8.4.1 UG/Post Builder 介绍

后处理构造器（UG/Post Builder）是一种为特定机床和数控系统定制后置处理器的工具。在使用 UG/Post 进行后处理时，首先需要利用后处理构造器生成与特定机床相关的事件管理文件（.tcl）和机床定义文件（.def）。

后处理构造器（UG/Post Builder）是一个图形界面编辑工具，可以灵活定义数控程序输出的顺序和格式，以及程序头尾、操作头尾、换刀和循环等。可以使用 UG/Post Builder 定义的机床类型有以下几种：

（1）2 轴车床；

（2）3 轴车铣；

（3）4 轴带转台或摆头机床；

（4）5 轴带双转台或双摆头机床；

（5）5 轴带一转台一摆头的机床。

8.4.2 UG /Post Builder 的操作

1. UG/Post Builder 的主界面

在 Windows 中，依次选择【开始】|【程序】|【UGS NX 5.0】|【后处理工具】|【后处理构造器】命令，弹出【UG /Post Builder】窗口，如图 8-26 所示。下面对其界面进行简单说明。

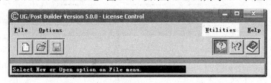

图 8-26 【UG /Post Builder】窗口

（1）下拉菜单

① 【File】菜单：用于新建、打开、保存、另存、关闭文件和退出 UG/Post Builder，如图 8-27 所示。

② 【Options】菜单：用于检查用户定义的语法、字地址、程序行和格式，和对文件的备份设置，如图 8-28 所示。

③ 【Utilities】菜单：用于边界模板文件和浏览机床文件，如图 8-29 所示。

④ 【Help】菜单：用于启动软件的图标提示、上下文提示、后处理构造器使用手册等相关的帮助功能，如图 8-30 所示。

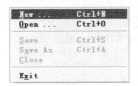

图 8-27 【File】菜单

图 8-28 【Options】菜单

图 8-29 【Utilities】菜单

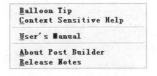

图 8-30 【Help】菜单

（2）工具栏按钮

① 【新建】按钮：用于新建一个后处理文件。

② 【打开】按钮：用于打开一个已经存在的后处理文件，以便对其进行检查和编辑。

③ 【保存】按钮：用于保存一个经过编辑的后处理文件。

④ 【帮助】按钮、、：这三个按钮分别为【光标提示】、【条目说明】和【使用手册】按钮，用来为用户提供相关的帮助功能。

2. 创建机床后置处理文件

在如图 8-26 所示的【UG/Post Builder】对话框中，单击【新建】按钮，或在【File】下拉菜单中，选择【New】命令，系统弹出【Create New Post Processor】对话框，如图 8-31 所示。可以在其中定义后处理的名称、注释、输出单位、机床类型和数控系统的类型等参数。下面分别对其中的参数进行说明。

（1）【Post Name】文本框：用于设置创建的后置处理文件的名称，系统默认的文件名称为【new _post】。

（2）【Description】文本框：用于为创建的后置处理文件添加注释信息。

（3）【Post Output Unit】选项组：用于指定后置处理文件的输出单位，其中有【Inches】（英寸）和【Millineters】（毫米）两个选项。

（4）【Machine Tool】选项组：用于指定机床的类型及其轴数。其中有【Mill】（铣床）、【Lathe】（车床）和【Wire EDM】（线切割机床）三个选项。

（5）【Controller】选项组：用于指定数控系统的类型。其中有【Generic】（通用）、【Library】（库）和【User's】（自定义）三个选项。

① 【Generic】选项：系统默认的控制器为 Fanuc 控制系统。

② 【Library】选项：用于选择系统提供的一些控制器类型。

③ 【User's】选项：用于自定义控制器类型，通过单击【Browse】按钮，可以指定自定的控制器。

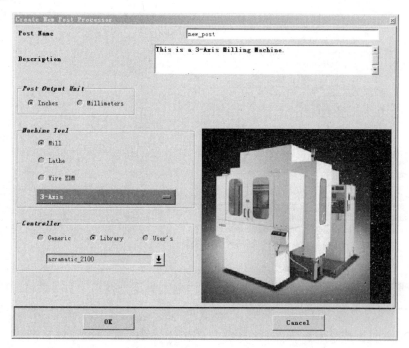

图 8-31 【Create New Post Processor】对话框

8.4.3 UG/Post Builder 的参数设置

在【Create New Post Processor】对话框中设置好后处理的名称、注释、输出单位、机床类型和数控系统的类型等参数后，单击【OK】按钮，系统将弹出【参数设置】对话框，其中有机床参数（Machine Tool）、程序和刀具路径（Program&Tool Path）、NC 数据格式（N/C Data Definitions）、输出设置（Output Settings）和后处理文件预览（Post Files Preview）5 个选项卡。下面对各个选项卡中的参数进行说明。

1. 机床参数（Machine Tool）

在【参数设置】对话框中，单击顶部的【Machine Tool】选项卡标签，切换到【Machine Tool】选项卡，如图 8-32 所示。该选项卡用于设置机床的相关参数，下面分别对常用参数进行说明。

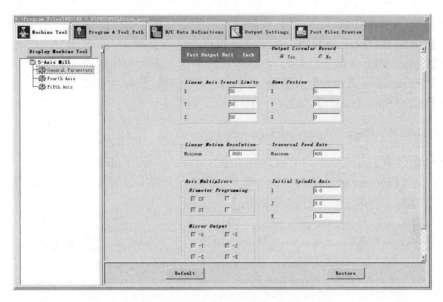

图 8-32 　【Machine Tool】选项卡

（1）【Display Machine Tool】按钮：用来显示所选机床类型的结构示意图。单击该按钮，系统将弹出如图 8-33 所示的机床结构示意图。

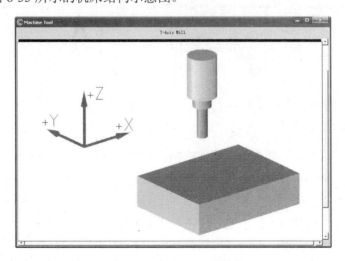

图 8-33 　机床结构示意图

（2）【Output Circular Record】选项组：用于定义圆弧刀具路径的输出格式。

① 【yes】选项：选择该选项，系统将输出圆弧插补。

② 【no】选项：选择该选项，系统将不输出圆弧插补，只能输出直线插补。

（3）【Linear Axis Travel Limits】参数组：用于定义机床 X、Y、Z 三个坐标轴的行程。

（4）【Home Postion】参数组：用于定义机床的回零位置。

（5）【Linear Motion Resolution】参数组：用于定义直线插补的最小分辨率。

（6）【Traversal Feed Rate】参数组：用于定义机床快速移动的速度。

（7）【Initial Spindle Axis】参数组：用于定义初始主轴的方向。

2. 程序和刀具路径（Program&Tool Path）

在【参数设置】对话框中，单击顶部的【Program & Tool Path】选项卡标签，切换到如图 8-34 所示的【Program&Tool Path】选项卡。该选项卡用于设置程序与刀具路径的相关参数。下面分别对其中的参数进行简要说明。

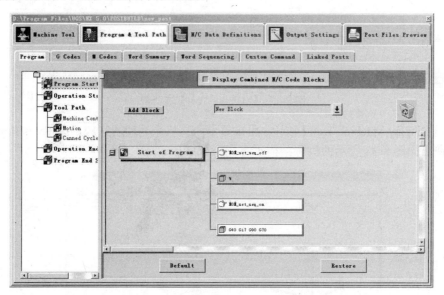

图 8-34　【Program&Tool Path】选项卡

（1）【Program（程序）】选项卡。该选项卡用来设置与程序相关的参数，包括定义、修改和用户化程序起始顺序、操作的起始顺序、刀具路径、操作结束顺序和程序结束顺序等。

（2）【G Codes（G 代码）】选项卡。该选项卡用来为各种机床运动或加工操作定义 G 代码。如：G00（快速运动）、G01（直线插补运动）和 G02（顺时针圆弧插补）等代码。

（3）【M Codes（M 代码）】选项卡。该选项卡用来定义各种辅助功能代码。如：M05（主轴停止）、M02（程序结束）和 M03（主轴顺时针旋转）等代码。

（4）【Word Summary（字地址）】选项卡。该选项卡用来综合设置数控程序中可能出现的各种代码。如：代码的数据类型、整数的位数、小数点是否输出、模态等。

（5）【Word Sequencing（字顺序）】选项卡。该选项卡用来设置命令在程序中的显示顺序。

（6）【Custom Command（用户命令）】选项卡。该选项卡允许用户定义自己的后处理命令。在该选项卡中用户可以使用 TCL 语言来编写定义一些事件。

（7）【Linked Posts（连接后处理）】选项卡：该选项卡允许用户将其他的后处理操作与当前的后处理进行连接。

3. NC 数据格式（N/C Data Definitions）

在【参数设置】对话框中，单击顶部的【N/C Data Definitions】选项卡标签，切换到如图 8-35 所示的【N/C Data Definitions】选项卡。该选项卡用于设置 NC 输出的格式。下面分别对其中的参数进行简要说明。

（1）【BLOCK（块）】选项卡。该选项卡用来定义各种代码和操作的程序块。

（2）【WORD（字）】选项卡。该选项卡用来定义数控程序中各种指令的输出格式，如指令代码和其后参数的格式、最大/最小值、模态、前缀/后缀字符等。

（3）【FORMAT（格式）】选项卡。该选项卡用来定义数控程序中可能出现的各种数据的格式。如坐标值、准备功能代码、进给量、主轴转速等参数的数据格式。

（4）【Other Data Elements（其他数据元素）】选项卡。该选项卡用来定义其他数据，例如程序序号的起始值、行结束符、信息始末符等。

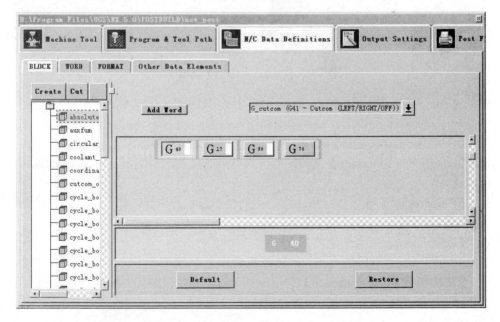

图 8-35　【N/C Data Definitions】选项卡

4. 输出设置（Output Settings）

在【参数设置】对话框中，单击顶部的【Output Settings】选项卡标签，切换到如图 8-36 所示的【Output Settings】选项卡。该选项卡用于设置列表和输出控制的相关参数。下面分别对其中的参数进行说明。

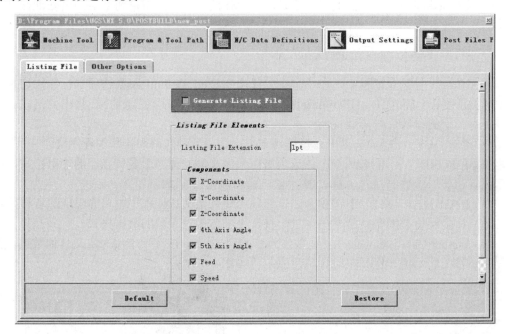

图 8-36　【Output Settings】选项卡

（1）【Listing File（列表文件）】选项卡

该选项卡用于控制列表文件是否输出和输入内容。

① 【Generate Listing File】选项：用于指定列表文件是否输出。

② 【Listing File Extension】选项：用于指定列表文件的后缀名，系统默认的后缀名为【.lpt】。

③ 【Components】选项组：用于指定在列表中显示的内容，如：X、Y、Z 的坐标值，第四、五轴的角度值，进给量和转速等。

（2）【Other Options（其他选项）】选项卡

该选项卡用于设置其他的列表和输出控制参数。

① 【N/C Output File Extension】选项：用于指定 NC 程序文件的后缀名。

② 【Generate Group Output（操作分组输出）】选项：用于控制是否将操作分组输出为多个 NC 文件。

③【Output Warning Message（输出警告信息）】选项：用于控制是否输出警告信息 log 文件。

④【Display Verbose Error Message（显示错误信息）】选项：用来控制在后处理过程中是否显示详细的错误信息。

⑤【Activate Review Tool（激活重放工具）】选项：用于打开重放工具。在后处理中将显示三个窗口，用于显示事件和输出的 NC 语句。

⑥【Source User's tcl file（用户 tcl 源文件）】选项：用于选择一个 tcl 源文件进行后处理。

⑦【Generate Virtual N/C Controller（VNC）（产生虚拟控制器）】选项：用于综合仿真与检查，系统会另外生成一个*_vnc.tcl 文件。

5. 后处理文件预览（Post Files Preview）

在【参数设置】对话框中，单击顶部的【Post Files Preview】选项卡标签，切换到如图 8-37 所示的【Post Files Preview】选项卡。该选项卡用于预览创建的机床定义文件（.def）和事件处理文件（.tcl）。其中有两个窗口，修改后的文件在对话框的上部窗口内，修改前的文件在对话框的下部窗口。

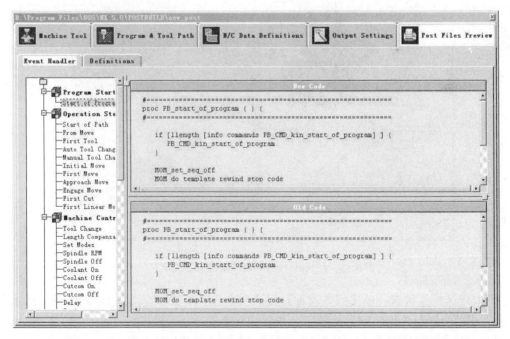

图 8-37　【Post Files Preview】选项卡

8.4.4　课堂练习二：UG/Post Builder 创建后处理

（参考用时：17 分钟）

本小节中，将通过一个具体的实例来说明应用后处理构造器（UG/Post Builder）创建机床定义文件（.def）和事件处理文件（.tcl）的具体步骤。

（1）启动后处理构造器 NX/Post Builder。在 Windows 中，依次选择【开始】|【程序】|【UGS NX 5.0】|【后处理工具】|【后处理构造器】命令，弹出【UG /Post Builder】窗口。

（2）新建一个后处理文件。【后处理构造器】对话框中，单击【新建】按钮，或在【File】下拉菜单中，选择【New】命令，系统弹出【Create New Post Processor】对话框，设置如图 8-38 所示的参数，单击【OK】按钮。

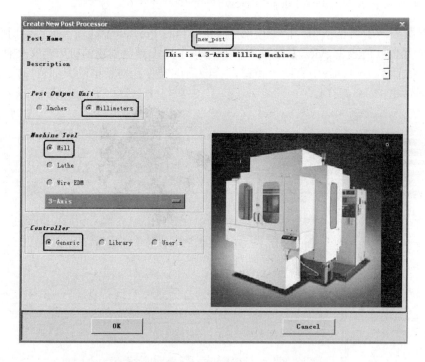

图 8-38　【Create New Post Processor】对话框

（3）定义机床参数。在【参数设置】对话框中，单击顶部的【Machine Tool】选项卡标签，切换到【Machine Tool】选项卡，设置如图 8-39 所示的参数。

（4）设置螺旋下刀的方式。在【参数设置】对话框中，单击顶部的【Program & Tool Path】选项卡标签，切换到【Program & Tool Path】选项卡，按照如图 8-40 所示的步骤设置参数，系统弹出【Custom Command】对话框，输入如图 8-41 所示的程序，单击【OK】按钮。

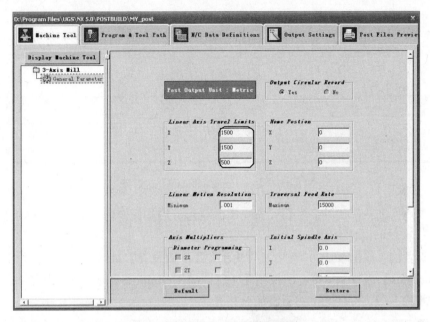

图 8-39　【Machine Tool】选项卡

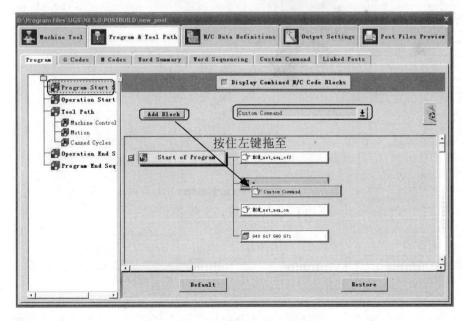

按住左键拖至

图 8-40　【Program& Tool Path】选项卡

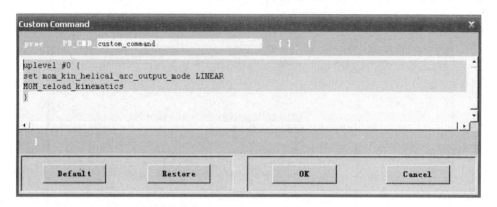

图 8-41　【Custom Command】对话框

（5）取消半径补偿代码。在【Program & Tool Path】选项卡中，单击【Word Sequencing】选项卡子标签，单击其中的按钮 D ，其颜色将变成蓝色，抑制该功能。

（6）设置圆弧输出 G02G03 使用 R 格式。在【参数设置】对话框中，单击顶部的【N/C Data Definitions】选项卡标签，切换到【N/C Data Definitions】选项卡，按照图 8-42 所示的步骤，删除 I、J、K 功能，然后添加 R 格式。

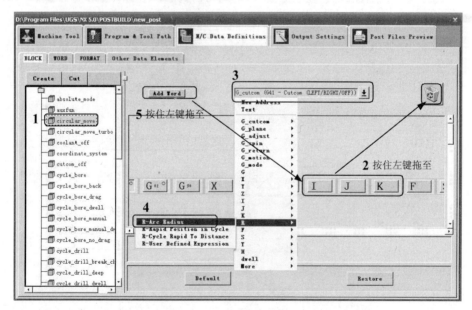

图 8-42　【N/C Data Definitions】选项卡

（7）保存后置处理文件。在【UG/Post Builder】窗口中，单击【保存】按钮，或在

【File】下拉菜单中，选择【Save】命令，将文件保存到 D:\Program Files\UGS\NX 5.0\MACH\resource\postprocessor 目录中，生成如图 8-43 所示的三个文件。

（8）退出后置构造器 UG/Post Builder。在【UG/Post Builder】窗口的【File】下拉菜单中，选择【Exit】命令，退出 UG/Post Builder。

（9）设置配置文件。在 D:\Program Files\UGS\NX 5.0\MACH\resource\postprocessor 目录中用记事本程序打开 template_post.dat 文件，添加如图 8-44 所示的代码，保存并关闭该窗口。

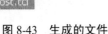

图 8-43　生成的文件　　　　　　　　　　　图 8-44　template_post 文件

（10）测试创建的后处理器。开打光盘 sample\ch08\8.4 目录中的 Test.prt 文件。

（11）打开操作导航器，并切换到程序顺序视图，选择【PROGRAM】节点。在【加工操作】工具条中，单击【后处理】按钮，弹出【后处理】对话框。

（12）输出 NC 程序代码。在【后处理】对话框的【后处理器】列表中选择【new_post】选项，指定输出文件的路径和文件名称，如图 8-45 所示，单击【确定】按钮。系统弹出如图 8-46 所示的【信息】窗口。其中显示了生成的 G 代码程序，单击【关闭】按钮，关闭【信息】窗口。

图 8-45　【后处理】对话框

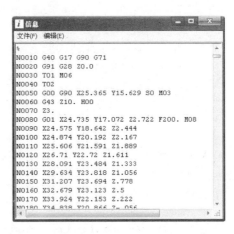

图 8-46　【信息】窗口

（13）保存文件。在【标准】工具栏中，单击【保存】按钮▣，保存已加工文件。

8.5　课　后　练　习

（1）启动 NX 5.0 软件，调入光盘目录 sample\ch08\8.5 中的 Exercise1.prt 文件。通过图形后置处理器输出 NC 代码。

✿（参考用时：10 分钟）

（2）启动 NX 5.0 软件，调入光盘目录 sample\ch08\8.5 中的 Exercise2.prt 文件。通过 UG/Post 后置处理器输出 NC 代码。

✿（参考用时：5 分钟）

8.6　本　章　小　结

本章介绍了 NX 5.0 后置处理的特点及应用。重点讲解后置处理的基本知识、后置处理的方式及步骤、UG 后处理构造器。读者应该重点掌握各种后置处理方式的应用，并能够对简单的机床配置自己的后处理文件。

第 9 章 综 合 实 例

【本章导读】
    本章将详细讲解一组具体注塑模具的加工实例。其中包含了对零件模型的分析、工艺规划、各种加工操作的创建、刀具轨迹的模拟仿真、后处理和实例的总结分析。希望读者通过 3 个小时的学习，进一步加深对前面知识点的理解，并能熟练地应用前面所讲解的各种加工操作，并灵活地应用各种加工方法完成复杂零件的加工。

序号	名　称	基础知识参考学时（分钟）	课堂练习参考学时（分钟）	课后练习参考学时（分钟）
9.1	杯盖凸模加工	0	50	40
9.2	杯盖凹模加工	0	50	40
总计	180 分钟	0	100	80

9.1　杯盖凸模加工

    光盘链接：录像演示——见光盘中的 "\avi\ch09\9.1\ Core.avi" 文件。

9.1.1　本例要点

    本例将通过对如图 9-1 所示的杯盖凸模的加工，使读者更深一步熟悉应用 NX 5.0 的加工模块完成复杂凸模类零件的加工。

图 9-1　产品模型

通过学习读者应熟练掌握以下知识点：
（1）NX 5.0 的加工环境的初始化；

（2）NX 5.0 数控编程的一般流程；

（3）各个父节点组的创建；

（4）型腔铣操作的创建和具体应用；

（5）IPW 工件的应用；

（6）刀具路径的模拟与仿真；

（7）后置处理。

9.1.2　模型分析及工艺规划

1. 模型分析

如图 9-2 所示的凸模零件为 9-1 所示塑料杯盖的模具型芯。该凸模零件的总体尺寸较小，可以总体地将零件分成两个区域，一个是型芯周边的大区域，一个是顶部和底部凹槽的小区域。由于两个部分的尺寸比例比较大，因此分别对大区域和小区域进行粗加工和半精加工。另外该凸模零件的曲面较少，主要集中在零件的顶部，因此在加工中，将会多次地使用型腔铣操作来对工件进行加工。

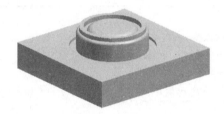

图 9-2　凸模零件

2. 工艺规划

加工工艺的规划包括了加工工艺路线的制定、加工方法的选择和加工工序的划分。根据该凸模零件的特征和 NX 5.0 的加工特点，可将整个零件的加工分成以下工序。

（1）粗加工型芯大区域。该模具的加工从毛坯到成品，需要去除大量的材料。首先运用型腔铣操作对个模具型芯进行粗加工。根据零件的尺寸选择圆角刀 TOOL1D16R2。

（2）粗加工顶部和底部凹槽。该模具的顶部和底部凹槽尺寸较小。为了提高加工的效率可将其单独分开，使用小刀具进行加工。根据零件的尺寸选择圆角刀 TOOL2D3R1。

（3）半精加工型芯大区域。由于在粗加工后将留有较大的加工余量，因此要对零件型芯周边的区域进行半精加工。根据零件的尺寸选择圆角刀 TOOL3D10R2，以去除部分残余材料。

（4）半精加工顶部和底部凹槽。由于在粗加工后，小区域将会留有较大的加工余量，因此要对零件顶部和底部凹槽进行半精加工。根据零件的尺寸选择圆角刀 TOOL2D3R1，以去除其中部分残余材料。

（5）精加工大区域的底面和侧面。该模具的分型面为一平面，且型芯侧壁垂直于底平面。可使用型腔铣操作对分型面和型芯侧壁进行精加工。根据零件的尺寸选择圆角刀 TOOL4D20R0。

（6）精加工底部凹槽的底面和侧面。该模具的底部凹槽底面为一平面，且侧壁垂直于底平面。可使用型腔铣操作对凹槽的底面和侧面进行精加工。根据零件的尺寸选择圆角刀 TOOL5D4R0。

（7）精加工顶部曲面。模具型芯顶部由曲面组成，且加工精度要求较高，使用等高轮廓铣对零件顶部陡峭侧面进行精加工。根据零件的尺寸选择圆角刀 TOOLB6D3。

各工序具体的加工对象、加工方式、切削方式和加工刀具见表 9-1。

表 9-1 加工工序

工序	加工对象	加工方式	切削方式	使用刀具
1	粗加工型芯大区域	型腔铣	跟随周边	TOOL1D16R2
2	粗加工顶部和底部凹槽	型腔铣	跟随周边	TOOL2D3R1
3	半精加工型芯大区域	型腔铣	跟随部件	TOOL3D10R2
4	半精加工顶部和底部凹槽	型腔铣	跟随部件	TOOL2D3R1
5	精加工大区域的底面和侧面	型腔铣	跟随部件	TOOL4D20R0
6	精加工底部凹槽的底面和侧面	型腔铣	跟随部件	TOOL5D4R0
7	精加工顶部曲面	等高轮廓铣	跟随轮廓	TOOLB6D3

9.1.3　具体加工步骤

1. 调入模型，初始化加工环境

（参考用时：2 分钟）

（1）调入模型文件。启动 NX 5.0，在【标准】工具栏中，单击【打开】按钮，系统弹出【打开部件文件】对话框，选择 sample \ch09\9.1 目录中的 Core.prt 文件，单击【OK】按钮。

（2）进入加工模块。在【起始】菜单选择【加工】命令，（或使用快捷键 Ctrl+Alt+M）进入加工模块。系统弹出【加工环境】对话框，在【CAM 会话配置】列表框中选择配置文件【cam_general】，在【CAM 设置】列表框中选择【mill_contour】模板，如图 9-3 所示，单击【初始化】按钮，完成加工的初始化。

图 9-3 【加工环境】对话框

2. 创建程序组

（参考用时：3 分钟）

（1）创建粗加工程序组。在【资源】条中，单击【操作导航器】按钮，打开操作导航器，单击，固定操作导航器。在【操作导航器】工具条中，单击按钮，将操作导航器切换到程序视图。在【加工创建】工具条中，单击【程序视图】按钮，弹出【创建程序】对话框。在【类型】下拉列表中，选择【mill_contour】选项；在【程序】下拉列表中，选择【NC_PROGRAM】选项；输入名称：ROUGH_PROGRAM，如图 9-4 所示。单击【确定】按钮，在系统弹出的【程序】对话框中，再单击【确定】按钮。

（2）以相同的方法分别创建半精加工程序组：SEMI_FINISH_PROGRAM 和精加工程序组：FINISH_PROGRAM。创建完成后的程序顺序视图，如图 9-5 所示。

图 9-4 【创建程序】对话框

图 9-5　程序顺序视图

3．创建刀具组

（参考用时：6 分钟）

（1）创建第一把刀具。在【操作导航器】工具条中，单击【机床视图】按钮 ，将操作导航器切换到机床视图。单击【加工创建】工具条中的 按钮，弹出【创建刀具】对话框，如图 9-6 所示。选择加工类型为【mill_contour】选项，刀具组为【GENERIC_MACHINE】，输入刀具名称：TOOL1D16R2，单击【确定】按钮。

（2）设置刀具参数。在弹出的【Milling Tool-5 Parameters】对话框中设置刀具参数，如图 9-7 所示，单击【确定】按钮。

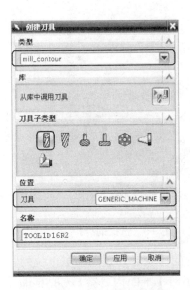

图 9-6　【创建刀具】对话框

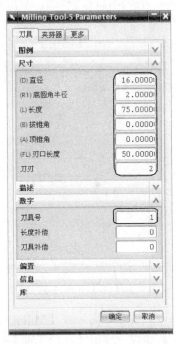

图 9-7　【Milling Tool-5 Parameters】对话框

（3）重复上述操作，创建第二把刀具。刀具名称：TOOL2D3R1，直径 D 为 3mm，底圆角半径 R1 为 1 mm，刀具号为 2，其他参数采用系统的默认参数。

（4）创建第三把刀具。刀具名称：TOOL3D10R2，直径 D 为 10mm，底圆角半径 R1 为 2 mm，刀具号为 3，其他参数采用系统的默认参数。

（5）创建第四把刀具。刀具名称：TOOL4D20R0，直径 D 为 20mm，底圆角半径 R1 为 0mm，刀具号为 4，其他参数采用系统的默认参数。

（6）创建第五把刀具。刀具名称：TOOL5D4R0，直径 D 为 4mm，底圆角半径 R1 为 0mm，刀具号为 5，其他参数采用系统的默认参数。

（7）创建第六把刀具。刀具类型：球头铣刀，刀具名称：TOOLB6D3，直径 D 为 3mm，刀具号为 6，其他参数采用系统的默认参数。

4. 设置几何体组

（参考用时：4 分钟）

（1）设置加工坐标系。在【操作导航器】工具条中，单击【几何体视图】按钮，将操作导航器切换到几何体视图。双击 MCS_MILL ，系统弹出【Mill Orient】对话框，单击【指定 MCS】按钮，如图 9-8 所示，系统弹出【CSYS】对话框。然后在绘图区选择如图 9-9 所示的点，单击【确定】按钮。

图 9-8　【Mill Orient】对话框　　　　　图 9-9　选择的点

（2）设置安全平面。在【Mill Orient】对话框中的【安全设置选项】下拉列表中，选择【平面】选项，单击【选择平面】按钮，在弹出的【平面构造器】对话框的【偏置】文本框中，输入值 30，如图 9-10 所示。然后在绘图区，选择如图 9-11 所示的平面，单击【确定】按钮，再单击【确定】按钮，完成安全平面的设置。

（3）创建工件几何体。在【操作导航器—几何体】对话框中，双击 WORKPIECE 节点，弹出系统【Mill Geom】对话框，如图 9-12 所示，单击【部件几何体】按钮，弹出【部件几何体】对话框，单击【全选】按钮，再单击【确定】按钮，完成工件几何体的创建。

（4）创建毛坯几何体。在【Mill Geom】对话框中，单击【毛坯几何体】按钮，系统弹出【毛坯几何体】对话框，选择【自动块】单选项，在【ZM+】文本框中，输入值 2，如图 9-13 所示，单击【确定】按钮，再次单击【确定】按钮，创建完成的毛坯几何体如图

9-14 所示。

图 9-10　【平面构造器】对话框

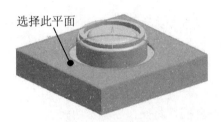

图 9-11　选择偏置面

图 9-12　【Mill Geom】对话框

图 9-13　【毛坯几何体】对话框

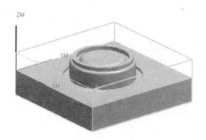

图 9-14　创建的毛坯几何体

5. 设置加工方法组

（参考用时：4 分钟）

（1）设置粗加工方法。在【操作导航器】中，右击，在弹出的快捷菜单中，选择【加工方法视图】，将操作导航器切换到加工方法视图。双击【MILL_ROUGH】节点，系统弹出【Mill Method】对话框，设置如图 9-15 所示的参数。单击【进给和速度】按钮，弹出【进给】对话框，参数的设置如图 9-16 所示。单击【确定】按钮，再单击【确定】按钮，完成粗加工方法的设置。

图 9-15　【Mill Method】对话框

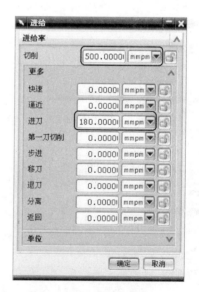

图 9-16　【进给】对话框

（2）设置半精加工方法。双击【MILL_SEMI_FINISH】节点，系统弹出【Mill Method】对话框设置如图 9-17 所示的参数。单击【进给和速度】按钮，弹出【进给】对话框，参数的设置如图 9-18 所示。单击【确定】按钮，再单击【确定】按钮，完成粗加工方法的设置。

图 9-17　【Mill Method】对话框

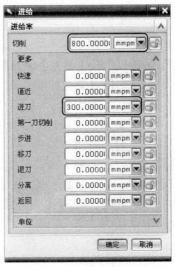

图 9-18　【进给】对话框

（3）设置精加工方法。在【操作导航器】中，双击【MILL_FINISH】节点，系统弹出【Mill Method】对话框，设置如图 9-19 所示的参数。单击【进给和速度】按钮，弹出【进给】对话框，参数的设置如图 9-20 所示。单击【确定】按钮，再单击【确定】按钮，完成精加工方法的设置。

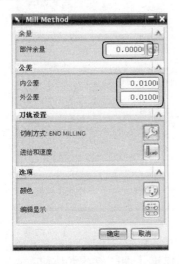

图 9-19　【Mill Method】对话框

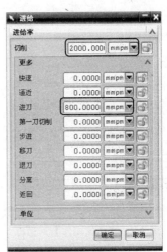

图 9-20　【进给】对话框

6. 粗加工型芯大区域

（参考用时：6分钟）

（1）创建粗加工操作。在【加工创建】工具条，单击【创建操作】按钮，系统弹出【创建操作】对话框。在【类型】下拉列表中选择【mill_contour】选项；在【操作子类型】选项组中，单击【型腔铣】按钮；在【程序】下拉列表中选择【ROUGH_PROGRAM】；在【几何体】下拉列表中选择【WORKPIECE】选项；在【刀具】下拉列表中选择【TOOL1D60R2】选项；在【方法】下拉列表中选择【MILL_ROUGH】选项；输入名称【ROUGH_MILL_1】，如图 9-21 所示，单击【确定】按钮。

（2）设置【型腔铣】加工主要参数。在系统弹出【型腔铣】对话框中的【切削模式】下拉列表中选择【跟随周边】选项，在【步进】下拉列表中选择【刀具直径】选项，在【百分比】文本框中输入值 50，在【全局每刀深度】文本框中输入值 1.8，如图 9-22 所示，其他加工参数采用默认的值。

图 9-21 【创建操作】对话框

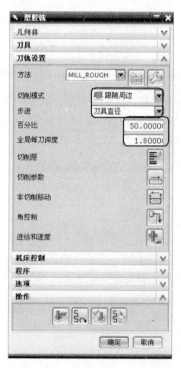

图 9-22 【型腔铣】对话框

（3）设置切削参数。在【型腔铣】对话框中，单击【切削参数】按钮，弹出【切削参数】对话框。在【策略】选项卡中的【图样方向】下拉列表中，选择【向内】选项；选择【岛清理】选项；在【壁清理】下拉列表中，选项【自动】选项；其余的切削参数采用系统的默认设置，如图 9-23 所示。单击【确定】按钮，完成切削参数的设置。

（4）设置非切削参数。在【型腔铣】对话框中，单击【非切削参数】按钮，弹出【非切削运动】对话框。在【进刀】选项卡中的【斜角】文本框中，输入值 10；其余的非切削参数采用系统的默认设置，单击【确定】按钮，完成非切削参数的设置。

（5）生成刀具轨迹。在【型腔铣】对话框中单击【生成刀轨】按钮，系统生成的刀具轨迹，如图 9-24 所示。

图 9-23 【策略】选项卡

图 9-24 生成的刀具轨迹

7. 粗加工顶部和底部凹槽

（参考用时：6 分钟）

（1）复制【ROUGH_MILL_1】节点。在【操作导航器】工具条中，单击【程序视图】按钮，将操作导航器切换到程序视图。选择【ROUGH_MILL_1】节点，右击，在弹出的快捷菜单中，选择【复制】命令；选择【ROUGH_PROGRAM】节点，右击，在弹出的快捷菜单中，选择【内部粘贴】命令。重新命名复制的节点，选择复制节点，右击，在弹出的快捷菜单中，选择【重命名】命令，输入名称：ROUGH_MILL_2。

（2）编辑节点参数。在操作导航器程序视图中，双击【ROUGH_MILL_2】节点，系统弹出【型腔铣】对话框，在【刀具】下拉列表中，选择【TOOL2D3R1】选项；在【全局每刀深度】文本框中，输入值 1.2。

（3）指定切削区域。在【型腔铣】对话框中，单击【切削区域】按钮，在绘图区选择如图 9-25 所示的区域曲面，单击【确定】按钮。

（4）设置切削参数。在【型腔铣】对话框中，单击【切削参数】按钮 ，弹出【切削参数】对话框，在【空间范围】选项卡中的【处理中的工件】下拉列表中，选择【使用基于层的】选项，其余的切削参数采用系统的默认设置，单击【确定】按钮，完成切削参数的设置。

（5）生成刀具轨迹。在【型腔铣】对话框中单击【生成刀轨】按钮 ，系统生成的刀具轨迹，如图 9-26 所示。

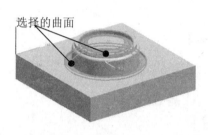

图 9-25　选择的曲面

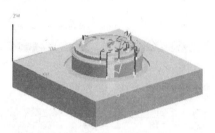

图 9-26　生成的刀具轨迹

8. 半精加工型芯大区域

（参考用时：4 分钟）

（1）复制【ROUGH_MILL_1】节点。在【操作导航器】工具条中，单击【程序视图】按钮 ，将操作导航器切换到程序视图。选择【ROUGH_MILL_1】节点，右击，在弹出的快捷菜单中，选择【复制】命令；选择【SEMI_FINISH_PROGRAM】节点，右击，在弹出的快捷菜单中，选择【内部粘贴】命令。重新命名复制的节点，选择复制节点，右击，在弹出的快捷菜单中，选择【重命名】命令，输入名称：SEMI_FINISH_MILL_1。

（2）编辑节点参数。在操作导航器程序视图中，双击【SEMI_FINISH_MILL_1】节点，系统弹出【型腔铣】对话框。在【刀具】下拉列表中，选择【TOOL3D10R2】选项；在【方法】下拉列表中，选择【MILL_SEMI_FINISH】；在【程序】下拉列表中，选择【SEMI_FINISH_PROGRAM】选项；在【切削模式】下拉列表中，选择【跟随部件】选项；在【全局每刀深度】文本框中，输入值 0.3，如图 9-27 所示。

（3）设置切削参数。在【型腔铣】对话框中，单击【切削参数】按钮 ，弹出【切削参数】对话框，在【空间范围】选项卡中的【处理中的工件】下拉列表中，选择【使用基于层的】选项，其余的切削参数采用系统的默认设置，单击【确定】按钮，完成切削参数的设置。

（4）生成刀具轨迹。在【型腔铣】对话框中单击【生成刀轨】按钮 ，系统生成的刀具轨迹，如图 9-28 所示。

图 9-27　【型腔铣】对话框

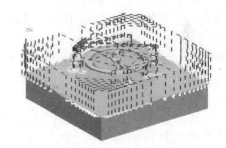

图 9-28　生成的刀具轨迹

9. 半精加工顶部和底部凹槽

（参考用时：4 分钟）

（1）复制【ROUGH_MILL_2】节点。在操作导航器中，选择【ROUGH_MILL_1】节点，右击，在弹出的快捷菜单中，选择【复制】命令；选择【SEMI_FINISH_PROGRAM】节点，右击，在弹出的快捷菜单中，选择【内部粘贴】命令。重新命名复制的节点，选择复制节点，右击，在弹出的快捷菜单中，选择【重命名】命令，输入名称：SEMI_FINISH_MILL_2。

（2）编辑节点参数。在操作导航器程序视图中，双击【SEMI_FINISH_MILL_2】节点，系统弹出【型腔铣】对话框。在【刀具】下拉列表中，选择【TOOL2D3R1】选项；在【方法】下拉列表中，选择【MILL_SEMI_FINISH】；在【程序】下拉列表中，选择【SEMI_FINISH_PROGRAM】选项；在【切削模式】下拉列表中，选择【跟随部件】选项；在【全局每刀深度】文本框中，输入值 0.3。

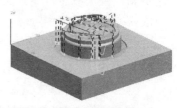

图 9-29　生成的刀具轨迹

（3）生成刀具轨迹。在【型腔铣】对话框中单击【生成刀轨】按钮，系统生成的刀具轨迹，如图 9-29 所示。

10. 精加工大区域的底面和侧面

（参考用时：4分钟）

（1）复制【SEMI_FINISH_MILL_1】节点。在操作导航器中，选择【SEMI_FINISH_MILL _1】节点，右击，在弹出的快捷菜单中，选择【复制】命令；选择【FINISH_PROGRAM】节点，右击，在弹出的快捷菜单中，选择【内部粘贴】命令。重新命名复制的节点，选择复制节点，右击，在弹出的快捷菜单中，选择【重命名】命令，输入名称：FINISH_MILL_1。

（2）编辑节点参数。在操作导航器程序视图中，双击【FINISH_MILL_1】节点，系统弹出【型腔铣】对话框。在【刀具】下拉列表中，选择【TOOL4D20R0】选项；在【方法】下拉列表中，选择【MILL_FINISH】；在【程序】下拉列表中，选择【FINISH_PROGRAM】选项。

（3）设置切削层参数。在【型腔铣】对话框中，单击【切削层】按钮，在弹出的【切削层】对话框的【切削层】下拉列表中，选择【仅在范围底部】选项，如图9-30所示，单击【确定】按钮。

（4）生成刀具轨迹。在【型腔铣】对话框中单击【生成刀轨】按钮，系统生成的刀具轨迹，如图9-31所示。

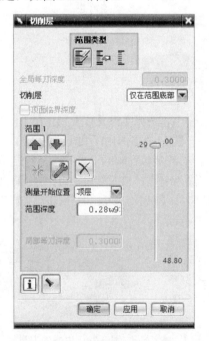

图 9-30 【切削层】对话框

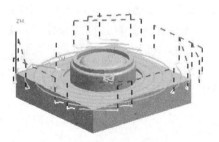

图 9-31 生成的刀具轨迹

11. 精加工底部凹槽的底面和侧面

（参考用时：4 分钟）

（1）复制【SEMI_FINISH_MILL_2】节点。在操作导航器中，选择【SEMI_FINISH_MILL_2】节点，右击，在弹出的快捷菜单中，选择【复制】命令；选择【FINISH_PROGRAM】节点，右击，在弹出的快捷菜单中，选择【内部粘贴】命令。重新命名复制的节点，选择复制节点，右击，在弹出的快捷菜单中，选择【重命名】命令，输入名称：FINISH_MILL_2。

（2）编辑节点参数。在操作导航器程序视图中，双击【FINISH_MILL_2】节点，系统弹出【型腔铣】对话框，在【刀具】下拉列表中，选择【TOOL5D4R0】选项；在【方法】下拉列表中，选择【MILL_FINISH】；在【程序】下拉列表中，选择【FINISH_PROGRAM】选项。

（3）设置切削层参数。在【型腔铣】对话框中，单击【切削层】按钮，在弹出的【切削层】对话框的【切削层】下拉列表中，选择【仅在范围底部】选项，单击【确定】按钮。

（4）生成刀具轨迹。在【型腔铣】对话框中单击【生成刀轨】按钮，系统生成的刀具轨迹，如图 9-32 所示。

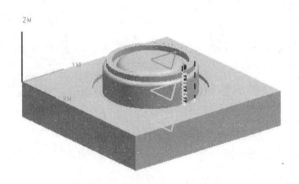

图 9-32　生成的刀具轨迹

12. 精加工顶部曲面

（参考用时：5 分钟）

（1）创建等高轮廓铣操作。在【加工创建】工具条，单击【创建操作】按钮，系统弹出【创建操作】对话框。在【类型】下拉列表中选择【mill_contour】选项；在【操作子类型】选项组中，单击【等高轮廓铣】按钮；在【程序】下拉列表中选择【FINISH_PROGRAM】选项；在【几何体】下拉列表中选择【WORKPIECE】选项；在【刀具】下拉列表中选择 TOOLB6D3；在【方法】下拉列表中选择【MILL_FINISH】选项，输入名称：FINISH_MILL_3，如图 9-33 所示，单击【确定】按钮。

（2）设置加工区域。在系统弹出的【Zlevel Profile】对话框中，单击【切削区域】按钮，弹出【切削区域】对话框。在绘图区选择如图 9-34 所示的曲面，单击【确定】按钮，完成切削区域的设置。

图 9-33 【创建操作】对话框

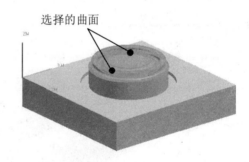

选择的曲面

图 9-34 选择的曲面

（3）设置等高轮廓铣加工主要参数。在【Zlevel Profile】对话框中的【合并距离】文本框中，输入值 1；在【最小切削深度】文本框中，输入值 1；在【全局每刀深度】文本框中，输入值 0.1；其他加工参数采用默认的值，如图 9-35 所示。

（4）设置切削参数。在【Zlevel Profile】对话框中，单击【切削参数】按钮，弹出【切削参数】对话框。在【连接】选项卡中，选择【在层之间切削】选项；在【步进】下拉列表中，选择【残余高度】选项；在【高度】文本框中，输入值 0.01，如图 9-36 所示。其余的切削参数采用系统的默认设置，单击【确定】按钮。

（5）生成刀具轨迹。在【Zlevel Profile】对话框中单击【生成刀轨】按钮，系统生成的刀具轨迹，如图 9-37 所示。

图 9-35 【Zlevel Profile】对话框

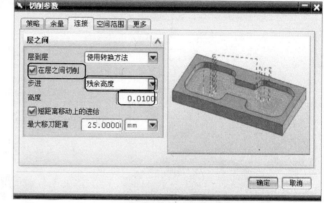

图 9-36 【连接】选项卡

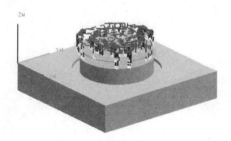

图 9-37　生成的刀具轨迹

13. 进行仿真

（参考用时：6 分钟）

（1）打开【刀轨可视化】对话框。在操作导航器的程序视图中，选择如图 9-38 所示的程序，右击，依次选择【刀轨】|【确认】命令，系统弹出【刀轨可视化】对话框。

（2）进行 2D 仿真。在弹出的【刀轨可视化】对话框中，选择【2D 动态】选项卡，单击【播放】按钮 ，系统进入加工仿真环境。各工序的仿真结果，如图 9-39 所示，仿真完成后，单击【确定】按钮，关闭对话框。

图 9-38　程序顺序视图

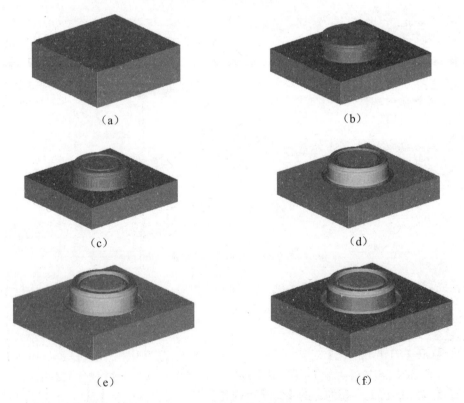

（a）　　　　　　　　　　　　　　　　（b）

（c）　　　　　　　　　　　　　　　　（d）

（e）　　　　　　　　　　　　　　　　（f）

图 9-39　加工仿真结果

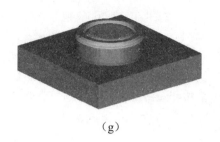
（g）

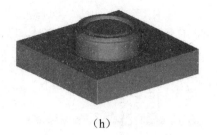
（h）

图 9-39　加工仿真结果（续）

14. 进行后置处理

（参考用时：6 分钟）

（1）输出车间工艺文件。在操作导航器的程序顺序视图中，同时选中
【ROUGH_PROGRAM】、【SEMI_FINISH_PROGRAM】和【FINISH_PROGRAM】三个程
序组。然后在【加工操作】工具条中，单击【车间文档】按钮，系统弹出【车间文档】
对话框。在其中的【报名格式】列表中选择输出格式【Operation List（TEXT）】选项，指
定输出文件的路径和文件名称，如图 9-40 所示。单击【确定】按钮。系统将弹出如图 9-41
所示【信息】窗口。其中以文本的方式显示了车间工艺文件，单击【关闭】按钮　　　　，
关闭【信息】窗口。

图 9-40　【车间文档】对话框

图 9-41　【信息】窗口

（2）输出粗加工 NC 程序代码。在操作导航器的程序顺序视图中，选中【ROUGH_PROGRAM】，然后在【加工操作】工具条中，单击【后处理】按钮 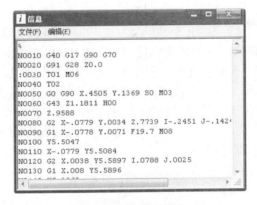，弹出【后处理】对话框。在【后处理器】列表中选择【MILL_3_AXIS】选项，指定输出文件的路径和文件名称，如图 9-42 所示，单击【确定】按钮。系统弹出如图 9-43 所示的【信息】窗口。其中显示了生成的 G 代码程序，单击【关闭】按钮 ，关闭【信息】窗口。

图 9-42 【后处理】对话框

图 9-43 【信息】窗口

（3）按照步骤（2）的操作，分别输出半精加工 NC 程序代码和精加工 NC 程序代码。

15.　保存文件

在【标准】工具栏中，单击【保存】按钮，保存已加工文件。

9.2　杯盖凹模加工

9.2.1　本例要点

本例将通过对如图 9-44 所示的杯盖凹模的加工，使读者更深一步熟悉应用 NX 5.0 的加工模块完成复杂凹模类零件的加工。

通过学习读者应熟练掌握以下知识点：

（1）NX 5.0 的加工环境的初始化；

（2）NX 5.0 数控编程的一般流程；

（3）各个父节点组的创建；

（4）面铣削操作的创建和应用；

（5）型腔铣操作的创建和应用；

（6）IPW 工件的应用；

（7）等高轮廓铣操作的创建和应用；

（8）固定轴曲面轮廓铣的创建和应用；

（9）刀具路径的模拟与仿真；

（10）后置处理。

图 9-44　产品模型

9.2.2　模型分析及工艺规划

1．模型分析

如图 9-44 所示的凹模零件为 9-45 所示塑料杯盖的模具型腔。该凹模零件的总体尺寸较小。其型腔由一个大区域和三个凹槽区域组成。模具型腔的凹槽底部外边有圆角，在精加工时要进行圆角处材料的清除。另外，型腔的底部有图案和文本注释。

图 9-45　模具型芯

2. 工艺规划

加工工艺的规划包括了加工工艺路线的制定、加工方法的选择和加工工序的划分。根据该凸模零件的特征和 NX 5.0 的加工特点，可将整个零件的加工分成以下工序。

（1）粗加工凹模分型面。该模具的分型面是一个平面。首先运用平面铣操作对该模具的分型面进行粗加工。根据零件的尺寸，选择面铣刀 TOOL1D100R0。

（2）精加工凹模分型面。对粗加工后的残余材料进行清除。刀具选择面铣刀 TOOL1D100R0。

（3）粗加工型腔区域。该模具的加工从毛坯到成品，需要去除大量的材料。运用型腔铣操作对该模具型腔进行粗加工。根据零件的尺寸选择圆角刀 TOOL2D10R2。

（4）半精加工型腔区域。由于在粗加工后留有较大的加工余量，因此要对零件进行半精加工。根据零件的尺寸选择圆角刀 TOOL3D8R1，以去除部分残余材料。

（5）精加工型腔区域的陡峭面。该模具的型腔总体上可以分为大区域和三个槽区域两个部分。型腔中大区域的陡峭面可以运用等高轮廓铣完成精加工。根据零件的尺寸选择圆角刀 TOOLB4D10。

（6）精加工三个凹槽的陡峭面。该模具中三个凹槽的区域尺寸较小，可以选择较小的刀具对其进行加工。运用等高轮廓铣完成三个凹槽的陡峭面精加工。刀具选择圆角刀 TOOLB5D6。

（7）精加工整个型腔的平坦曲面。模具型腔底部由曲面组成，总体形状呈圆形，且加工精度要求较高。可以使用螺旋驱动的固定轴曲面轮廓铣对整个型腔的平坦曲面进行精加工。刀具选择圆角刀 TOOLB5D6。

（8）清根加工。型腔凹槽的底部有圆角，由于上步精加工的刀具较大，在加工后仍会有残余的材料。可以通过清根驱动的固定轴曲面轮廓铣清除圆角处残余的材料。刀具选择 TOOL6D2R0.6。

（9）加工底部文本注释。模具型腔的底部有文本注释，运用文本驱动的固定轴曲面轮廓铣对模具型腔文字进行雕刻加工。刀具选择圆角刀 TOOLB7D1。

（10）加工底部图案。模具型腔的底部有图案，运用曲线驱动的固定轴曲面轮廓铣对模具型腔底部图案进行雕刻加工。刀具选择圆角刀 TOOLB7D1。

各工序具体的加工对象、加工方式、切削方式和加工刀具见表 9-2。

表 9-2　加工工序

工序	加工对象	加工方式	切削方式/驱动方式	使用刀具
1	粗加工凹模分型面	面铣削	跟随周边	TOOL1D100R0
2	精加工凹模分型面	面铣削	跟随周边	TOOL1D100R0
3	粗加工型腔区域	型腔铣	跟随部件	TOOL2D10R2
4	半精加工型腔区域	型腔铣	跟随部件	TOOL3D8R1

（续表）

工序	加工对象	加工方式	切削方式/驱动方式	使用刀具
5	精加工型腔区域的陡峭面	等高轮廓铣	跟随轮廓	TOOLB4D10
6	精加工三个凹槽的陡峭面	等高轮廓铣	跟随轮廓	TOOLB5D6
7	精加工整个型腔的平坦曲面	固定轴曲面轮廓铣	螺旋驱动	TOOLB5D6
8	清根加工	固定轴曲面轮廓铣	清根驱动	TOOL6D2R0.6
9	加工底部文本注释	固定轴曲面轮廓铣	文本驱动	TOOLB7D1
10	加工底部图案	固定轴曲面轮廓铣	曲线驱动	TOOLB7D1

9.2.3　具体加工步骤

1. 调入模型，初始化加工环境

（参考用时：2 分钟）

（1）调入模型文件。启动 NX 5.0，在【标准】工具栏中，单击【打开】按钮，系统弹出【打开部件文件】对话框，选择 sample \ch09\9.2 目录中的 Cavity.prt 文件，单击【OK】按钮。

（2）进入加工模块。在【起始】菜单选择【加工】命令，（或使用快捷键 Ctrl+Alt+M）进入加工模块。系统弹出【加工环境】对话框，在【CAM 会话配置】列表框中选择配置文件【cam_general】，在【CAM 设置】列表框中选择【mill_contour】模板，如图 9-46 所示，单击【初始化】按钮，完成加工的初始化。

图 9-46　【加工环境】对话框

2. 创建程序组

（参考用时：3分钟）

（1）创建粗加工程序组。在【资源】条中，单击【操作导航器】按钮，打开操作导航器，单击，固定操作导航器。在【操作导航器】工具条中，单击按钮，将操作导航器切换到程序视图。在【加工创建】工具条中，单击【程序视图】按钮，弹出【创建程序】对话框。在【类型】下拉列表中，选择【mill_contour】选项；在【程序】下拉列表中，选择【NC_PROGRAM】选项；输入名称：ROUGH_PROGRAM，如图9-47所示。单击【确定】按钮，在系统弹出的【程序】对话框中，再单击【确定】按钮。

（2）以相同的方法分别创建半精加工程序组：SEMI_FINISH_PROGRAM 和精加工程序组：FINISH_PROGRAM。创建完成后的程序顺序视图，如图9-48所示。

图9-47 【创建程序】对话框

图9-48 程序顺序视图

3. 创建刀具组

（参考用时：6分钟）

（1）创建第一把刀具。在【操作导航器】工具条中，单击【机床视图】按钮，将操作导航器切换到机床视图。单击【加工创建】工具条中的按钮，弹出【创建刀具】对话框。在【类型】下拉列表中，选择【mill_planar】选项；刀具组为【GENERIC_MACHINE】；输入刀具名称：TOOL1D100R0，如图9-49所示，单击【确定】按钮。

（2）设置刀具参数。在弹出的【Milling Tool-5 Parameters】对话框中设置刀具参数，如图9-50所示，单击【确定】按钮。

图 9-49　【创建刀具】对话框

图 9-50　【Milling Tool-5 Parameters】对话框

（3）重复上述操作，创建第二把刀具。在【创建刀具】对话框的【类型】下拉列表中，选择【mill_contour】选项；刀具名称：TOOL2D10R2，直径 D 为 10mm，底圆角半径 R1 为 2 mm，刀具号为 2，其他参数采用系统的默认参数。

（4）创建第三把刀具。刀具名称：TOOL3D8R1，直径 D 为 8mm，底圆角半径 R1 为 1 mm，刀具号为 3，其他参数采用系统的默认参数。

（5）创建第四把刀具。刀具类型：球头铣刀 ，刀具名称：TOOLB4D10，直径 D 为 10mm，刀具号为 4，其他参数采用系统的默认参数。

（6）创建第五把刀具。刀具类型：球头铣刀 ，刀具名称：TOOLB5D6，直径 D 为 6mm，刀具号为 5，其他参数采用系统的默认参数。

（7）创建第六把刀具。刀具名称：TOOL6D2R0.6，直径 D 为 2mm，底圆角半径为 0.6，刀具号为 6，其他参数采用系统的默认参数。

（8）创建第七把刀具。刀具类型：球头铣刀 ，刀具名称：TOOLB7D1，直径 D 为 1mm，刀具号为 7，其他参数采用系统的默认参数。

4．设置几何体组

（参考用时：4 分钟）

（1）设置加工坐标系。在【操作导航器】工具条中，单击【几何体视图】按钮 ，将操作导航器切换到几何体视图。双击⊞✗MCS_MILL，系统弹出【Mill Orient】对话框，单击【指定 MCS】按钮✗，如图 9-51 所示，系统弹出【CSYS】对话框。然后在绘图区选择如图 9-52 所示的点，单击【确定】按钮。

图 9-51 【Mill Orient】对话框

图 9-52 选择的点

（2）设置安全平面。在【Mill Orient】对话框中的【安全设置选项】下拉列表中，选择【平面】选项，单击【选择平面】按钮✗，在弹出的【平面构造器】对话框的【偏置】文本框中，输入值 30，如图 9-53 所示。然后在绘图区，选择如图 9-54 所示的平面，单击【确定】按钮，再单击【确定】按钮，完成安全平面的设置。

图 9-53 【平面构造器】对话框

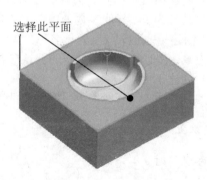

图 9-54 选择偏置面

（3）创建工件几何体。在【操作导航器—几何体】对话框中，双击 WORKPIECE 节点，弹出系统【Mill Geom】对话框，单击【部件几何体】按钮，弹出【部件几何体】对话框，单击【全选】按钮，再单击【确定】按钮，完成工件几何体的创建。

（4）创建毛坯几何体。在【Mill Geom】对话框中，单击【毛坯几何体】按钮，系统弹出【毛坯几何体】对话框，选择【自动块】单选项，在【ZM+】文本框中，输入值 4，如图 9-55 所示，单击【确定】按钮，再次单击【确定】按钮，创建完成的毛坯几何体如图 9-56 所示。

图 9-55　【毛坯几何体】对话框

图 9-56　创建的毛坯几何体

5. 设置加工方法组

（参考用时：4 分钟）

（1）设置粗加工方法。在【操作导航器】中，右击，在弹出的快捷菜单中，选择【加工方法视图】，将操作导航器切换到加工方法视图。双击【MILL_ROUGH】节点，系统弹出【Mill Method】对话框，设置如图 9-57 所示的参数。单击【进给和速度】按钮，弹出【进给】对话框，参数的设置如图 9-58 所示。单击【确定】按钮，再单击【确定】按钮，完成粗加工方法的设置。

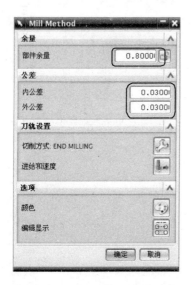

图 9-57 【Mill Method】对话框

图 9-58 【进给】对话框

（2）设置半精加工方法。双击【MILL_SEMI_FINISH】节点，系统弹出【Mill Method】对话框，设置如图 9-59 所示的参数。单击【进给和速度】按钮 ，弹出【进给】对话框，参数的设置如图 9-60 所示。单击【确定】按钮，再单击【确定】按钮，完成粗加工方法的设置。

图 9-59 【Mill Method】对话框

图 9-60 【进给】对话框

（3）设置精加工方法。在【操作导航器】中，双击【MILL_FINISH】节点，系统弹出【Mill Method】对话框，设置如图 9-61 所示的参数。单击【进给和速度】按钮 ，弹出【进给】对话框，参数的设置如图 9-62 所示。单击【确定】按钮，再单击【确定】按钮，完成精加工方法的设置。

图 9-61　【Mill Method】对话框

图 9-62　【进给】对话框

6. 粗加工凹模分型面

（1）创建粗加工操作。在【加工创建】工具条中，单击【创建操作】按钮 ，系统弹出【创建操作】对话框。在【类型】下拉列表中选择【mill_planar】选项；在【操作子类型】选项组中，单击【面铣削】按钮 ；在【程序】下拉列表中选择【PROGRAM】选项；在【几何体】下拉列表中选择【WORKPIECE】选项；在【刀具】下拉列表中选择【TOOL1D100R0】；在【方法】下拉列表中选择【MILL_ROUGH】选项；输入名称：ROUGH_MILL_1，如图 9-63 所示，单击【确定】按钮。

（2）设置平面铣操作部件边界。在系统弹出【面铣削】对话框中的【几何体】面板中几何体，单击【面边界】按钮 ，弹出【指定面几何体】对话框。在绘图区选择如图 9-64 所示的平面，单击【确定】按钮，完成面边界的设置。

（3）设置面铣削参数。在【面铣削】对话框中的【切削模式】下拉列表中，选择【跟随部件】选项；在【步进】下拉列表中，选择【刀具直径】选项；在【百分比】文本框中输入值 50；在【毛坯距离】文本框中，输入值 4；在【每一刀的深度】文本框中，输入值 1.6；在【最终底部面余量】文本框中，输入值 0.6，如图 9-65 所示。

（4）设置切削参数。在【面铣削】对话框中，单击【切削参数】按钮，弹出【切削参数】对话框，在【策略】选项卡中的【图样方向】下拉列表中，选择【向内】选项，，其他采用默认参数。单击【确定】按钮，完成设置切削参数的设置。

（5）生成刀具轨迹。在【面铣削】对话框中单击【生成刀轨】按钮，系统生成的刀具轨迹，如图 9-66 所示。

图 9-63　【创建操作】对话框

图 9-64　选择的平面

图 9-65　【面铣削】对话框

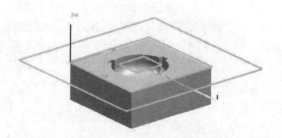

图 9-66　生成的刀具轨迹

7. 精加工凹模分型面

（1）复制【ROUGH_MILL_1】节点。在操作导航器的程序顺序视图中，选择【ROUGH_MILL_1】节点，右击，在弹出的快捷菜单中，选择【复制】命令；选择【PROGRAM】节点，右击，在弹出的快捷菜单中，选择【内部粘贴】命令。重新命名复制的节点，选择复制节点，右击，在弹出的快捷菜单中，选择【重命名】命令，输入名称：FINISH_MILL_1。

（2）编辑节点参数。在操作导航器程序顺序视图中，双击【FINISH_MILL_1】节点，系统弹出【面铣削】对话，设置如图 9-67 所示的参数，单击【确定】按钮，完成参数的设置。

（3）生成刀具轨迹。在【面铣削】对话框中单击【生成刀轨】按钮，系统生成的刀具轨迹，如图 9-68 所示。

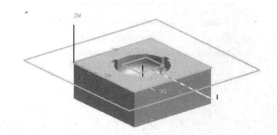

图 9-67　【面铣削】对话框　　　　　　图 9-68　生成的刀具轨迹

8. 粗加工型腔区域

（1）创建粗加工操作。在【加工创建】工具条，单击【创建操作】按钮，系统弹出【创建操作】对话框，在【类型】下拉列表中选择【mill_contour】选项；在【操作子类型】选项组中，单击【型腔铣】按钮；在【程序】下拉列表中选择【ROUGH_PROGRAM】；在【几何体】下拉列表中选择【WORKPIECE】选项，在【刀具】下拉列表中选择【TOOL2D10R2】选项；在【方法】下拉列表中选择【MILL_ROUGH】选项；输入名称：

ROUGH_MILL_2，如图 9-69 所示，单击【确定】按钮。

（2）设置【型腔铣】加工主要参数。在系统弹出【型腔铣】对话框中的【切削方式】下拉列表中选择【跟随部件】选项，在【步进】下拉列表中选择【刀具直径】选项，在【百分比】文本框中输入值 50，在【全局每刀深度】文本框中输入值 1.6，如图 9-70 所示，其他加工参数采用默认的值。

图 9-69　【创建操作】对话框

图 9-70　【型腔铣】对话框

（3）设置切削参数。在【型腔铣】对话框中，单击【切削参数】按钮，弹出【切削参数】对话框，在【空间范围】选项卡中的【处理中的工件】下拉列表中，选择【使用 3D】选项，其余的切削参数采用系统的默认设置，单击【确定】按钮，完成切削参数的设置。

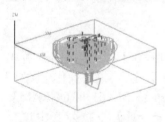

图 9-71　生成的刀具轨迹

（4）设置非切削参数。在【型腔铣】对话框中，单击【非切削参数】按钮，弹出【非切削运动】对话框，在【进刀】选项卡中的【斜角】文本框中，输入值 10；其余的非切削参数采用系统的默认设置，单击【确定】按钮，完成非切削参数的设置。

（5）生成刀具轨迹。在【型腔铣】对话框中单击【生成刀轨】按钮，系统生成的刀具轨迹，如图 9-71 所示。

9. 半精加工型腔区域

（1）复制【ROUGH_MILL_2】节点。在操作导航器的程序顺序视图中，选择【ROUGH_MILL_2】节点，右击，在弹出的快捷菜单中，选择【复制】命令；选择【SEMI_FIN ISH_PROGRAM】节点，右击，在弹出的快捷菜单中，选择【内部粘贴】命令。重新命名复制的节点，选择复制节点，右击，在弹出的快捷菜单中，选择【重命名】命令，输入名称：SEMI_ROUGH_MILL。

（2）编辑节点参数。在操作导航器程序视图中，双击【SEMI_ROUGH_MILL】节点，系统弹出【型腔铣】对话框。在【刀具】下拉列表中，选择【TOOL2D10R0.2】选项；在【方法】下拉列表中，选择【MILL_SEMI_FINISH】选项；在【全局每刀深度】文本框中，输入值 0.4，如图 9-72 所示。

（3）生成刀具轨迹。在【型腔铣】对话框中单击【生成刀轨】按钮 ，系统生成的刀具轨迹，如图 9-73 所示。

图 9-72 【型腔铣】对话框

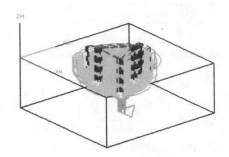

图 9-73 生成的刀具轨迹

10. 精加工型腔区域的陡峭面

（1）创建等高轮廓铣操作。在【加工创建】工具条中单击【创建操作】按钮 ，系统弹出【创建操作】对话框。在【类型】下拉列表中选择【mill_contour】选项；在【操作子类型】选项组中，单击【等高轮廓铣】按钮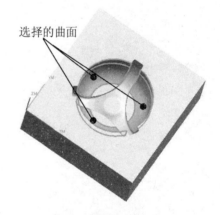；在【程序】下拉列表中选择【FINISH_PROGRAM】选项；在【几何体】下拉列表中选择【WORKPIECE】选项；在【刀具】下拉列表中，选择【TOOLB4D10】选项；在【方法】下拉列表中选择【MILL_FINISH】选项，输入名称：FINISH_MILL_2，如图 9-74 所示，单击【确定】按钮，系统弹出【Zlevel Profile】对话框。

（2）设置几何体。在弹出的【型腔铣】对话框中，单击【切削区域】按钮，弹出【切削区域】对话框。在绘图区，选择如图 9-75 所示的型腔表面，单击【确定】按钮，完成切削区域的设置。

图 9-74　【创建操作】对话框

选择的曲面

图 9-75　选择的曲面

（3）设置等高轮廓铣加工主要参数。在【Zlevel Profile】对话框中的【合并距离】文本框中，输入值 3；在【最小切削深度】文本框中，输入值 1；在【全局每刀深度】文本框中，输入值 0.1；其他加工参数采用默认的值，如图 9-76 所示。

（4）设置切削参数。在【Zlevel Profile】对话框中，单击【切削参数】按钮，弹出【切削参数】对话框。在【连接】选项卡中，选择【在层之间切削】选项；在【步进】下拉列表中，选择【残余高度】选项；在【高度】文本框中，输入值 0.01，如图 9-77 所示。其余的切削参数采用系统的默认设置，单击【确定】按钮。

图 9-76　【Zlevel Profile】对话框

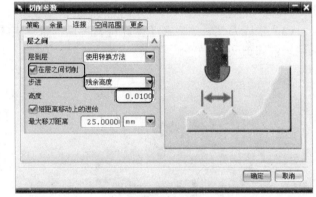

图 9-77　【连接】选项卡

（5）生成刀具轨迹。在【Zlevel Profile】对话框中单击【生成刀轨】按钮，系统生成的刀具轨迹，如图 9-78 所示。

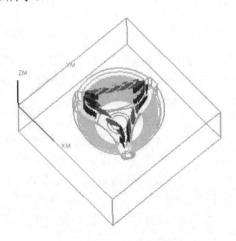

图 9-78　生成的刀具轨迹

11. 精加工三个凹槽的陡峭面

（1）复制【FINISH_M-ILL_2】节点。在操作导航器的程序顺序视图中，选择【FINISH_M_ILL_2】节点，右击，在弹出的快捷菜单中，选择【复制】命令；选择【FINISH_PROGRAM】节点，右击，在弹出的快捷菜单中，选择【内部粘贴】命令。重新命名复制的节点，选择复制节点，右击，在弹出的快捷菜单中，选择【重命名】命令，输入名称：FINISH_MILL_3。

（2）编辑节点参数。在操作导航器程序视图中，双击【FINISH_MILL_3】节点，系统弹出【型腔铣】对话框，在【刀具】下拉列表中，选择【TOOLB5D6】选项；单击【切削区域】按钮，弹出【切削区域】对话框。在绘图区选择如图 9-79 所示的曲面，单击【确定】按钮，完成切削区域的设置。

（3）生成刀具轨迹。在【型腔铣】对话框中单击【生成刀轨】按钮，系统生成的刀具轨迹，如图 9-80 所示。

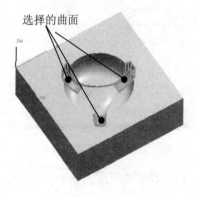

选择的曲面

图 9-79　选择的曲面

图 9-80　生成的刀具轨迹

12. 精加工整个型腔的平坦曲面

（1）创建固定轴曲面轮廓铣。在【加工创建】工具条中，单击【创建操作】按钮，系统弹出【创建操作】对话框，设置如图 9-81 所示的参数，输入操作名称：FINISH_MILL_4，单击【确定】按钮，此时系统弹出【固定轴轮廓】对话框。

（2）指定驱动方式。在【固定轴轮廓】对话框的【方法】下拉列表中，选择【螺旋式】选项，如图 9-82 所示。在系统弹出的【螺旋式驱动方式】对话框中，单击【指定点】按钮，选择如图 9-83 所示的点作为螺旋中心点。其他参数的设置，如图 9-84 所示。单击【显示】按钮，显示生成的驱动点，如图 9-85 所示。单击【确定】按钮。

（3）生成刀具轨迹。在【固定轴轮廓】对话框中，单击【生成刀轨】按钮，生成的刀具轨迹，如图 9-86 所示。单击【确定】按钮，完成操作的创建。

图 9-81　【创建操作】对话框

图 9-82　【固定轴轮廓】对话框

图 9-83　选择的点

图 9-84　【螺旋式驱动方式】对话框

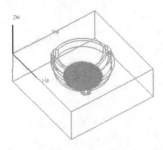

图 9-85　生成的驱动点

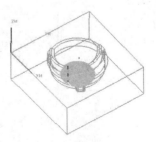

图 9-86　生成的刀具轨迹

13. 清根加工

（1）创建固定轴曲面轮廓铣。在【加工创建】工具条中，单击【创建操作】按钮 ，系统弹出【创建操作】对话框，设置如图 9-87 所示的参数，输入操作名称：FINISH_MILL_5，单击【确定】按钮，此时系统弹出【固定轴轮廓】对话框。

（2）指定驱动方式。在【固定轴轮廓】对话框【方法】下拉列表中，选择【清根】选项，系统弹出【清根驱动方式】对话框。设置如图 9-88 所示的参数，其他参数采用系统的默认参数，单击【确定】按钮，完成清根驱动方式的设置。

图 9-87 【创建操作】对话框

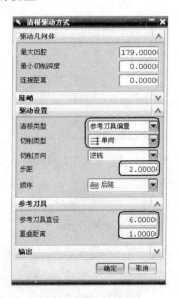

图 9-88 【清根驱动方式】对话框

（3）生成刀具轨迹。在【固定轴轮廓】对话框中，单击【生成刀轨】按钮，生成的刀具轨迹，如图 9-89 所示。单击【确定】按钮，完成操作的创建。

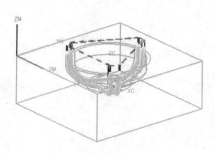

图 9-89 生成的刀具轨迹

14. 加工底部文本注释

（1）创建固定轴曲面轮廓铣。在【加工创建】工具条中，单击【创建操作】按钮 ，系统弹出【创建操作】对话框，设置如图 9-90 所示的参数，输入操作名称：FINISH_MILL_6，单击【确定】按钮，此时系统弹出【固定轴轮廓】对话框。

（2）指定驱动方式。在【固定轴轮廓】对话框【方法】下拉列表中，选择【文本】选项，系统弹出的【文本驱动方式】对话框，单击【确定】按钮。

（3）指定文本几何体。在【固定轴轮廓】对话框中，单击【制图文本几何体】按钮 ，弹出【文本几何体】对话框。在绘图区，选择如图 9-91 所示的文本注释，单击【确定】按钮，完成文本几何体的选择。

图 9-90 【创建操作】对话框

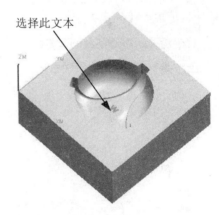

选择此文本

图 9-91 选择的文本几何体

（4）设置文本深度。在【固定轴轮廓】对话框中，单击【切削参数】按钮 ，削参数】对话框中的【策略】选项卡的【文本深度】文本框中，输入值 0.5，单击按钮，完成文本深度的设置。

（5）生成刀具轨迹。在【固定轴轮廓】对话框中，单击【生成刀轨】按钮刀具轨迹，如图 9-92 所示。单击【确定】按钮，完成操作的创建。

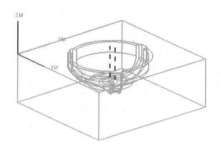

图 9-92　生成的刀轨

15.　加工底部图案

（1）创建固定轴曲面轮廓铣。在【加工创建】工具条中，单击【创建操作】按钮 ，系统弹出【创建操作】对话框，设置如图 9-93 所示的参数，输入操作名称：FINISH_MILL_7，单击【确定】按钮，此时系统弹出【固定轴轮廓】对话框。

（2）指定驱动方式。在【固定轴轮廓】对话框【方法】下拉列表中，选择【曲线/点】选项，系统弹出【曲线/点选择】对话框，如图 9-94 所示。在【资源】工具栏中，单击【部件导航器】按钮，选择【sketch（3）】节点，右击，在弹出的快捷菜单中，选择【显示】命令。然后在绘图区，依次选择如图 9-95 所示的曲线，（注意图中的箭头方向）单击【确定】按钮，再单击【确定】按钮。

　　…对话框

图 9-94　【曲线/点选择】对话框

（3）设置曲线/点驱动参数。在【曲线/点驱动方式】对话框的【切削步长】下拉列表中，选择【数量】选项，然后在【数量】文本框中，输入值 20，如图 9-96 所示。在预览面板中，单击【显示】 按钮，显示生成的驱动点，如图 9-97 所示。单击【确定】按钮。

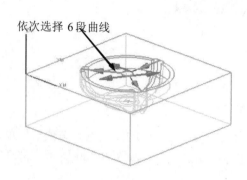

依次选择 6 段曲线

图 9-95　选择的曲线

图 9-96　【曲线/点驱动方式】对话框

（4）设置切削深度。在【固定轴轮廓】对话框中，单击【切削参数】 按钮，在【切削参数】对话框的【余量】选项卡中的【部件余量】文本框中，输入值-0.5，单击【确定】按钮。

（5）生成刀具轨迹。在【固定轴轮廓】对话框中，单击【生成刀轨】按钮 ，生成的刀具轨迹，如图 9-98 所示。单击【确定】按钮，完成操作的创建。

图 9-97　生成的驱动点

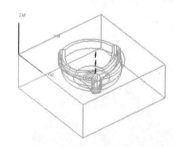

图 9-98　生成的刀具轨迹

16．进行仿真

（参考用时：6 分钟）

（1）打开【刀轨可视化】对话框。在操作导航器的程序视图中，选择如图 9程序组，右击，依次选择【刀轨】|【确认】命令，系统弹出【刀轨可视化】对

图 9-99　程序顺序视图

（2）进行 2D 仿真。在弹出的【刀轨可视化】对话框，选择【2D 动态】选项卡，单击【播放】按钮 ▶，系统进入加工仿真环境。各工序的仿真结果，如图 9-100 所示，仿真完后，单击【确定】按钮，关闭对话框。

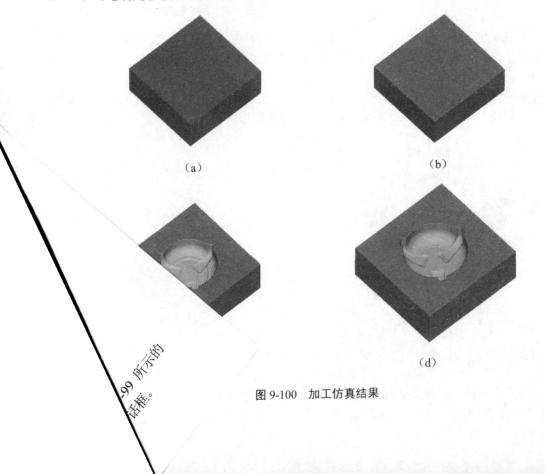

（a）　　　　　　　　　　　　　　　　　　　（b）

（d）

图 9-100　加工仿真结果

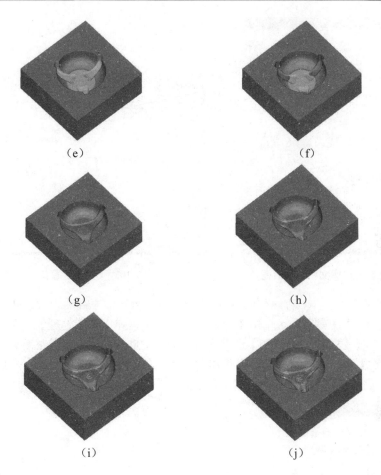

（e）（f）

（g）（h）

（i）（j）

图 9-100 加工仿真结果（续）

17. 进行后置处理

（参考用时：6 分钟）

（1）输出车间工艺文件。在操作导航器的程序顺序视图中，同时选中【PROGRAM】、【ROUGH_PROGRAM】、【SEMI_FINISH_PROGRAM】和【FINISH_PROGRAM】序组。然后在【加工操作】工具条中，单击【车间文档】按钮，系统弹出【车间对话框。在其中的【报告格式】列表中选择输出格式【Operation List（TEXT）】定输出文件的路径和文件名称，如图 9-101 所示。单击【确定】按钮。系统将弹出所示【信息】窗口。其中以文本的方式显示了车间工艺文件，单击【关闭】关闭【信息】窗口。

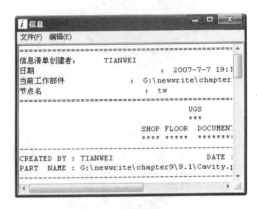

图 9-101 【车间文档】对话框   图 9-102 【信息】窗口

（2）输出平面铣加工 NC 程序代码。在操作导航器的程序顺序视图中，选中【PROGRAM】，然后在【加工操作】工具条中，单击【后处理】按钮，弹出【后处理】对话框。在【后处理器】列表中选择【MILL_3_AXIS】选项，指定输出文件的路径和文件名称，如图 9-103 所示，单击【确定】按钮。系统弹出如图 9-104 所示的【信息】窗口。其中显示了生成的 G 代码程序，单击【关闭】按钮，关闭【信息】窗口。

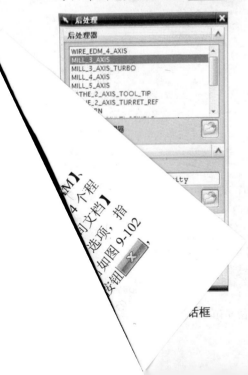

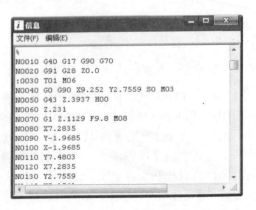

图 9-104 【信息】窗口

（3）按照步骤（2）的操作，分别输出粗加工、半精加工 NC 程序代码和精加工 NC 程序代码。

18. 保存文件

在【标准】工具栏中，单击【保存】按钮 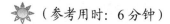，保存已加工文件。

9.3 课后练习

（1）运用所学的各种加工方式，完成如图 9-105 所示的水龙头座的冲压凹模零件的加工。启动 NX 5.0 软件，打开光盘目录 sample\ch09\9.3 中的 exercise01.prt 文件，调入后的凹模零件模型，如图 9-106 所示。

（参考用时：6 分钟）

图 9-105 产品模型

图 9-106 凹模零件

（2）运用所学的各种加工方式，完成如图 9-107 所示的水龙头座的冲压凸模零件的加工。启动 NX 5.0 软件，打开光盘目录 sample\ch09\9.3 中的 exercise02.prt 文件，调入后的凸模零件模型，如图 9-108 所示。

（参考用时：6 分钟）

图 9-107 产品模型

图 9-108 凸模零件

9.4　本章小结

在本章中，详细地讲解了一组具体模具加工的完整流程。从模型的分析、工艺的规划、各父级组的创建、操作的创建、加工仿真到后处理 NC 代码的输出。通过对综合实例的学习，读者应能熟练掌握和应用各种操作完成对复杂零件的规划和加工。此外读者还应在实际的加工编程中多总结，从而不断地提高运用 NX 5.0 进行数控编程的水平。